U0230824

山西省"十四五"首批职业教育立项建设规划教材

高等职业教育本科教材

装配式混凝土结构工程计量与计价

（附配套施工图册）

曹红梅　温艳芳　李和珊　主　编

豆　旺　韩春媛　王　博　副主编

王广斌　刘　军　武长青　主　审

化学工业出版社

·北京·

内容简介

为贯彻落实党的二十大精神，落实数字中国的战略部署，本书深度结合国家建筑绿色化、工业化、智能化和数字化发展方向，依据国家最新计量计价标准，基于工作过程以某装配式混凝土住宅楼工程项目为载体，涵盖工程造价基础、装配式混凝土结构工程计量、BIM装配式混凝土工程计量与计价、数字新成本市场计价等，配套完整的施工图和详细的列项、算量、计价全过程的实用内容，进行课题式编写；采用新形态一体化形式配套数字信息资源，实现高水平技术技能人才、能工巧匠的培养。

本书配套有重要知识点讲解的微课视频等资源，可通过扫描书中二维码获取。

本书可作为职业本科、高职高专和应用型本科院校工程造价、建设工程管理、建筑工程技术、装配式建筑工程技术等土建类专业的教学用书，同时可作为二级造价师、成人继续教育和企业管理人员的培训教材或自学教材。

图书在版编目（CIP）数据

装配式混凝土结构工程计量与计价 / 曹红梅，温艳芳，李和珊主编 . —北京：化学工业出版社，2024.2
 ISBN 978-7-122-44779-1

 I.①装… Ⅱ.①曹… ②温… ③李… Ⅲ.①装配式混凝土结构-建筑工程-计量-教材②装配式混凝土结构-建筑工程-建筑造价-教材 Ⅳ.①TU723.3

中国国家版本馆CIP数据核字（2024）第019719号

责任编辑：李仙华　　　　　　　装帧设计：史利平
责任校对：李　爽

出版发行：化学工业出版社
　　　　　（北京市东城区青年湖南街13号　邮政编码100011）
印　　刷：北京云浩印刷有限责任公司
装　　订：三河市振勇印装有限公司
880mm×1230mm　1/16　印张19¾　字数655千字
2024年5月北京第1版第1次印刷

购书咨询：010-64518888　　　　　售后服务：010-64518899
网　　址：http://www.cip.com.cn
凡购买本书，如有缺损质量问题，本社销售中心负责调换。

定　　价：49.80元　　　　　　　　　版权所有　违者必究

前言

党的二十大报告提出"加快实现高水平科技自立自强"，国家持续出台城市建筑节能减排、可持续发展等相关政策，工程建设行业从"高速增长"向"高质量发展"转变，新型信息技术推动智能建造与建筑工业化协同发展。本书深度结合国家建筑绿色化、工业化、智能化和数字化发展方向，建设高品质绿色建筑，以标准化设计、工厂化制造、装配化施工、一体化装修、市场化计价、数字化管理为目标进行编写。本书培养学习者科技报国的家国情怀和精益求精的工匠精神。

依据国家最新计量计价标准《建设工程工程量清单计价标准》（GB/T 50500）、《房屋建筑与装饰工程工程量计算标准》（GB/T 50854），深化产教融合，基于工作过程实施项目化、情境化课程教学。本书以装配式建筑构造与识图、装配式混凝土施工技术、建筑工程计量与计价为基础，学生在掌握装配式建筑工程施工、定额原理、工程量清单计价等基础知识和熟练识读施工图的基础上，能进行预制混凝土构件安装工程计量、建筑构件及部品工程计量、措施项目工程计量、装配式混凝土 BIM 计量、装配式混凝土 BIM 计价、工程造价市场计价。

本书基于真实工作岗位和需求，校企"双元"合作，企业提供项目图纸，学校专任教师与企业专家一起编写，行业知名教授主审、企业造价主管审稿。按照项目化教学模式，配套代表性案例施工图，采用学习单元组织教材内容，以某装配式混凝土住宅楼工程为载体，分解为多个典型案例，以造价员完整的工作过程为引导，按工作岗位需求设置完整详细工程量计算过程和案例示范；按照"课前导学→应知应会→案例示范→单元评价→单元考核"的思路课题式编写，让学生快速掌握计量计价原理；并结合行业数字化转型和"1+X"职业技能等级认证、技能竞赛等能力要求，全面推进"岗、课、赛、证"深度融合，促进专业建设、课程建设和教学改革；使用新形态二维码展示微课视频等数字资源覆盖全部知识点，积极推进信息技术与教学有机融合，满足线上线下、翻转课堂教学，填补已有同类教材数字资源的空白。

本教材的显著特色有：

（1）以工程项目为载体，理实一体、案例示范编写。

（2）技术与信息相结合，使用微课视频等新形态一体化模式展现。

（3）内容与职业标准融合，校企"双元"合作，专家审核编写。

（4）突破传统的计量计价课程教材编写模式，增加"1+X"职业技能等级证书标准，岗课赛证融通。

（5）工程造价数字化转型，融入数字新成本平台市场化计价。

（6）挖掘思政元素和思政案例，将正确的价值追求有效地传递给读者。

本书由曹红梅、温艳芳、李和珊担任主编；豆旺、韩春媛、王博担任副主编。编写分工为：山西工程职业学院温艳芳、山西二建集团有限公司耿飞飞编写课程导入、工程案例施工图，山西工程职业学院苗青编写学习单元一，山西职业技术学院韩春媛编写学习单元二，四川建筑职业技术学院李和珊、豆旺编写学习单元三，太原城市职业技术学院王博编写学习单元四，太原城市职业技术学院曹红梅编写学习单元五，太原城市职业技术学院郭晓芳编写学习单元六，山西工程职业学院温艳芳、广联达科技股份有限公司张丹编写学习单元七，广联达科技股份有限公司李虹为本课程提供了软件实操和课程微课。全书由温艳芳统稿，同济大学王广斌教授、山西工程职业学院刘军正高级工程师（企业高层次人才引进）、山西二建集团有限公司武长青正高级工程师对本书进行了详细审阅。

本书提供有电子课件，可登录 www.cipedu.com.cn 网址免费获取。

本书在编写过程中，参考了大量的相关资料，谨向相关作者致以衷心谢意！由于装配式混凝土结构工程的造价理论与实践均处于发展阶段，加之编者学识水平有限，书中疏漏之处难免，我们将在实践中不断加以改进和完善，书中不足之处也恳请读者给予批评指正。

编者

2024 年 01 月

目录

工作导向篇

手算原理篇

二维码资源目录

施工图册二维码资源目录

工作导向篇

课前导学

素质目标	引入建造施工装配化、工业化、智能化理念，引导学生关注国家政策、行业背景及党的二十大精神，培养学生勇于探索科学真理、追求创新的精神，强化土木工程师的责任和精益求精的工匠精神
知识目标	理解装配建造、绿色建造、装配混凝土建筑、建筑工业化的基本概念，明确项目任务书要求，熟练识读装配式混凝土结构工程施工图
技能目标	能够识读装配式混凝土结构工程项目图纸；能对装配式混凝土结构工程构件准确计量；熟悉装配式建筑计量与计价原理；掌握装配式建筑工程造价费用构成；能够应用手算及信息化的工具对装配式建筑工程造价进行项目实战
重点难点	装配式混凝土结构工程施工图识读

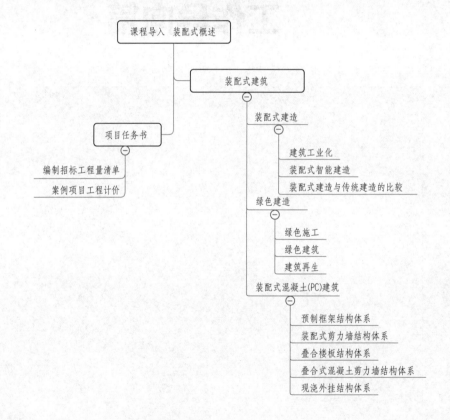

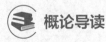 **概论导读**

建筑工业化

工程建设行业从"高速增长"向"高质量发展"转变，新型信息技术推动智能建造与建筑工业化协同发展，建设高品质绿色建筑，装配化、数字化成为建筑业的发展趋势。以5G、人工智能、工业互联网、物联网为代表的新型基础设施"新基建"的高速发展，加快行业转型升级，推进技术进步和科技创新，对高校人才培养体系提出了新的要求，装配式建筑、智能建造成为建筑新业态。

课题一 装配式建筑

一、装配式建造

1. 建筑工业化

指用工业产品的设计和制造方法，进行房屋建筑的生产。把产品设计成具有一定批量的标准化构件，再用标准构件组装成房屋产品，在数量和规模足够大时，采用先进的机械设备提高生产质量和效率、降低劳动强度，同时降低生产成本。

装配式建筑是指结构系统、外围护系统、内装系统、设备与管线系统的主要部分采用预制构件集成的建筑。从狭义上讲，装配式建筑是指用预制构件通过可靠的连接方式在工地上装配而成的建筑；从广义上理解，装配式建筑是指用新型工业化的建造方式建造的建筑。以钢筋混凝土为主体结构的装配式建筑，是以工厂化生产的混凝土预制构件为主要构件，经现场装配、拼接或结合部分现浇而成的建筑。相较于传统建筑建造时的高能耗、高污染的问题，装配式建筑更加节能、高效、环保、能大幅度降低操作工人的劳动强度，有利于文明施工，而且资源利用率高，产品质量易控制，现场装配施工周期短。

装配式建筑是工业化建造的主要内容，装配式建造以其工业化的建造方式带来设计、生产、施工全过程的建造模式，具有标准化设计、工厂化生产、装配化施工、一体化装修、信息化管理、智能化应用等特征，在国家倡导发展低碳、环保、节能、绿色建筑的背景下，装配式建造有着巨大的发展空间。

建筑行业传统的粗放型生产方式存在建设周期长、能耗高、污染重、生产效率低和标准化程度低等问题，同时建筑产业工人老龄化和用工短缺的问题也日渐突显。面对日益严峻的环境和资源危机及劳动力问题，建筑业发展迫切需要实现以标准化、工业化、绿色化生产和现场装配式施工为特征的现代化生产方式，国家也在持续出台绿色低碳节能环保、可持续发展等相关政策，工程建设行业从"高速增长"向"高质量发展"转变，新型信息技术推动智能建造与建筑工业化协同发展，建设高品质绿色建筑，装配化、产业化成为建筑业的发展趋势。为此，国务院进一步明确提出"发展装配式建筑是建造方式的重大变革，是推进新型城镇化发展的重要举措，有利于节约资源能源、减少施工污染、提升劳动生产效率和质量安全水平，有利于促进建筑业与信息化、工业化深度融合"。作为建筑业转型升级的方向，装配式建筑无疑是推动绿色化建造、工业化建造和信息化建造的关键技术。

2. 装配式智能建造

智能建造指在建造过程中充分利用信息技术、集成技术和智能技术，构建人机交互建造系统，提升建造产品的品质，实现安全绿色的建造方式。即智能建造是以提升建造产品，实现建造行为安全健康、节能降污、提质增效、绿色发展为理念，以 BIM 技术为核心，将物联网、大数据、人工智能、智能设备、云端协同等新一代信息技术与勘察、规划、设计、施工、运维、管理等建筑业全生命周期建造活动的各个环节相互融合，实现具有信息深度感知、自主采集与迭代、知识积累与决策、工厂化生产、人机交互、精益管控的建造模式。

近年来，以装配式建筑为代表，建筑向工业化、精细化方向转型已成为建筑业发展的趋势。建筑业以新型建筑工业化为核心，以信息化为支撑，通过绿色化、工业化、信息化的深度融合，对建筑业全产业链进行更新、改造、升级，通过技术创新与管理创新，推动建筑全过程、全要素、全参与方进行数字化转型，智能化施工。

智能施工的关键技术有智能测绘与智能施工、无人机遥感测绘、3D 激光扫描、GPS 遥感测距等，实现了工程测绘技术的革新；建筑机器人、集成化施工平台、3D 打印技术等，实现了更安全、更高效、更绿色、更智能的信息化建造，实现建筑业的跨越式发展。装配式建筑智能建造方式有预制构件数字化拼装、基于 BIM 技术的虚拟建造、整体提升同步施工技术、BIM 与精益建造协同应用、基于物联网技术的施工机械与人员管理等，表现为大幅度降低建造过程中的能源、资源消耗，减少施工过程中的环境污染，以工业化代替传统湿作业，提高劳动生产率，促进建筑业与制造业、物流产业、信息产业等深度融合，在全面推进生态文明建设、加快推进新型城镇化，特别是实现中国梦的进程中，装配式建筑的发展意义重大。

3. 装配式建造与传统建造的比较

装配式建造是建筑产业现代化的重要组成部分，建筑产业现代化是以建筑业转型升级为目标，以技术创新为先导，以现代化管理为支撑，以信息化为手段，以装配化建造为核心，对建筑产业链进行更新、改造和升级，用精益建造的系统方法，控制建筑产品的生产过程，实现最终产品绿色化、全产业链集成化、产业工人技能化、传统生产方式向现代工业化生产方式转变，从而全面提升建筑工程的质量和效益。装配式建造与传统建造的比较，见表0-1。

表 0-1 装配式建造与传统建造的比较

内容	传统建造	装配式建造
设计阶段	不注重一体化设计； 设计与施工脱节	标准化、一体化设计； 信息化技术协同设计； 设计与施工紧密结合
施工阶段	以现场湿作业、手工操作为主； 工人综合素质低、专业化程度低	设计施工一体化； 构件生产工厂化； 现场施工装配化； 队伍专业化
装修阶段	以毛坯为主； 采用二次装修	装修与建筑设计同步； 装修与主体结构一体化
验收阶段	竣工分部、分项抽检	全过程质量检验、验收
管理阶段	以包代管、专业化协同弱； 依赖农民工劳务市场分包； 追求设计与施工各自效益	工程总承包管理模式； 全过程信息化管理； 项目整体效益最大化

二、绿色建造

绿色建造着眼于建筑全生命周期，在保证质量和安全的前提下，践行可持续发展理念，通过科学管理和技术进步，最大限度地节约资源和保护环境，实现绿色施工、生产绿色建筑产品的工程活动。无论是建造行为还是建造产品，都应当是绿色、循环和低碳的，关键技术包括被动节能、降低能耗、利用资源、控制污染、再生混凝土、可拆卸建筑等。

1. 绿色施工

绿色施工是指在工程建设中，在保证质量、安全等基本要求的前提下，通过科学管理和技术进步，最大限度地节约资源与减少对环境负面影响的施工生产活动，全面实现"四节一环保"（建筑节能、节地、节水、节材和保护环境）。绿色施工技术包括以下内容：

（1）减少场地干扰，维护施工现场环境，保护施工场地的土壤，减少施工工地占用。

（2）节约材料和能源，减少材料损耗，提高材料使用率，加大资源和材料的回收利用、循环利用，使用可再生材料，尽可能重新利用雨水或施工废水等措施，降低施工用水量，安装节能灯具和设备，利用声光传感器控制照明灯具，采用节电型施工机械，合理安排施工时间等降低用电量。

（3）减少环境污染，控制施工扬尘，控制施工污水排放，减少施工噪声和振动，减少施工垃圾的排放。

2. 绿色建筑

绿色建筑是指在全生命周期内，节约资源、保护环境、减少污染，提供健康、适用、高效的使用空间，最大限度地实现人与自然和谐共处的高质量建筑。主要体现以下几方面：

（1）节约能源，充分利用太阳能，通过对建筑朝向的合理布置、遮阳的设置，采用节能的建筑围护结构，减少采暖、空调和通风的使用，应用被动节能技术、降低建筑能耗。

（2）节约资源，在建筑设计、建造和建筑材料的选择中，均考虑资源的合理使用和处置，力求使资源可再生利用。

（3）绿色建筑外部要强调与周边环境相融合，和谐一致，做到保护自然生态环境，建筑内部不使用对人体有害的建筑材料和装饰材料，室内空气清新，温湿度适当，使居住者身心健康。

3. 建筑再生

建筑再生是将失去功能价值的建筑，再次利用的技术，包括修缮技术、再生混凝土技术、建筑可拆卸技术。

（1）修缮技术，是对已建成的建筑进行拆改、翻新和维护，保障建筑安全，保持和提高建筑的完好程度及使用功能。

（2）再生混凝土技术，是将废弃的混凝土块经过破碎、清洗、分级后，按一定比例和级配混合，部分或全部代替砂石等天然材料，再加入水泥、水等配制而成的新混凝土，将废商品混凝土重复利用，产生社会效益和经济效益。

（3）建筑可拆卸技术，是将大小不同的模块，通过堆叠组合与拼装，形成一个完整的建筑体系。这种可拆卸的模块化建筑具有环保、便携、可移动等特性，大幅度减少了资源浪费，减少了对环境的干预和影响，实现了建筑的循环利用。

三、装配式混凝土（PC）建筑

1. 预制框架结构体系

预制框架结构体系指按标准化设计，根据框架结构的特点将柱、梁、板、楼梯、阳台、外墙等构件拆分，在工厂进行标准化预制生产，现场采用塔式超重机等大型设备安装、吊装就位后，焊接或绑扎节点处钢筋，通过浇捣混凝土连接为整体，形成刚接节点。其既具有良好的整体性和抗震性，又可以通过预制构件减少现场工作量。预制框架结构体系平面布置灵活，抗震性能好，技术成熟，施工效率高，适用于大开间、大柱网的办公、商业、公寓等建筑。

二维码0-2

2. 装配式剪力墙结构体系

装配式剪力墙结构体系指混凝土结构的部分或全部采用承重预制墙板，通过节点部位的连接形式形成可靠传力机制，并满足承载力和变形要求的剪力墙结构。

装配式剪力墙结构建筑平面、立面和剖面布置的规则性应综合考虑安全性能、使用性能、经济性能等因素，宜选择整体简单、规则、均匀、对称的建筑方案，不规则的建筑结构应采取加强措施，不应采用特别不规则的建筑。装配式剪力墙结构高层建筑宜设置现浇结构地下室，抗震等级为一级时，结构底部加强部位宜采用现浇剪力墙；抗震等级为二、三级时，结构底部加强部位宜采用现浇剪力墙，装配式剪力墙结构应采用叠合楼板、现浇楼板或装配整体式楼板，节点连接采用钢筋套筒灌浆连接或钢筋浆锚搭接连接。其适用于高层建筑，具有抗震性能好、户型设计灵活、住户接受度高的优点。

装配式剪力墙结构装配方案一般为外墙装配整体式剪力墙，内墙为现浇剪力墙或者部分装配整体式剪力墙、部分现浇剪力墙。

3. 叠合楼板结构体系

叠合楼板结构体系由预制部分和现浇部分组成，属于半预制体系。它结合了预制和现浇混凝土体系各自优点，预制部分多为薄板，在预制构件加工厂完成，施工时吊装就位，现浇部分在预制面上完成，预制薄板既作为永久模板，又作为楼板的一部分承担使用荷载。这种结构体系同时具备结构整体性好、抗震性能好的特点，实现了建筑构件工业化、构件制作不受季节及气候限制，可提高构件质量，施工速度快，可节省大量模板和支撑。

根据规范对楼板的要求，嵌固部分的楼层、顶层、转换层及平面中较大洞口的周边、设计需加强的部位、剪力墙结构的底部加强部位不做叠合板，其他部位均可采用叠合楼板，适用于住宅中的厨房、卫生间、阳台板、卧室、起居室等。

4. 叠合式混凝土剪力墙结构体系

叠合式混凝土剪力墙结构体系指采用工业化生产方式，将工厂生产的叠合式预制墙板运到项目现场，使用起重机械将叠合式墙板构件吊装到设计部位，然后浇筑叠合层及加强部位混凝土，将叠合式预制墙板的构件及节点连接为有机整体。叠合式预制墙板安装施工具有施工周期短、质量易控制、构件观感好、减少现场湿作业、节约材料、低碳环保等特点，适用于抗震烈度为 7 度及以下地震区和非地震区的一般工业与民用建筑。

5. 现浇外挂结构体系

现浇外挂结构体系指结构主体采用现浇混凝土，外墙采用预制混凝土构件的结构体系。其特点包括现场机械化施工程度高、工厂化程度高；外墙挂板带饰面可减少现场的湿作业，缩短装修工期；外墙挂板构件断面尺寸准确，棱角方正。

现浇外挂结构体系由于内部主体结构受力构件采用现浇，周边围护的非主体结构构件采用工厂化预制，运至现场外挂安装就位后，在节点区与主体结构构件整体现浇，适用于超高层建筑。

 项目任务

课题二　项目任务书

一、编制招标工程量清单

1. 编制依据

（1）某装配式混凝土住宅楼工程案例施工图及设计说明；

（2）《建设工程工程量清单计价标准》（GB/T 50500），以下简称《计价标准》；

（3）《房屋建筑与装饰工程工程量计算标准》（GB/T 50854），以下简称《计算标准》；

（4）工程施工有关规定。

二维码0-3

2. 任务要求

根据施工图纸、《计算标准》、《计价标准》和有关规定，完成装配式混凝土住宅楼工程 1～3 层建筑、PC、装饰工程计量模型；编制完成分部分项工程量清单、措施项目清单，需计算与填写的表格如下：

（1）工程量计算书；

（2）封面；

（3）总说明；

（4）调整影响工程量的相应参数；

（5）按构件、楼层、施工段、指定区域等提取相应工程量；

（6）按计算规则导出分部分项与措施项目工程量清单；

（7）完成钢筋、土建工程量成果报告。

二、案例项目工程计价

1. 编制依据

（1）某装配式混凝土住宅楼工程案例施工图及设计说明；

（2）《计价标准》；

（3）《计算标准》；

（4）各省现行《计价依据》、工程造价指标指数；

（5）本地区人材机市场价、企业成本数据、企业指标数据等；

（6）工程施工有关规定。

2. 任务要求

完成装配式混凝土住宅楼工程 1～3 层建筑、PC、装饰工程招标控制价。

（1）新建工程；

（2）编制分部分项清单；

（3）编制措施项目清单；

（4）编制其他项目清单；

（5）生成招标控制价。

 项目案例

本书采用某装配式混凝土住宅楼作为工程案例，案例图纸参见配套施工图册。

 单元评价

通过课程导入的学习，同学们应熟练识读装配式混凝土结构工程施工图；了解国家建筑业现状与发展方向；明确本课程的学习目标与实训任务。

序号	评价指标	评价内容	分值 / 分	学生评价（60%）	教师评价（40%）
1	理论知识	装配式混凝土结构预制墙、柱、梁、板、楼梯、阳台等构件识图规则；正确识读某装配式混凝土住宅楼工程项目图纸	60		
2	任务实施	明确本课程学习目标与实训任务，明确招标工程量清单、招标控制价、投标报价的工作内容与工作过程	20		
3	答辩汇报	撰写课程导入学习总结报告	20		

 单元考核

一、单项选择题

1. 本工程抗震设防烈度及抗震等级分别是（　　　）。

　　A. 8 度、二级　　　　　　　　　　　　B. 8 度、三级

　　C. 7 度、二级　　　　　　　　　　　　D. 7 度、三级

2. 本工程预制柱 PCZ-D9，混凝土最小保护层厚度为（　　　）mm。

　　A. 15　　　　　　　　　　　　　　　　B. 20

　　C. 25　　　　　　　　　　　　　　　　D. 30

3. 以下关于本工程说法不正确的有（　　　）。

　　A. 预制板、梁、柱与后浇混凝土叠合层之间的结合面应设置粗糙面

　　B. 粗糙面的面积不宜小于结合面的 80%

　　C. 预制板的粗糙面凹凸深度不应小于 4mm

　　D. 梁端粗糙面凹凸深度不应小于 4mm

4. 本工程叠合板 DLB2 中，共有（　　　）处吊点。

　　A. 2　　　　　　B. 4　　　　　　C. 6　　　　　　D. 8

5. 本工程 DLB1 预制底板厚度为（　　　）mm。

　　A. 50　　　　　　B. 60　　　　　　C. 70　　　　　　D. 80

6. 本工程预制叠合梁 PCL-2DE，梁截面叠合层高度为（　　　）mm。

　　A. 650　　　　　　B. 500　　　　　　C. 150　　　　　　D. 100

7. 本工程预制叠合梁 PCL-4BC 底部纵筋为（　　　）。

　　A. 7Φ25　　　　　B. 4Φ25　　　　　C. 4Φ25+4Φ28　　　　　D. 4Φ12

8. 本工程 1# 楼梯中 ST$_Y$01 梯段板下部纵筋直径为（　　　）mm。

　　A. 6　　　　　　B. 8　　　　　　C. 10　　　　　　D. 12

9. 本工程预制剪力墙构件安装时构件标高的允许偏差为（　　　）mm。

　　A. ±2　　　　　　B. ±3　　　　　　C. ±4　　　　　　D. ±5

10. 本工程预制剪力墙构件安装时，需要检查连接钢筋的（　　　）。

　　A. 长度　　　　　　B. 型号　　　　　　C. 材质　　　　　　D. 抗拉强度

二、多项选择题

1. 桁架钢筋混凝土叠合楼板由哪些钢筋组成？（　　　）
   A. 桁架钢筋
   B. 沿长度方向的受力筋
   C. 沿宽度方向的受力筋（或分布筋）
   D. 板端部加强钢筋
   E. 吊筋

2. 钢筋灌浆套筒的组成分为（　　　）。
   A. 被连接钢筋
   B. 套筒筒体
   C. 灌浆料
   D. 砂浆
   E. 焊条

3. 本工程预制构件有（　　　）。
   A. 预制框架柱、预制叠合梁
   B. 预制叠合楼板、预制楼梯
   C. 预制剪力墙、非砌筑内隔墙
   D. 预制空调板、预制阳台板
   E. 预制女儿墙、预制装饰墙

4. 以下关于本工程剪力墙外墙板说法正确的是（　　　）。
   A. 保温材料为聚苯板
   B. 厚度均为 200mm 厚
   C. 墙体类型为窗洞外墙或无洞口外墙
   D. 窗洞外墙含连梁、边缘构件、窗下墙
   E. 建筑面层厚度均为 50mm

课前导学

素质目标	科技报国的家国情怀、制度自信、文化自信；创新的科学精神，精益求精的工匠精神；造价工程师的社会责任与职业道德
知识目标	熟悉装配式混凝土工程构件制作及施工要点；掌握预制墙、柱、梁、板、楼梯、阳台等构件识图规则
技能目标	能够正确识读某装配式混凝土住宅楼工程项目图纸；能够进行预制构件制作及施工基本操作
重点难点	预制墙、柱、梁、板、楼梯、阳台等构件识图规则；装配式混凝土工程构件制作及施工要点

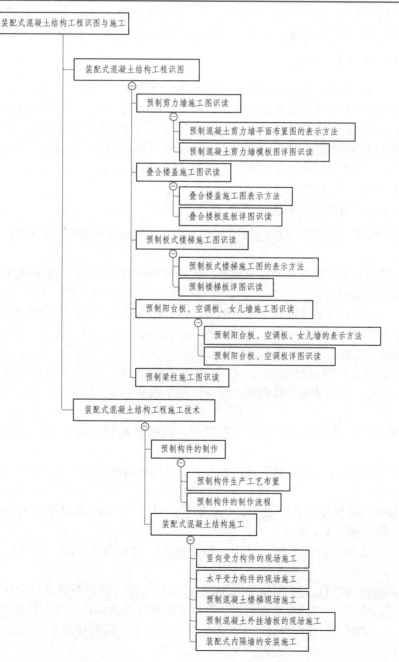

勇于承担时代重任，为祖国的发展贡献力量

2018年2月6日，港珠澳大桥完成了主体工程验收，并在同年通车运营。作为世界最长的大桥，港珠澳大桥不仅联通了内地、香港与澳门，还向世界展示了中国速度。最长海底沉管隧道、最大断面公路隧道、最大沉管超级工厂……港珠澳大桥创造了多项奇迹。港珠澳大桥体现了国家逢山开路、遇水架桥的奋斗精神，更是我国综合国力的体现，这是一座圆梦桥、同心桥、自信桥、复兴桥。在这个超级工程的背后，有千千万万工程师们，挥洒汗水，贡献智慧，凝聚力量。

 温故知新

课题一　装配式混凝土结构工程识图

装配式混凝土结构中包括现浇构件和预制构件，图纸中现浇构件的注写方式符合现行现浇图集的要求，本教材以某装配式混凝土住宅楼工程为例，结合相关图集介绍装配式建筑识图的相关规则。

一、预制混凝土剪力墙施工图识读

预制混凝土剪力墙可分为外墙板和内墙板两种类型。外墙板共三层，分别是内侧的预制钢筋混凝土内叶板、中间的保温层和外侧的钢筋混凝土保护层外叶板；内墙板一层，为预制的钢筋混凝土剪力墙。两类预制墙板的固定连接方式相同，侧面通过后浇混凝土与其他预制墙体连接成整体，底部通过钢筋灌浆套筒与下层预制剪力墙预留钢筋相连。本学习单元根据图集《预制混凝土剪力墙外墙板》（15G365-1）、《预制混凝土剪力墙内墙板》（15G365-2）和《装配式混凝土结构表示方法及示例（剪力墙结构）》（15G107-1）介绍预制混凝土剪力墙的相关规则。

1. 预制混凝土剪力墙平面布置图的表示方法

预制混凝土剪力墙平面布置图主要包括预制剪力墙、现浇混凝土墙体、后浇段、现浇梁等，如图1-1所示。

（1）预制剪力墙编号由墙板代号、序号组成，包括预制外墙（YWQ）和预制内墙（YNQ）。图1-1中YWQ1表示预制外墙，编号为1。

（2）预制剪力墙之间通过后浇混凝土连接形成整体，称为后浇段。后浇段编号由后浇段类型代号和序号组成，包括约束边缘构件后浇带、构造边缘构件后浇带和非边缘构件后浇带。图1-2中GBZ1表示编号为1的构造边缘构件后浇带。

后浇段的详细信息通过后浇段表说明。其中后浇段起止标高，自后浇段根部往上以变截面位置或配筋改变处为界分段注写；预制墙板外露钢筋尺寸应标注至钢筋中线，保护层厚度应标注至箍筋外表面，如图1-2所示。

（3）预制混凝土叠合梁编号由代号、序号组成，包括预制叠合梁（DL）和预制叠合连梁（DLL）两种。

（4）预制外墙模板常用于外墙转角后浇混凝土处，其编号由类型代号（JM）和序号组成。

（5）其他信息。

① 墙板所在轴号应先标注垂直于墙板的起止轴号，用"～"表示起止方向；再标注墙板所在轴线轴号，二者用"/"分隔。如图1-3所示。

② 预制剪力墙用△表示装配方向。其中，外墙板以内侧为装配方向，不再单独标注；内墙板用△表示。如图1-3所示。

③ 对于管线预埋位置信息，当选用标准图集时，高度方向可只注写低区、中区和高区，水平方向根据标准图集的参数选择；当不选用标准图集时，高度方向和水平方向均应注写具体定位尺寸，其装配方向的参数位置为 X、Y，装配方向背面为 X'、Y'，不同线盒可用下角标编号区分，如图1-3所示。

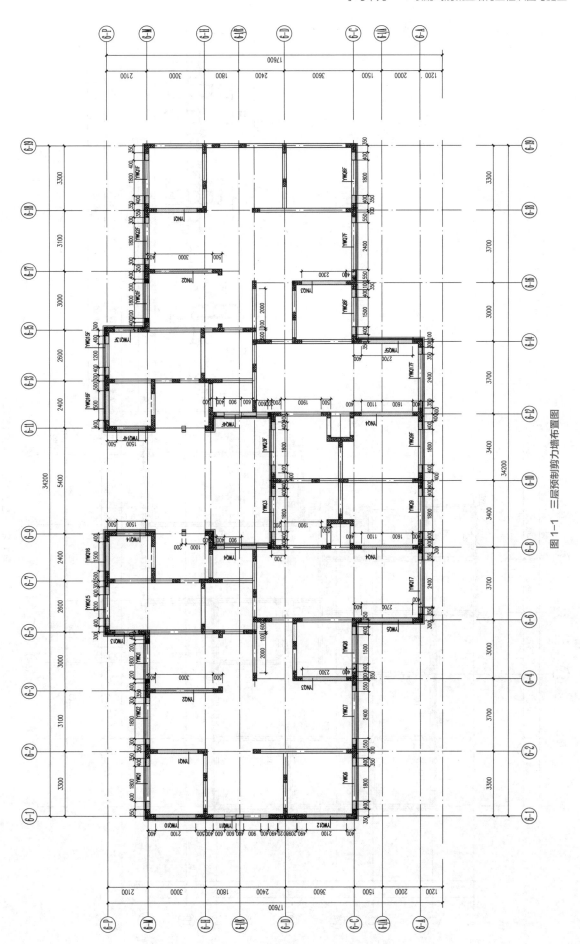

图1-1　三层预制剪力墙布置图

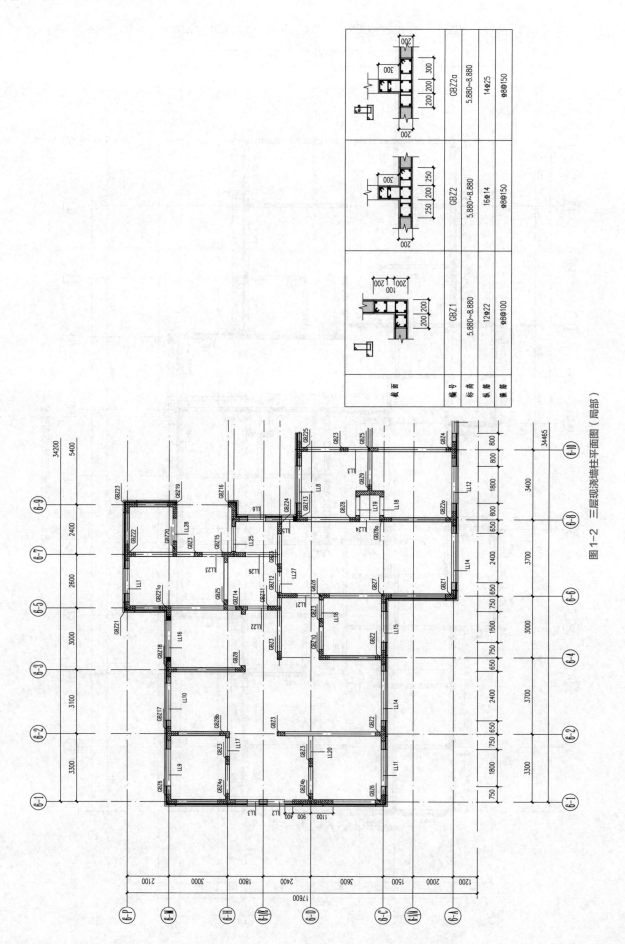

图1-2 三层现浇墙柱平面图（局部）

截面		
编号	GBZ1	GBZ2	GBZ2a
标高	5.880~8.880	5.880~8.880	5.880~8.880
纵筋	12⌀22	16⌀14	14⌀25
箍筋	Φ8@100	Φ8@150	Φ8@150

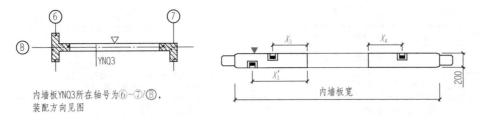

内墙板YNQ3所在轴号为⑥~⑦/Ⓑ，
装配方向见图

图1-3 预制墙标注示意图

（6）预制剪力墙可选用标准图集中的预制剪力墙或引用施工图中自行设计的预制剪力墙。当选用标准图集墙板时，其编号规则如下：

① 当选用预制剪力外墙时，需注写所选图集中内叶墙板编号和外叶墙板控制尺寸。标准图集中的内叶墙板共有5种形式，编号规则见表1-1。外叶墙板共有两种类型，如图1-4所示，其中，wy-1为普通外叶墙板，wy-2为带阳台板外叶墙板。

表1-1 标准图集中内叶墙板编号

预制内叶墙板类型	示意图	编号
无洞口外墙		WQ—×× ×× 无洞口外墙、标志宽度、层高
一个窗洞高窗台外墙		WQC1—×× ××—×× 一窗洞外墙（高窗台）、标志宽度、层高、窗宽、窗高
一个窗洞矮窗台外墙		WQCA—×× ××—×× 一窗洞外墙（矮窗台）、标志宽度、层高、窗宽、窗高
两窗洞外墙		WQC2—×× ×× ××—×× 两窗洞外墙、标志宽度、左窗宽、层高、左窗高、右窗宽、右窗高
一个门洞外墙		WQM—×× ××—×× 一门洞外墙、标志宽度、层高、门宽、门高

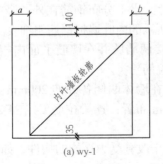

(a) wy-1

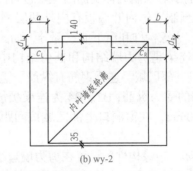

(b) wy-2

图1-4 标准图集中外叶墙板内表面图

② 当选用预制剪力内墙时，仅需注写所选图集中内叶墙板编号。标准图集中预制内墙板共有4种形式，编号规则见表1-2。

表1-2 标准图集中预制剪力墙内墙板编号

预制内墙板类型	示意图	编号
无洞口内墙		NQ—×× ×× 无洞口内墙、标志宽度、层高

续表

预制内墙板类型	示意图	编号
固定门垛内墙		NQM1 - ×× ×× - ×× ×× 一门洞内墙（固定门垛）　标志宽度　层高 门宽 门高
中间门洞内墙		NQM2 - ×× ×× - ×× ×× 一门洞外墙（中间门洞）　标志宽度　层高 门宽 门高
刀把内墙		NQM3 - ×× ×× - ×× ×× 一门洞内墙（刀把内墙）　标志宽度　层高 门宽 门高

2. 预制混凝土剪力墙模板图详图识读

（1）YWQ2 模板图。模板图通常包含主视图、俯视图、仰视图、右视图等部分，如图 1-5 所示。

① 基本尺寸。由图 1-5 可知，内叶板宽 2400mm、高 2840mm、厚 200mm，两侧距外叶墙板边缘均为 340mm，用于墙板间进行后浇混凝土连接，底部高出本层结构板顶标高 20mm，为坐浆层，顶部低于上层结构板顶 140mm，为水平后浇带或后浇圈梁施工；保温层宽 3040mm、高 2980mm、厚 60mm，其底部与内叶板平齐，顶部与上层结构板顶标高一致；外叶板宽 3080mm、高 3015mm、厚 60mm，其底部低于内叶墙板底部 35mm，做企口缝的构造防水，顶部与上层结构顶板标高一致。

二维码1-1

② 预埋灌浆套筒。预制墙板竖向采用钢筋灌浆套筒连接，套筒避开洞口区域预埋在内叶板下部，共 8 个套筒，分左右两区，套筒灌浆孔和出浆孔均设置在内叶墙板内侧面上，灌浆孔在下，出浆孔在上。

③ 预埋线盒。预埋线盒通常预埋在内叶板内侧面，用 ⊠ 表示。

④ 预埋吊件。通常在内叶板顶部预埋吊件。

⑤ 预埋螺母。通常在内叶板内侧预埋临时支撑螺母。

⑥ 预埋聚苯板。主视图中，窗洞下方有三个六边形填充线框，代表聚苯板填充区域，其尺寸位置如图 1-5 主视图所示。

⑦ 其他。内叶墙板顶、底部和侧面应设置粗糙面，以增强预制混凝土和后浇混凝土的粘接性能，也可以在侧面设置抗剪键槽来提高抗剪性能。

（2）YWQ2 配筋图。预制墙体配筋图主要包含配筋图、钢筋表等部分。

① 基本形式。预制墙体内叶墙板有内外两层钢筋网片，水平分布钢筋在外，竖向分布钢筋在内。内叶板配筋分为连梁、边缘构件和窗下墙三部分，如图 1-5 所示的内叶墙板钢筋明细表。

② 连梁配筋。连梁是剪力墙结构和框剪结构中，连接两墙肢并在墙肢平面内相连的梁，如图 1-5 所示窗洞口上部区域。连梁钢筋有纵筋、箍筋和拉筋三类。

二维码1-2

B1 为连梁底部的受力纵筋；B2、B4 为连梁腰筋，其在墙体两侧各外伸 200mm；B3w 为连梁箍筋，外伸 230mm，在窗洞口上部区域按间距 100mm 布置；连梁拉筋 L4 在 B2 和 B3w 交叉节点处布置。

③ 边缘构件配筋。边缘构件为设置在剪力墙边缘，用于改善受力性能的构件，如图 1-5 所示的窗洞口左右两侧的区域，边缘构件钢筋有纵筋、箍筋、拉筋。

Z1 为与灌浆套筒连接的竖向钢筋，该钢筋下端车丝与灌浆套筒机械连接，上端向外伸出，与上层灌浆套筒连接，车丝长度和外伸长度见钢筋表。

Z3 和 Z4 为边缘构件箍筋，其中 Z3 伸出内叶板侧 200mm，沿墙高布置，并在墙板底部、套筒顶部一段区域内加密布置，形成间隔 100mm 加密区，Z4 不伸出；Z5 为灌浆套筒处箍筋，伸出内叶板 210mm。

④ 窗下墙配筋。窗户的宽度范围内，窗下至楼板位置的墙为窗下墙，如图 1-5 所示窗下墙高 1000mm。窗下墙配筋包括水平筋、竖向筋和拉筋三类，其钢筋布置如图 1-5 内叶墙板钢筋明细表所示。

二、叠合楼盖施工图识读

叠合楼板属于半预制构件，共有两层，其下半部分在工厂预制，上半部分在现场现浇。常见的叠合

内叶墙板钢筋明细表

名称	编号	规格	钢筋加工参考尺寸/mm	备注
边缘构件竖向连接钢筋	㉑	Φ18	3000+L₁=L₁	L₁、L₁根据套筒参数定
	⑪	Φ18	3120-L₁ 200	
边缘构件箍筋	㉒	Φ8	200 365 120	焊接封闭箍
	㉔	Φ8	330 120	焊接封闭箍
	㉕	Φ8	210 375 140	焊接封闭箍
连梁纵筋	⑥1	3Φ20	200 2600 200	
	⑧2	2Φ10	200 2600 200	
连梁箍筋	⑧3	Φ12	110 320 160	焊接封闭箍
	⑧v	Φ12	230 320 160	焊接封闭箍
连梁腰筋	⑧4	2Φ12	200 2600 200	
窗下墙体钢筋	⑪1	Φ8	150 1800 150	
边缘构件拉筋	⑫	Φ8	350 1800 350	
套筒区边缘构件拉筋	⑬	Φ8	960 80	
边缘构件拉筋	⑪	Φ8	80 130 80	
套筒区边缘构件拉筋	⑫	Φ8	80 150 80	
窗下墙体拉筋	⑬	Φ6	30 160 30	
连梁拉筋	⑭	Φ10	80 170 80	

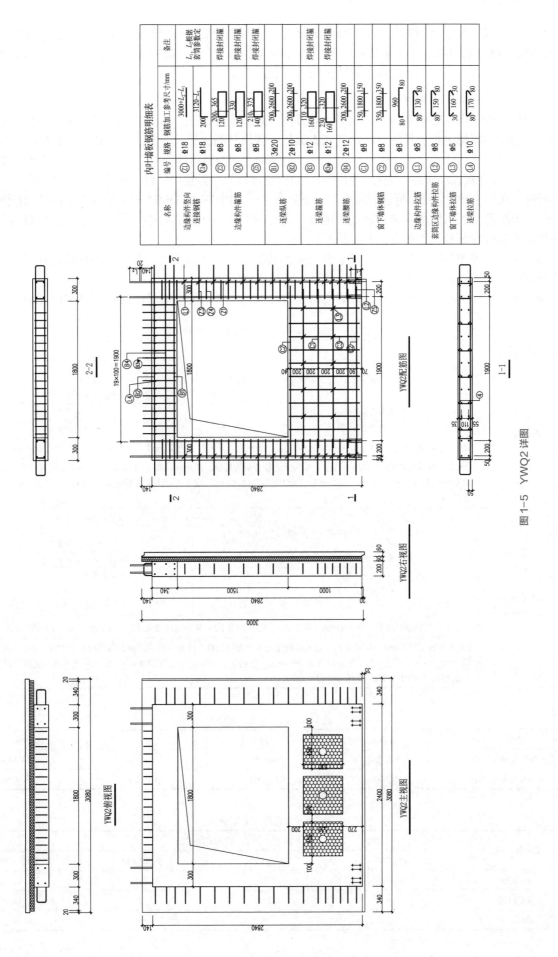

图1-5　YWQ2详图

楼板有两种形式，分别是预制混凝土钢筋桁架叠合板和预制带肋底板混凝土叠合楼板。这里主要根据图集《桁架钢筋混凝土叠合板（60mm 厚底板）》（15G366-1）和《装配式混凝土结构表示方法及示例（剪力墙结构）》（15G107-1）介绍预制混凝土钢筋桁架叠合板的相关规则。

1. 叠合楼盖施工图表示方法

叠合楼盖施工图主要包括预制底板平面布置图、现浇层配筋图、水平后浇带或圈梁布置图。预制底板平面布置图中需要标注叠合板编号、预制底板编号、各块预制底板尺寸和定位，如图1-6所示。

（1）叠合板编号由叠合板代号和序号组成，包括叠合楼面板（DLB）、叠合屋面板（DWB）、叠合悬挑板（DXB）。叠合板板块应逐一编号，相同编号的板块可择其一做集中标注，其他仅注写板编号，当板面标高不同时，在板编号的斜线下标注标高高差，下降为"−"。图1-6中DLB1表示编号为1的叠合楼面板。

（2）单块叠合板可能由多块预制底板组成，设计时可选用标准图集中的预制底板，也可自行设计，标准图集的预制底板编号规则见表1-3～表1-5。

（3）叠合楼盖预制底板接缝需要在平面上标注其编号、尺寸和位置，并需给出接缝的详图。接缝编号由代号和序号组成，包括底板接缝（JF）和底板密拼接缝（MF）。

（4）须在平面上标注水平后浇带或圈梁的分布位置。水平后浇带编号由代号（SHJD）和序号组成。

表 1-3　15G366-1 标准图集中叠合板底板编号

叠合板底板类型	编号
单向板	DBD ×× - ×× ×× - × 桁架钢筋混凝土叠合板用底板（单向板） 预制底板厚度(cm) 后浇叠合层厚度(cm) 底板跨度方向钢筋代号：1～4 标志宽度(dm) 标志跨度(dm) 注：单向板底板钢筋代号见图集 15G366-1 的表 3-3，见本书表 1-4；标志宽度和标志跨度见图集 15G366-1 的表 3-5 【例】底板编号 DBD67-3324-4 表示为单向受力叠合板用底板，预制底板厚度为 60mm，现浇叠合层厚度为 70mm，预制底板的标志跨度为 3300mm，预制底板的标志宽度为 2400mm，底板跨度方向配筋为 Φ10@150，如图集 15G366-1 的 C-3 页所示
双向板	DBS ×-× -×× ×× -×× - δ 桁架钢筋混凝土叠合板用底板（双向板） 叠合板类别(1为边板，2为中板) 预制底板厚度(cm) 后浇叠合层厚度(cm) 调整宽度 底板跨度方向及宽度方向钢筋代号 标志宽度(dm) 标志跨度(dm) 注：双向板钢筋代号见图集 15G366-1 的表 3-4，见本书表 1-5；标志宽度和标志跨度见图集 15G366-1 的表 3-6 【例】底板编号 DBS1-67-3924-22，表示双向受力叠合板用底板，拼装位置为边板，预制底板厚度为 60mm，后浇叠合层厚度为 70mm，预制底板的标志跨度为 3900mm，预制底板的标志宽度为 2400mm，底板跨度方向、宽度方向配筋均为 Φ8@150，如图集 15G366-1 的 C-3 页所示

表 1-4　单向板底板钢筋代号

代号	1	2	3	4
受力钢筋规格及间距	Φ8@200	Φ8@150	Φ10@200	Φ10@150
分布钢筋规格及间距	Φ6@200	Φ6@200	Φ6@200	Φ6@200

表 1-5　双向板底板钢筋代号

宽度方向钢筋	跨度方向钢筋			
	Φ8@200	Φ8@150	Φ10@200	Φ10@150
Φ8@200	11	21	31	41
Φ8@150	—	22	32	42
Φ8@100	—	—	—	43

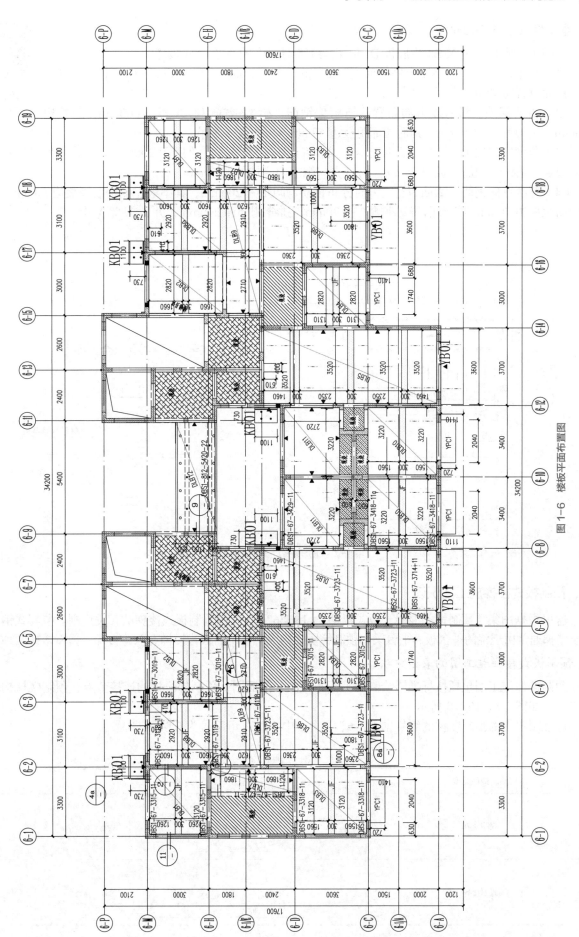

图1-6 楼板平面布置图

2. 叠合楼板底板详图识读

如图 1-7 所示，以 DLB1 中底板 DBS1-67-3315-11 为例介绍叠合底板详图。

（1）基本尺寸。预制混凝土底板面宽 1260mm、长 3120mm、厚 60mm。预制底板四周侧面及顶面设置粗糙面，底面为模板面。

（2）桁架钢筋。沿跨度方向布置两道桁架钢筋，桁架钢筋中心线间距 600mm，距板边 330mm，桁架筋长 3020mm，钢筋端部距板边 50mm。板面设 4 个吊点。

（3）跨度方向钢筋。①筋为跨度方向受力钢筋，以桁架筋为基准间距 200mm 布置，桁架筋位置处不重复布置，最外侧钢筋距板边 25mm，跨度方向钢筋两侧均外伸 90mm。

（4）宽度方向钢筋。②筋为宽度方向分布钢筋，间距为 200mm，其中最左侧钢筋距板边 50mm，最右侧钢筋距板边 70mm，分布钢筋支座侧外伸 90mm，拼缝侧外伸 290mm，并做 135° 弯钩。

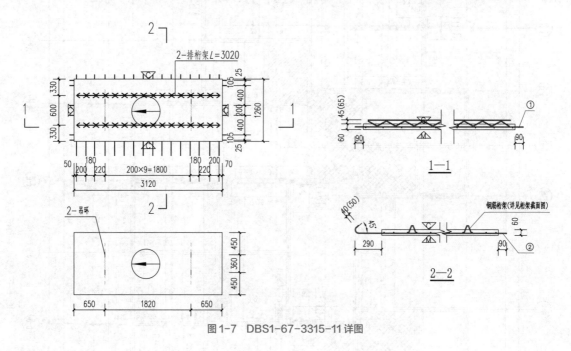

图 1-7　DBS1-67-3315-11 详图

三、预制板式楼梯施工图识读

这里根据图集《预制钢筋混凝土板式楼梯》（15G367-1）介绍预制板式楼梯的相关规则。装配式钢筋混凝土楼梯通常由现浇的平台板、平台梁和预制梯段板构成。常用的板式楼梯有双跑楼梯、剪刀楼梯两种。

1. 预制板式楼梯施工图的表示方法

预制楼梯施工图包括按标准层绘制的平面布置图、剖面图、预制梯段板的连接节点、预制楼梯构件表等内容，如图 1-8、图 1-9 所示。

标准图集中的预制楼梯的编号见表 1-6，图 1-8 中 ST$_Y$01 可编号为 ST-30-24。

表 1-6　预制楼梯编号

预制楼梯类型	编号
双跑楼梯	ST-×× -×× 预制钢筋混凝土双跑楼梯 　　　楼梯间净宽(dm) 层高(dm)
剪刀楼梯	JT-×× -×× 预制钢筋混凝土剪刀楼梯 　　　楼梯间净宽(dm) 层高(dm)

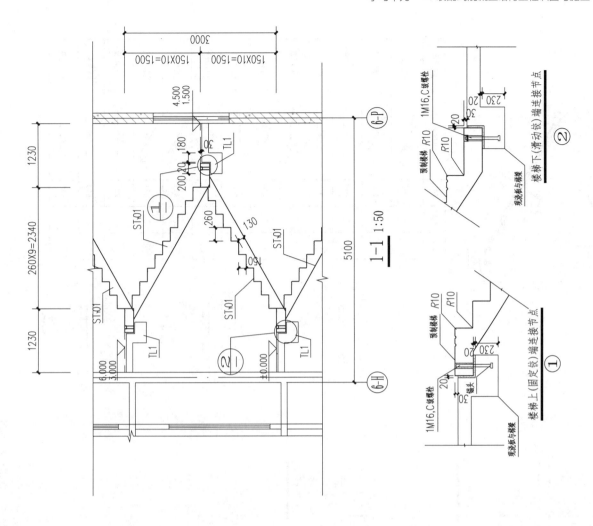

图1-8　ST_Y01 施工图表示方法

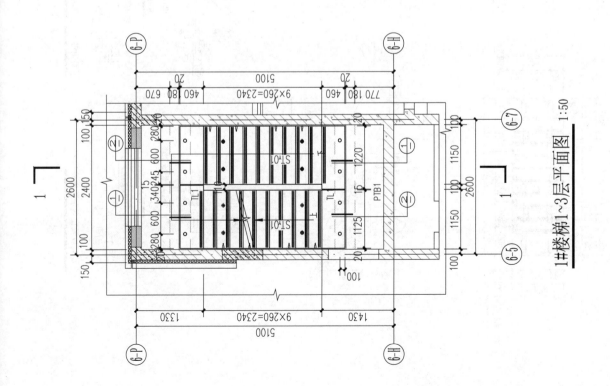

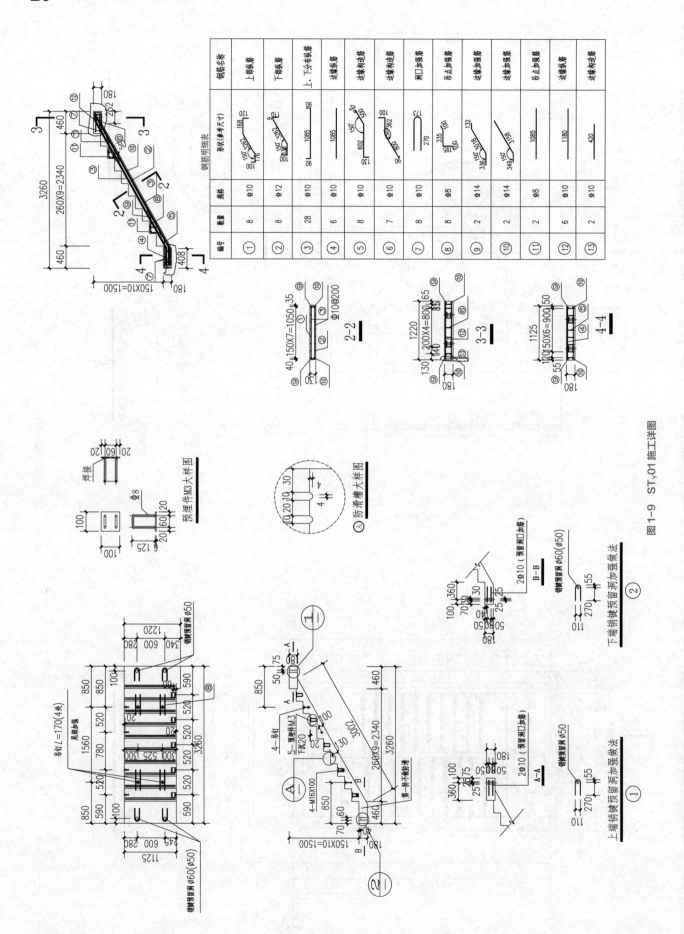

图1-9 STᵧ01施工详图

2. 预制楼梯板详图识读

（1）ST$_\gamma$01 安装图及模板图。由图 1-8、图 1-9 可知，楼梯间净宽 2400mm，层高 3000mm，梯段板宽 1125mm，梯井宽 110mm，梯段与楼梯间外墙间距 20mm。梯段板水平投影长度 3260mm，梯段板厚 130mm。

二维码1-4

梯段板两端均设置平台与楼梯平台连接，共 10 个踏步。梯段底部平台与梯段同宽，长 460mm、厚 180mm，平台上设 2 个销键预留孔，用于预制楼梯的固定。踏步宽 260mm、高 150mm。高端的踏步平台宽度为 1220mm，长度为 460mm、厚 180mm，平台上设 2 个销键预留孔，用于预制楼梯的固定。图中梯段板表面预埋 4 个吊钉，侧面设置栏杆预留埋件，编号 M3，各踏步面上均设置防滑槽。

（2）ST$_\gamma$01 配筋图。①筋和②筋分别为上、下部纵筋，沿梯段板顶、底倾斜布置，在两端平台弯折，且在端部弯折形成垂直端。③筋为梯段处上、下分布钢筋，布置在上、下部纵筋内侧，与纵筋形成网片，③筋仅在倾斜梯段均匀布置，两端平台处不布置，两端做 90° 弯钩，对应的上下分布筋在端部搭接成封闭状。④筋和⑫筋为边缘纵筋，分别布置在梯段两端平台处，沿梯段宽度方向布置。⑤筋和⑥筋分别为下、上部平台的边缘构造筋，与④和⑫筋垂直布置，端部做垂直弯钩，与①筋和②筋在端部搭接成封闭状。⑦筋为销键预留洞口加强筋，每个洞口各设置上下 2 根。⑧筋和⑪筋为吊点加强筋，布置在梯段吊钉处，⑧筋在每个吊点左右两侧各布置 1 根，⑪筋与⑧筋垂直布置。⑨筋和⑩筋为边缘加强筋，沿梯段板倾斜布置在梯段两侧，上部边缘加强筋在两端平台处弯折成水平，下部边缘加强筋在底部平台处弯折，上部不弯折。⑬筋为梯段上平台单侧边缘构造筋。

四、预制阳台板、空调板、女儿墙施工图识读

预制阳台板、空调板、女儿墙均为受力构件。其中预制阳台板分叠合阳台和全预制阳台；预制空调板通常为全预制板；预制女儿墙有夹心保温式女儿墙和非保温式女儿墙两类。

1. 预制阳台板、空调板、女儿墙的表示方法

预制阳台板、空调板及女儿墙施工图应包括按标准层绘制的平面布置图、构件选用表。平面布置图中需要标注预制构件编号、定位尺寸等。

预制阳台板、空调板及女儿墙编号应由构件代号、序号组成，阳台板代号为 YYTB，空调板代号为 YKTB，女儿墙代号为 YNEQ。图 1-6 楼板平面布置图中，YB01 为预制阳台板，编号为 1；KB01 为预制空调板，编号为 1。

预制阳台板、空调板及女儿墙可选用标准图集中构件，也可自行设计，当选用标准图集时，其编号应符合表 1-7。

表 1-7　标准图集中预制阳台板、空调板、女儿墙构件编号

预制构件类型	编号
阳台板	YTB - x - x x x x - x x 预制阳台板 预制阳台板类型：D、B、L 预制阳台板封边高度（仅用于板式阳台）；04、08、12 预制阳台板宽度（dm） 预制阳台板挑出长度（dm） 注：1. 预制阳台板类型：D 表示叠合板式阳台，B 表示全预制板式阳台，L 表示全预制梁式阳台； 2. 预制阳台封边高度：04 表示 400mm，08 表示 800mm，12 表示 1200mm； 3. 预制阳台板挑出长度从结构承重墙外表面算起 【例】某住宅楼封闭式预制叠合板式阳台挑出长度为 1000mm，阳台开间为 2400mm，封边高度 800mm，则预制阳台板编号为 YTB-D-1024-08
空调板	KTB - x x - x x x 预制空调板 预制空调板宽度（cm） 预制空调板挑出长度（cm） 注：预制空调板挑出长度从结构承重墙外表面算起 【例】某住宅楼预制空调板实际挑出长度为 840mm，宽度为 1300mm，则预制空调板编号为 KTB-84-130

预制构件类型	编号
女儿墙	 注：1. 预制女儿墙类型：J1 型代表夹心保温式女儿墙（直板）；J2 型代表夹心保温式女儿墙（转角板）；Q1 型代表非保温式女儿墙（直板）；Q2 型代表非保温式女儿墙（转角板）； 2. 预制女儿墙高度从屋顶结构层标高算起，600mm 高表示为 06，1400mm 高表示为 14 【例】某住宅楼女儿墙采用夹心保温式女儿墙，其高度为 1400mm，长度为 3600mm，则预制女儿墙编号为 NEQ-J1-3614

2. 预制阳台板、空调板详图识读

（1）YB01 详图。常用的预制阳台板有叠合板式阳台、全预制板式阳台、全预制梁式阳台三种，YB01 为叠合板式阳台。

如图 1-10 所示，预制阳台板长 3600mm、宽 1410mm、厚 60mm，结合图 1-6 楼板平面布置图可知，预制阳台板伸入预制外墙内 130mm，在内叶板上搁置 10mm。阳台板上设置 4 个预留孔和 2 个接线盒，板面设 4 个吊环。

预制阳台板沿长度方向设 3 根桁架钢筋，板底设双向钢筋①和④，④筋外伸 90mm；沿板边宽 300mm 范围内，底部布置双向钢筋②、⑤，以及 U 形开口箍筋⑥，共同形成边梁。

（2）KB01 详图。如图 1-11 所示，预制空调板长 1100mm、宽 730mm、厚 100mm，在内叶板上搁置 10mm 板上设置 1 个预留孔和 4 个吊环。板中设双层双向钢筋，吊点处设加强筋⑥。

五、预制梁柱施工图识读

标准研究院未推出预制框架梁、柱的相关图集，绘图者往往按照个人习惯绘制预制梁柱。在图 1-12 中，PCZ 表示预制混凝土柱。预制柱竖向通过灌浆套筒连接，顶部预埋吊环，用于构件吊装，底部预留方形凹槽，中间设灌浆排气孔。

如图 1-13 中，PCL 表示预制混凝土梁。预制梁两端预留抗剪键槽。

课题二 装配式混凝土结构工程施工技术

一、预制构件的制作

1. 预制构件生产工艺布置

预制构件的生产通常采用流水生产方式，根据生产时模台能否移动可分为固定模台法和流动模台法。

采用固定模台法生产构件时，模台位置固定，工人和材料在各模台间按照生产顺序流转。这种方法管理简单，设备成本低，整体适应性好，但是人工消耗多，难以实现机械化，传统预制构件生产多采用固定模台法。

采用流动模台法生产构件时，模台可以在各工位间移动，工人和材料在各自工位完成相应的任务。此方法实现了预制构件机械化生产，降低了人工消耗，但设备成本较高，需要配套的管理系统。目前，大多数 PC 构件生产线均采用流动模台法。

根据预制构件生产时空间位置可分为平模工艺和立模工艺。平模工艺适用性好，能够满足绝大多数构件的生产，但也存在占用空间大、效率低的问题，预制混凝土夹心保温外墙板宜采用平模工艺。对于构造简单的构件，可以采用立模工艺，并且为提高生产效率通常还会将立模成组化，同时生产多个构件，这种方法也称为成组立模或电池组立模，如图 1-14 所示。成组立模法节省空间、效率高、构件表面质量好，但通用性不强，通常用于内墙板构件的生产。

2. 预制构件的制作流程

二维码1-5

预制构件生产的通用工艺流程为：模台清理→划线→模具组装→刷脱模剂及缓凝剂→钢筋加工安装→

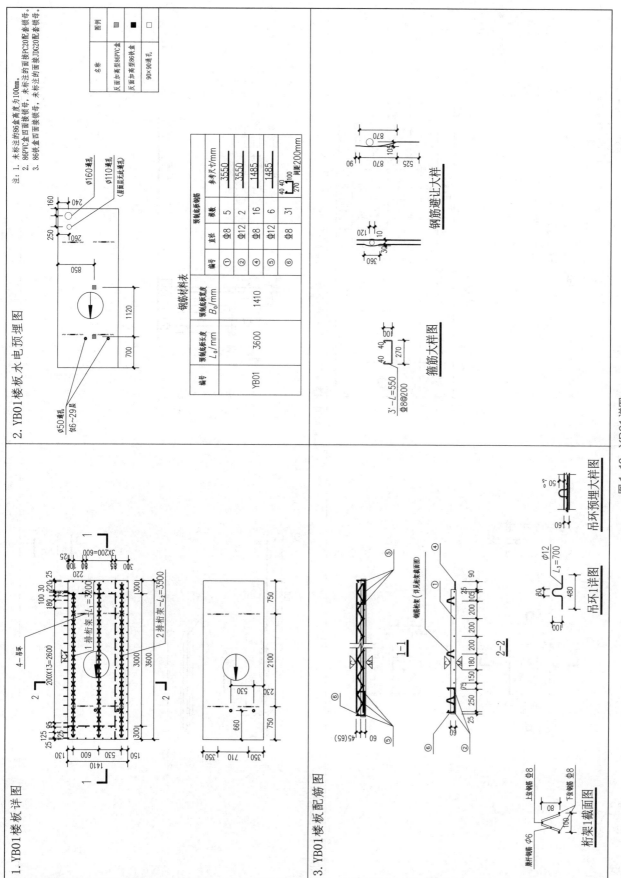

图1-10 YB01详图

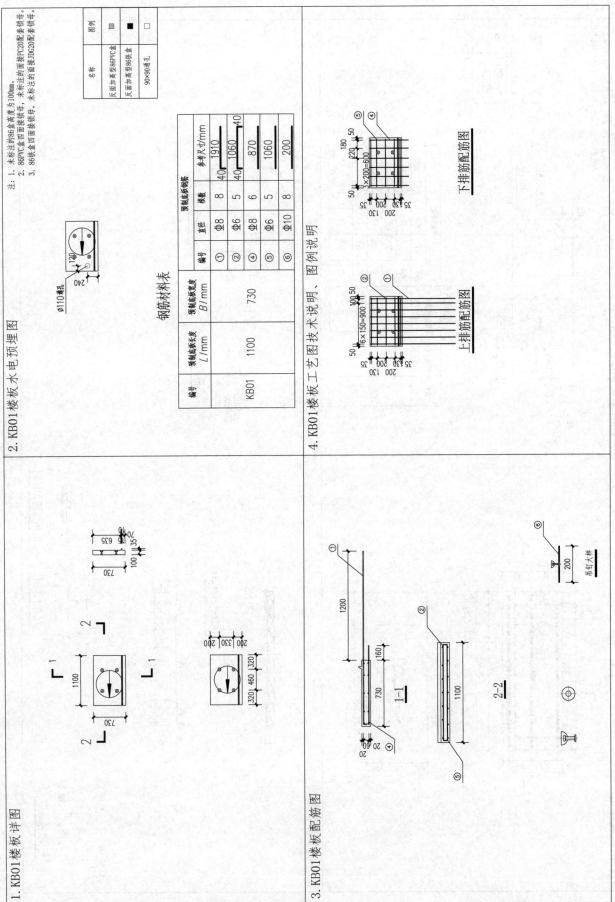

1. KB01楼板详图

2. KB01楼板水电预埋图

3. KB01楼板配筋图

4. KB01楼板工艺图技术说明、图例说明

注: 1. 未标注的86盒盒离度为100mm。
2. 86PVC盒四面接锁母,未标注时面接PC20配套锁母。
3. 86铁盒四面接锁母,未标注时面接JDG20配套锁母。

钢筋材料表

编号	预制底板长度 L/mm	预制底板宽度 B/mm
KB01	1100	730

预制底板钢筋

编号	直径	根数	参考尺寸/mm
①	Φ8	8	1910
②	Φ6	5	1060
④	Φ8	6	870
⑤	Φ6	5	1060
⑥	Φ10	8	200

图例说明

名称	图例
反面加市型86PVC盒	▦
反面加市型86铁盒	■
90×90通孔	□

图1-11 KB01详图

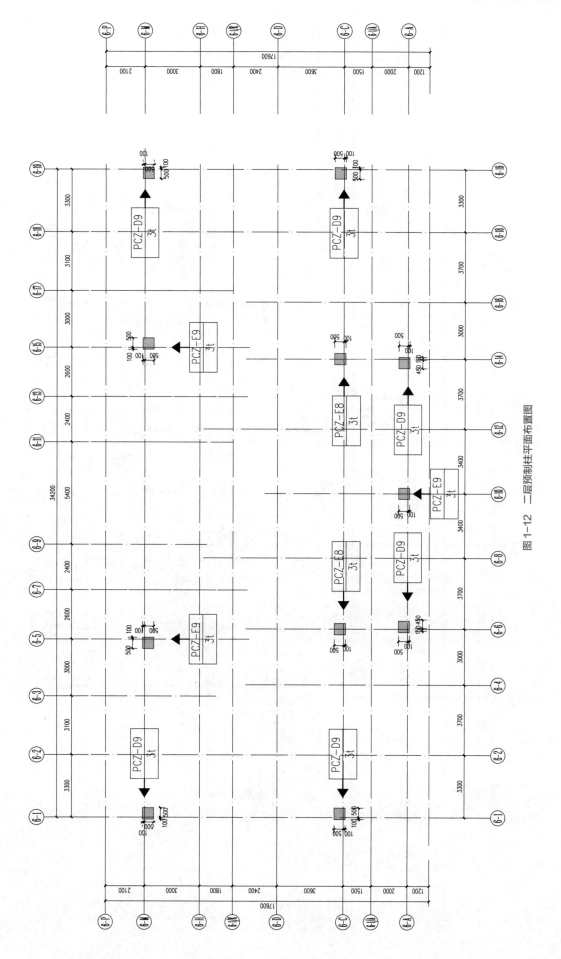

图 1-12 二层预制柱平面布置图

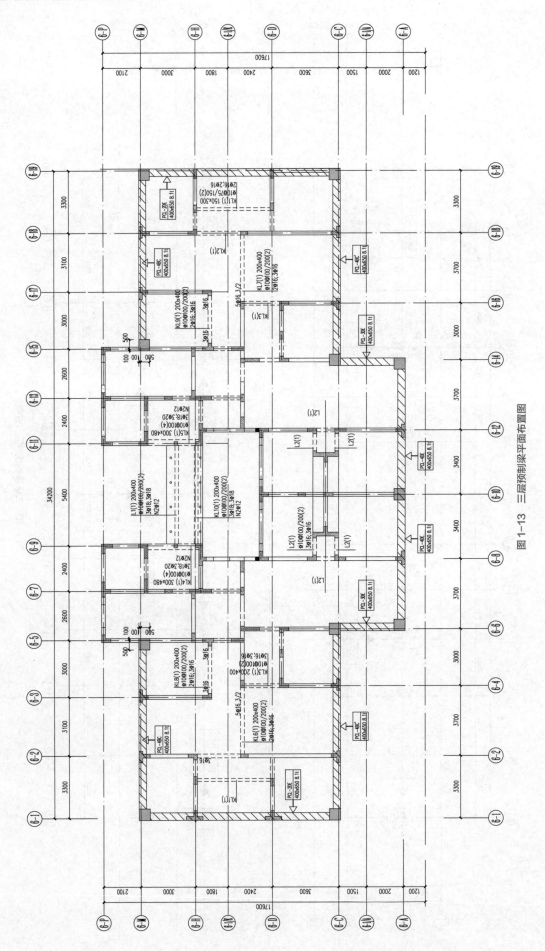

图1-13 三层预制梁平面布置图

预埋件安装→模板预留孔封堵→隐蔽工程验收→混凝土浇筑及振捣→构件预处理与养护→构件脱模→表面处理→成品验收→入库或运输。制作时需注意以下几点：

图1-14 成组立模法

（1）模具摆放。模具表面应无油污、锈迹；模具侧向弯曲不大于$L/1500$且≤5mm；对角线偏差不大于3mm。

（2）钢筋绑扎。为保证钢筋保护层厚度，安装前须在模台上摆放垫块，垫块间距500mm左右。

（3）构件浇筑。浇筑时应均匀布料，禁止停滞；振捣时间60～100s。对于夹心保温板，还应布置拉结件，其间距400～600mm，与构件洞口边缘距离一般为100～200mm。

（4）构件预处理与养护。构件正式养护前须预养护，养护温度30～35℃；预养完成后经拉毛（3～5MPa）、收光（≥3.5MPa）等表面处理，再入养护窑养护，养护时最高温度不宜超过70℃，升降温速度≤20℃/h，出库时温差≤25℃。

（5）成品入库。脱模时混凝土强度应≥15MPa；叠合板直接吊装入库；墙板构件须先翻转，再起吊，翻转角度≥75°。

对于较复杂的构件，比如夹心保温外墙板，其制作工艺有正打和反打两种。夹心保温外墙板由内叶板、保温层、外叶板组合而成，需要分层制作。正打工艺是指墙板生产时按照先浇筑内叶板，再铺设保温层，最后浇筑外叶板的顺序，从内向外生产，整个过程墙板的内表皮在下、外表皮在上。反打工艺则与之相反，是按照外叶板、保温层、内叶板的顺序，从外向内生产，使墙板内表皮在上，外表皮在下。考虑到反打工艺的特殊性，生产时可以在模台的底模上预铺外装饰材料，这样在浇筑外墙混凝土的同时，可以一次性将外饰面装配出来。采用反打工艺生产的墙板，外表面平整度高，还可以同时完成外装饰层，适用于外表面要求较高的墙板，但其在生产时操作工序相对复杂，且不利于预埋件的定位。

二、装配式混凝土结构施工

1. 竖向受力构件的现场施工

装配式混凝土建筑的竖向受力构件包括预制框架柱和预制剪力墙（以下简称预制墙柱）。预制墙柱一般用于结构非底部加强部位，其纵向钢筋连接一般采用灌浆套筒连接。下面以预制剪力墙外墙为例，介绍竖向受力构件的现场施工。

预制剪力墙外墙的施工过程可分为构件吊装、构件灌浆和后浇混凝土三部分。

（1）构件吊装。构件吊装的施工工艺流程为：构件检查与确认→预留钢筋校核→结合面处理→测量放线→接缝处理→垫片标高找平→墙板吊装→斜撑固定与位置校正。构件吊装要点为：

①测量放线，墙体水平位置控制线距离200～500mm。

②标高控制，墙板安装前，应在预制构件及工作面间设置垫片找平，找平层厚度通常为20mm，找平可采用垫片、预埋螺栓。

③接缝处理，在工作面上沿下层预制墙板保温层铺设橡塑棉条，其尺寸与保温层尺寸一致。

④墙板吊装，吊装时应先试吊，待板底部升至地面300mm左右时，停留3s以上，检查吊挂是否牢固，确认无误后正式起吊；吊索与构件水平夹角不宜小于60°，不应小于45°。

⑤ 斜撑固定与调整，墙板就位后，采用临时支撑固定。对于预制墙柱，临时支撑不宜少于两道，其中预制墙板斜撑一般设置在其背后，长短两道；预制柱斜撑设置在两个相邻的侧面上，水平投影相互垂直。对于预制墙柱的上部长斜撑，其支撑点距离板底不宜小于板高的2/3，且不应小于高度的1/2，安装角度为45°～60°，下部短斜撑安装角度为30°～45°，如图1-15所示。斜撑安装后，须对墙板的平面位置、标高和垂直度进行校核。

图1-15 斜撑固定与调整

（2）构件灌浆。构件灌浆的施工工艺流程为：温度测量→灌浆孔处理→封缝料制作→分仓→封仓→灌浆料制作→灌浆料检验→灌浆及封堵。灌浆时须注意：

① 温度测量。由于灌浆料性能受环境温度影响，所以灌浆前，应先测量工作环境温度。灌浆时环境温度不宜低于5℃，不得低于0℃；当环境温度高于30℃时，应采取措施降低拌合物温度。

② 封缝料制作，封缝料考虑10%富余量。制作时，先加入约80%水量和封缝料并搅拌2～3min，再加剩余约20%水，搅拌1～3min。

③ 分仓。考虑到灌浆施工的持续时间和可靠性，灌浆区域不宜过大，故须对较大的灌浆区域进行分仓操作。通常预制墙在最远套筒间距＞1.5m时分仓，预制柱分为一个灌浆区域。分仓宽度一般为30～50mm，如图1-16所示。

二维码1-6

图1-16 分仓和灌浆

④ 封仓。分仓后，须对接缝处外沿进行封堵，封缝宽度为15～20mm。

⑤ 灌浆料制作，灌浆料考虑10%富余量。制作时，先加入约80%水量和封缝料搅拌2～3min，再加剩余约20%水，搅拌3～4min后静置2min排气。浆料拌合物应在制备后0.5h内用完。

⑥ 灌浆料检验。每次拌制的灌浆料均应进行流动度检验，采用坍落拓展度法，初始流动度应≥300mm，否则须重新制作灌浆料。

⑦ 灌浆及封堵。采用压浆法从套筒下部灌浆孔灌浆，待浆料呈圆柱状流出时，按排出先后用橡胶塞依次封堵出浆孔，最后一个出浆孔封堵后需保压30s，确保套筒内浆料密实度。

（3）后浇混凝土。后浇混凝土的施工工艺流程为：结合面、钢筋、墙缝处理→钢筋连接→测量放线→

模板处理及安装→混凝土浇筑及养护。

浇筑时，应分层浇筑，分层振捣，每层300～500mm，每次振捣20～30s；完成后，对顶面抹面，并洒水养护。

竖向预制构件的施工方法有灌浆法和坐浆法两种。前面介绍的为灌浆法，也是"1+X"装配式建筑构件制作与安装职业技能初级考试考查的方法，灌浆时由一组灌浆套筒和构件间空隙共同形成的封闭区域作为连通灌浆区，同一腔内的套筒相互连通，同时灌浆；坐浆法是测量放线后，先在构件安装面上铺设坐浆料，再吊装构件，灌浆时各套筒为独立区域，各自完成灌浆施工，彼此不连通。两种方法各有优缺点，大家可以根据实际条件选择。

2. 水平受力构件的现场施工

装配式建筑的水平受力构件包括叠合板、叠合梁和预制阳台板、空调板等。下面以叠合板为例，介绍水平受力构件的现场施工。叠合板的施工工艺流程为：构件检查与确认→测量放线→板底支撑支设→叠合板吊装→封缝→叠合层钢筋和管线布置→浇筑叠合层混凝土。叠合板的施工要点如下：

（1）测量放线。在楼板面弹放支撑位置线，在预制墙或梁上口施放叠合板板底标高和安装位置200mm控制线，在与其他构件搭接处放出10mm控制线。

（2）板底支撑。板底支撑多采用独立支撑体系，安装完成后初步调整支撑高度，如图1-17所示。

图1-17　板底支撑

图1-18　叠合层管线布置

（3）叠合板吊装。叠合板吊装须采用专用吊具，多点吊装，并进行试吊；就位后，应对安装位置、标高和搭接长度进行校核。

（4）封缝。为防止漏浆，在墙板与楼板接缝处抹水泥砂浆进行密封。

（5）叠合层钢筋和管线布置。根据图纸布置钢筋和管线，接线盒布置时应尽量避开支点部位，管线末端及连接处应采取可靠密封措施，如图1-18所示。

（6）浇筑叠合层混凝土。浇筑混凝土前，应检查结合面粗糙度；浇筑时，采取从中间向两边浇筑，连续施工，一次完成。

3. 预制混凝土楼梯现场施工

预制板式楼梯的施工工艺流程为：构件检查与确认→连接面处理→测量放线→砂浆找平→楼梯吊装→楼梯固定。楼梯施工要点包括：

（1）测量放线。根据图纸，在上下楼梯休息平台板上分别放出水平位置和标高定位线。楼梯侧面距结构墙体预留30mm空隙，为抹灰层预留空间；梯井之间根据楼梯栏杆安装要求预留40mm空隙，如图1-19所示。

（2）砂浆找平。在楼梯段上下口梯梁处铺20mm厚砂浆找平层。

（3）楼梯吊装。预制构件采用水平吊装，吊装时，踏步平面保持水平，吊点不少于4个，且也需试吊，如图1-20所示。

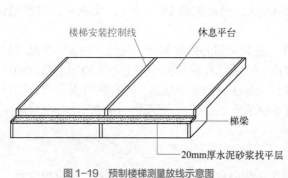

图1-19 预制楼梯测量放线示意图

图1-20 楼梯吊装

（4）楼梯固定。预制混凝土楼梯常用固定铰端和滑动铰端两种方法与梯梁固定，如图1-21所示。

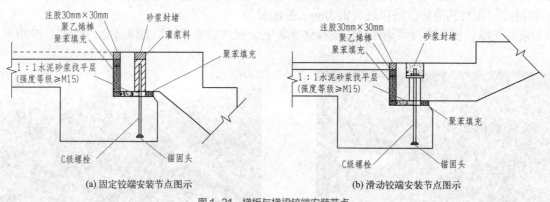

(a) 固定铰端安装节点图示

(b) 滑动铰端安装节点图示

图1-21 梯板与梯梁铰端安装节点

4. 预制混凝土外挂墙板的现场施工

预制混凝土外挂墙板是安装在主体结构上、起围护及装饰作用的非承重预制混凝土外墙板。它通过主体结构上的预埋金属件与之连接，不借助灌浆，属于"干作法"，是一种柔性连接，如图1-22所示。外挂墙板的安装要点如下：

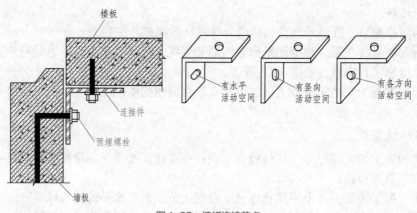

图1-22 墙板连接节点

（1）外挂墙板正式安装前，应根据施工方案要求进行试安装，试安装并验收合格后方可进行正式安装。

（2）外挂墙板应按顺序分层或分段吊装，就位后将构件临时固定，并及时进行校核和调整。

（3）外挂墙板安装就位后，应对连接节点进行检查验收，隐藏在墙内的连接节点必须及时做好隐检记录。

（4）外挂墙板为非承重构件，不参与主体结构受力，故应保证板缝四周为弹性密封构造。安装时，严禁在板缝中放置硬质垫块，避免外挂墙板通过垫块传力造成节点连接破坏。

（5）节点连接处露明铁件应做防腐处理，对于焊接处镀锌层破坏部位必须涂刷三道防腐涂料防腐，有防火要求的铁件应采用防火涂料喷涂处理。

（6）外墙板连接接缝防水节点基层及空腔排水构造做法应符合设计要求。

5. 装配式内隔墙的安装施工

预制隔墙板为起分隔空间作用的非受力构件，其安装工艺流程为：施工准备→测量放线→墙板配件安装→批浆→立板→底部塞木楔并固定→补浆灌缝。内隔墙安装要点包括：

（1）立板。将隔墙板抬至安装位置，用撬棍将隔墙板从下往上、从侧面挤紧。

（2）底部塞木楔。在隔墙板底部打入木楔并楔紧，木楔应放置在隔墙板的实心肋处。应采用下楔法施工，严禁采用上楔法，完成后对墙板位置校正，如图1-23所示。

图1-23 下楔法

（3）补浆灌缝。全部墙板就位后，应对其顶部、侧拼缝进行勾缝处理；立板完成24h内，须进行地缝补浆；立板7天后拆除木楔，并对木楔位置进行灌缝处理；墙板安装14天后，在隔墙板拼缝处，采用与压槽宽度一致的耐碱网格布进行挂网补浆。

 单元评价

通过本单元的学习，同学们应掌握各类构件的编号规定、标注方法及相关说明，能够熟练阅读装配式混凝土构件的详图和相关表格，掌握图纸内容；熟悉装配式建筑的生产施工流程，掌握"1+X"装配式建筑构件制作与安装职业技能初级标准。

序号	评价指标	评价内容	分值/分	学生评价（60%）	教师评价（40%）
1	理论知识	掌握装配预制墙、柱、梁、板、楼梯、阳台等构件识图规则；熟悉装配式混凝土工程构件制作及施工要点	50		
2	任务实施	能够进行预制构件制作及施工基本操作	30		
3	答辩汇报	撰写单元学习总结报告	20		

 单元考核

一、单项选择题

1. WQC1-3028-1514，代表的剪力墙为（   ）。

    A. 无洞口外墙　　　　　　　　　　B. 一个窗洞高窗台外墙

    C. 一个窗洞矮窗台外墙　　　　　　D. 一个门洞外墙

2. 对编号为 DBS1-68-3324-22 的叠合底板表述不正确的是（　　　）。

    A. 表示双向叠合板构件

    B. 预制底板厚度为 80mm，后浇叠合层厚度为 60mm

    C. 预制底板的标志跨度为 3300mm

    D. 预制底板的标志宽度为 2400mm

3. 预制剪力墙用△表示装配方向。其中，外墙板以（　　　）为装配方向，不须特殊标注。

    A. 内侧　　　　　　　　B. 外侧　　　　　　　　C. 上侧　　　　　　　　D. 下侧

4. 预制构件脱模时，混凝土强度不宜小于（　　　）。

    A. 10MPa　　　　　　　B. 15MPa　　　　　　　C. 20MPa　　　　　　　D. 25MPa

5. 预制构件吊装时，吊索与构件水平夹角不宜小于（　　　），不应小于（　　　）。

    A. 30°，60°　　　　　B. 45°，60°　　　　　C. 60°，45°　　　　　D. 60°，30°

6. 对于预制墙柱的上部长斜撑，其支撑点距离板底不宜小于板高的（　　　），且不应小于高度的（　　　）。

    A. 2/3，1/2　　　　　B. 1/2，1/3　　　　　C. 1/2，2/3　　　　　D. 1/2，1

7. 灌浆时环境温度不宜低于（　　　），当环境温度高于（　　　）时，应采取措施降低拌合物温度。

    A. 5℃，30℃　　　　　B. 0℃，5℃　　　　　C. 0℃，30℃　　　　　D. 5℃，35℃

8. 以下关于某装配式混凝土住宅楼工程的桁架钢筋摆放位置说法正确的是（　　　）。

    A. 桁架钢筋放置于底板钢筋之上

    B. 桁架钢筋放置于底板钢筋之下

    C. 桁架钢筋放置于底板钢筋之上或之下均可

    D. 图纸未说明，无法确定

9. 根据国家标准图集 15G366-1 要求，双向板底板主筋保护层偏差允许值为（　　　）mm。

    A. ±5　　　　　　　　B. ±2　　　　　　　　C. +5，-3　　　　　　D. +3，-5

10. 预制剪力墙内墙吊装工艺中，塔吊吊钩松钩后需进行的工作是（　　　）。

    A. 灌浆区分仓　　　　　　　　　　　　B. 底部垫片标高找平

    C. 垂直度调整　　　　　　　　　　　　D. 水平度调整

二、课后实训题

装配式建筑构件安装模拟包括：YWQ1 构件吊装、YNQ1 构件灌浆、预制墙与现浇墙 T 形连接。试对岗位工艺进行施工模拟，编写相应施工方案。图纸如图 1-24 ～图 1-27 所示：

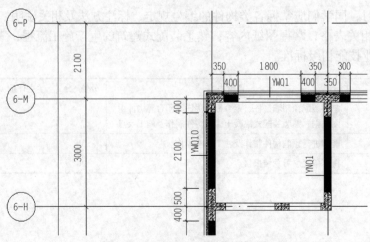

图 1-24　YWQ1、YNQ1 构件施工图

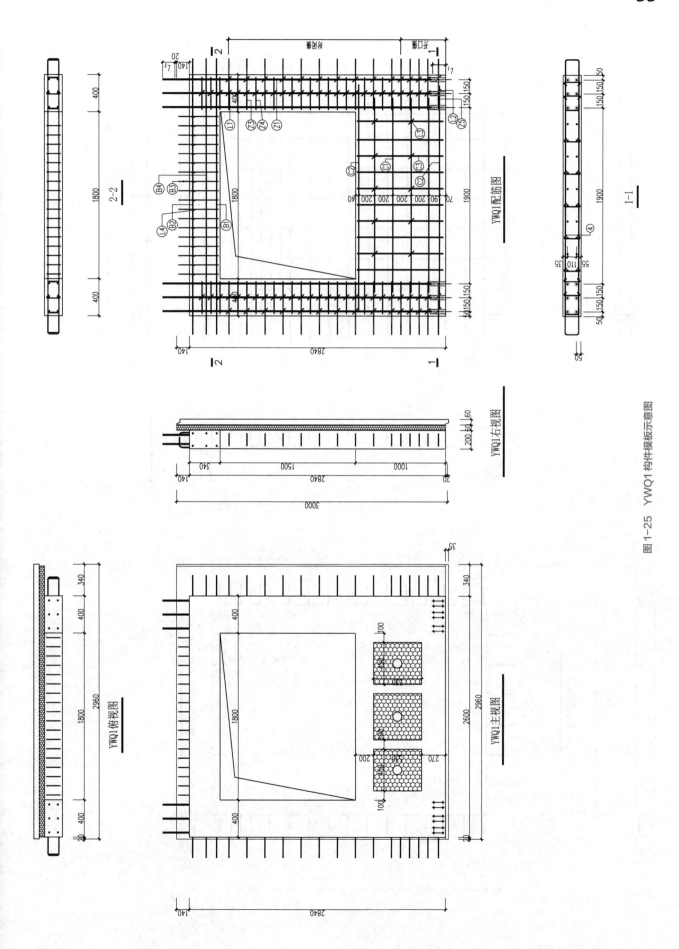

图1-25　YWQ1构件模板示意图

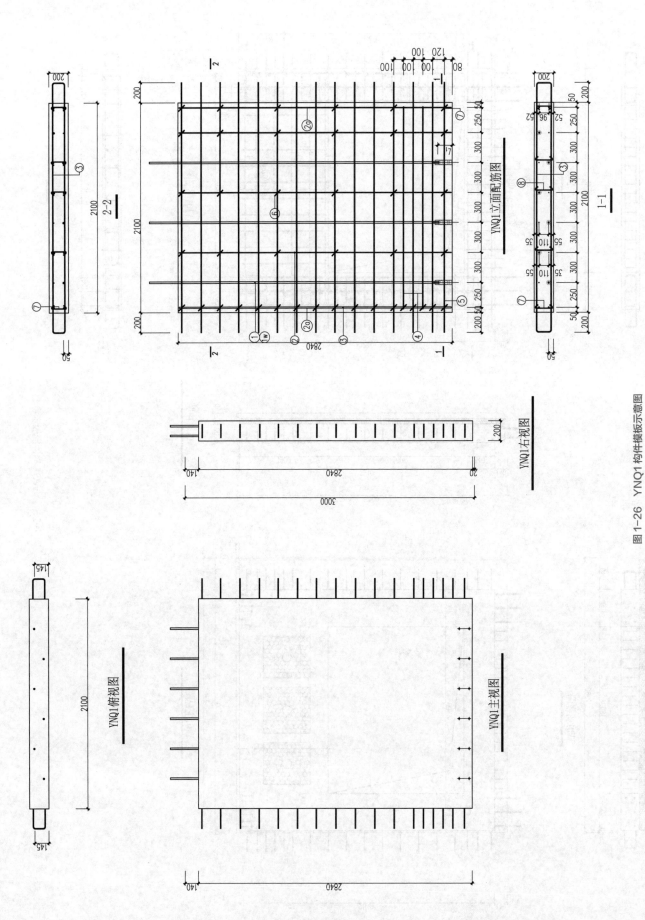

图1-26 YNQ1构件模板示意图

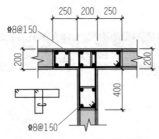

图 1-27 T形现浇连接示意图

1. 构件吊装

根据任务要求进行施工准备、构件确认检查、定位放线、连接钢筋检查矫正、结合面处理、标高超平、保温条铺设、起板移位、吊装就位、临时固定矫正、工完料清等操作。

2. 构件灌浆

根据任务要求进行施工准备、封缝料制备、分仓、封仓、灌浆料制备、流动度检测、试块制作、灌浆施工、工完料清等操作。

3. 节点连接

根据任务要求进行施工准备、连接钢筋检查矫正、结合面处理、保温条粘贴、安装套筒、钢筋绑扎、模板支设、混凝土浇筑、工完料清等操作。

课前导学

素质目标	造价人员须具备较高的思想政治觉悟，具有强烈的责任感，具有与世界接轨的时代精神，培养学生遵纪守法、诚实守信、吃苦耐劳的职业精神
知识目标	熟悉装配式建筑工程预算定额消耗量及单价的组成；掌握定额套用的方法；掌握装配式建筑工程费用构成；掌握装配式建筑工程计价取费基础及程序；掌握装配式混凝土结构工程清单编制方法；掌握工程量清单计价的方法与运用
技能目标	能够正确选用定额项目和确定预算价格；能够确定单位装配式建筑工程造价；能够进行工程量清单的编制；能够进行综合单价分析
重点难点	定额套用的方法；费用构成及计价程序；清单编制方法；综合单价分析

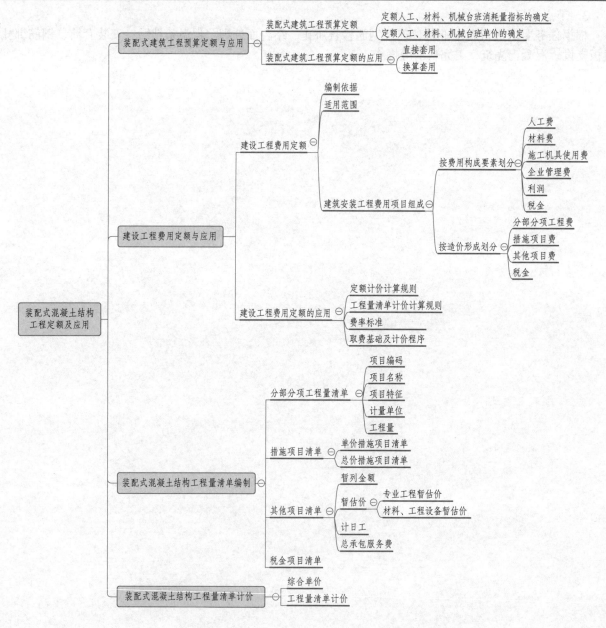

城乡建设绿色发展和高质量发展

以介绍杭州来福士广场、西安绿地中心、北京中粮万科长阳半岛等中国知名装配式建筑为切入点，对比装配式建筑的各种结构体系、发展历程、工程造价，我国建筑工业化取得了辉煌的成就、以新型建筑工业化带动建筑业全面转型升级，推动城乡建设绿色发展和高质量发展，培养学生创新和严谨求实的科学精神。

 应知应会

课题一 装配式建筑工程预算定额与应用

一、装配式建筑工程预算定额

（一）概念

装配式建筑工程预算定额是由主管部门或被授权单位组织编制并颁发的一种法令性指标，规定在正常的施工条件下，完成单位合格装配式建筑产品所需消耗的人工、材料、施工机具台班数量及其相应费用标准。按现行的装配式建筑工程施工验收规范、质量评定标准和安全操作规程，根据正常的施工条件和合理的劳动组织与工期安排，结合大多数施工企业现阶段采用的施工方法、机械化程度进行编制的，反映了社会平均消耗量水平，是计算装配式建筑工程产品价格的基础。

（二）定额人工、材料、机械台班消耗量指标的确定

1. 人工工日消耗量指标的确定

定额人工工日不分工种、技术等级，一律以综合工日表示。人工每工日按 8h 工作制计算，即人工日工作时间为 8h。人工工日消耗量包括基本用工、超运距用工、辅助用工和人工幅度差。

（1）基本用工

基本用工指完成单位合格产品所必须消耗的技术工种用工，亦指完成该分项工程的主要用工，计算公式如下：

$$基本用工=\sum（综合取定的工程量×劳动定额）$$

（2）辅助用工

辅助用工指技术工种劳动定额内不包括，而在预算定额内又必须考虑的用工，计算公式如下：

$$辅助用工=\sum（材料加工数量×相应的加工材料劳动定额）$$

（3）超运距用工

超运距用工指预算定额中材料及半成品的平均水平运距，超过劳动定额基本用工中规定的水平运距部分所需增加的用工量，计算公式如下：

$$超运距=预算定额取定运距-劳动定额已包括的运距$$
$$超运距用工=\sum（超运距材料数量×劳动定额）$$

（4）人工幅度差

人工幅度差主要是指预算定额和劳动定额由于定额水平不同而引起的水平差，即是指在劳动定额作业时间之外，而在预算定额中应考虑的在正常施工条件下所发生的各种工时损失，内容如下：

各工种间的工序搭接及交叉作业互相配合所发生的停歇用工；施工机械在单位工程之间转移及临时水电线路移动所造成的停工；质量检查和隐蔽工程验收工作的影响；班组操作地点转移用工；工序交接时对前一工序不可避免的修整用工；施工中不可避免的其他零星用工。

国家规定，预算定额的人工幅度差系数为 10% ～ 15%。人工幅度差计算公式如下：

$$人工幅度差=（基本用工+辅助用工+超运距用工）×人工幅度差系数$$
$$人工工日消耗量=基本用工+辅助用工+超运距用工+人工幅度差$$

2. 材料消耗量指标的确定

预算定额的材料消耗量指标是由材料的净用量和损耗量所构成。其中损耗量由材料、成品、半成品的施工操作损耗、场内运输（从现场内材料堆放点或加工点到施工操作地点）损耗和场内堆放损耗所组成。

（1）装配式建筑工程预算定额材料按用途分类

① 主要材料：指直接构成工程实体的材料，其中也包括成品、半成品的材料。

② 辅助材料：构成工程实体除主要材料外的其他材料，如垫木钉子、铅丝等。

③ 周转性材料：脚手架、模板等多次周转使用的工具性材料，而又不构成工程实体的摊销性材料。

④ 其他材料：用量较少，难以计量的零星用料，如棉纱、编号用的油漆等。

（2）材料消耗量指标的确定

① 凡能计量的材料、成品、半成品，均按品种、规格逐一列出数量；对于用量少、低值易耗的零星材料未一一列出，均包括在其他材料中，按"其他材料费"以"元"为单位列入预算定额。

② 各类预制构配件均按外购成品现场安装进行编制。构配件的设计、生产、运输在其购置价格中考虑。

③ 周转材料的消耗量通过多次使用分次摊销的办法计算，已包括回库维修的损耗量。

3. 施工机械台班消耗量指标的确定

机械台班消耗量又称机械台班使用量，它是指在合理使用机械和合理施工组织条件下，完成单位合格产品所必须消耗的机械台班数量的标准。一台机械工作一个工作班（即 8h）称为一个台班。

定额项目（包括机械为主操作和人工为主操作的项目）内的主要机械、辅助机械和中小型机械，均按不同的工作物对象，选用不同的机型和规格，以台班消耗量表示，并考虑了按劳动定额所需增加的机械幅度差，将用量少的小型机械列入其他机械费内。

（三）定额人工、材料、机械台班单价的确定

1. 人工工日单价的确定

人工工日单价是指施工企业平均技术熟练程度的生产工人，在每工作日（国家法定工作时间内）按规定从事施工作业应得的日工资总额。合理确定人工工日单价是正确计算人工费和工程造价的前提和基础。

（1）人工工日单价的组成内容

人工工日单价是根据住房和城乡建设部、财政部《关于印发〈建筑安装工程费用项目组成〉的通知》（建标〔2013〕44 号）和住房和城乡建设部《关于加强和改善工程造价监管的意见》（建标〔2017〕209 号）规定的人工费组成，并结合山西省劳动力市场因素确定的。

2018 山西省建设工程计价依据《装配式建筑工程预算定额》中，人工工日单价包括基本工资、津贴补贴、特殊情况下支付的工资、劳动保护费、职工福利费、社会保险费、住房公积金、工会经费、职工教育经费。

① 基本工资：是指发放给生产工人的基本工资。

② 津贴补贴：是指为了补偿职工特殊或额外的劳动消耗和因其他特殊原因支付给个人的津贴，如流动施工津贴、特殊地区施工津贴、高温（寒）作业临时津贴、高空津贴等，以及为了保证职工工资水平不受物价影响支付给个人的物价补贴。

③ 特殊情况下支付的工资：是指根据国家法律、法规和政策规定，因病、工伤、产假、计划生育假、婚丧假、事假、探亲假、定期休假、停工学习、执行国家或社会义务等原因按计时工资标准或计时工资标准的一定比例支付的工资。

④ 劳动保护费：是指企业按规定发放的劳动保护用品所支出的费用。

⑤ 职工福利费：是指企业按职工工资总额一定比例计提的、发放给职工或为职工支付的现金补贴和非货币性集体福利费。

⑥ 社会保险费：是指企业按照规定标准为职工缴纳的基本养老保险费、失业保险费、医疗保险费、生育保险费、工伤保险费。

⑦ 住房公积金：是指企业按规定标准为职工缴纳的住房公积金。

⑧ 工会经费：是指企业按《中华人民共和国工会法》规定，按职工工资总额的规定比例计提的工会经费。

⑨ 职工教育经费：是指按职工工资总额的规定比例计提，企业为职工进行专业技术和职业技能培训、专业

技术人员继续教育、职工职业技能鉴定、职业资格认定以及根据需要对职工进行各类文化教育所发生的费用。

（2）影响人工工日单价的因素

影响人工工日单价的因素很多，归纳起来有以下几方面：

① 社会平均工资水平。工人人工日工资单价必然和社会平均工资水平趋同。社会平均工资水平取决于经济发展水平。由于经济的增长，社会平均工资也会增长，从而影响人工日工资单价的提高。

② 消费价格指数。消费价格指数的提高会影响人工日工资单价的提高，以减少生活水平的下降，或维持原来的生活水平。消费价格指数的变动决定于物价的变动，尤其决定于消费品及服务价格水平的变动。

③ 人工日工资单价的组成内容。住房和城乡建设部颁布《关于加强和改善工程造价监管的意见》（建标〔2017〕209号），扩大人工单价计算口径，将社会保险费和住房公积金等费用并入人工日工资单价中，这也必然影响人工日工资单价的变化。

④ 劳动力市场供需变化。劳动力市场如果需求大于供给，人工日工资单价就会提高；供给大于需求，市场竞争激烈，人工日工资单价就会下降。

⑤ 政府推行的社会保障和福利政策也会影响人工日工资单价的变动。

2. 材料预算价格的确定

材料预算价格是指材料自产地或生产单位、经营部门仓库运到施工现场（仓库）或加工地点的价格。

（1）材料预算价格的组成

材料预算价格分为含增值税价格（简称含税价）和不含增值税价格（简称不含税价）。含税价适用于采用简易计税方法计价的工程项目，不含税价适用于采用一般计税方法计价的工程项目。

材料预算价格包括材料原价、材料运杂费、材料运输损耗费和材料采购及保管费。

① 材料原价（或供应价格）。是指材料的出厂价格或商家供应价格。

② 材料运杂费。是指材料自来源地运至工地仓库或指定堆放地点所发生的运输、装卸等全部费用。

材料运杂费按两种形式计算：由生产厂商或经营部门直接送到工地的材料，在材料供应价格内已含运杂费的，不再计算材料运杂费；其他材料均按生产经营部门供应价格的1%计算运杂费。

③ 材料运输损耗费。是指材料在运输、装卸过程中不可避免的损耗。在材料的运输中应考虑一定的场外运输损耗费用。

运输损耗的计算公式如下：

$$材料运输损耗费=（材料原价+运杂费）×运输损耗率$$

由生产厂商直接送货到施工现场，实行现场收料的材料，材料的供应价格内已经包含了运输损耗费，不再计算材料运输损耗费。

④ 材料采购及保管费。是指为组织采购、供应和保管材料的过程中所需要的各项费用，包括采购费、仓储费、工地保管费、仓储损耗。

材料采购及保管费计算公式如下：

$$材料采购及保管费=（材料原价+运杂费+运输损耗费）×采购及保管费费率$$

材料采购及保管费费率为1.5%；仪器、仪表和设备采购及保管费费率为0.5%。采购由建设单位负责时，材料采购及保管费的划分为建设单位取其中的20%，施工单位取其中的80%。

综上所述，材料预算价格的一般计算公式为：

$$含税价=含税原价+含税运杂费+含税运输损耗费+含税采购及保管费$$
$$=（含税原价+含税运杂费+含税运输损耗费）×（1+采购及保管费费率）$$
$$不含税价格=含税价/（1+综合税率）$$

（2）影响材料预算价格的因素

① 市场供需变化。材料原价是材料单价中最基本的组成，市场供大于求价格就会下降；反之，价格就会上升，从而也就会影响材料单价的涨落。

② 材料生产成本的变动直接影响材料单价的波动。

③ 流通环节的多少和材料供应体制也会影响材料单价。

④ 运输距离和运输方法的改变会影响材料运输费用的增减，从而也会影响材料单价。

3. 施工机械台班单价的确定

施工机械台班单价是指一台施工机械，在正常运转条件下一个工作班中所发生的全部费用，每台班按8h工作制计算。正确制定施工机械台班单价是合理确定和控制工程造价的重要方面。

施工机械台班单价由七项费用组成，包括折旧费、检修费、维护费、安拆费及场外运费、人工费、燃料动力费和其他费用。

① 折旧费：指施工机械在规定的使用年限内，陆续收回其原值的费用。

② 检修费：指施工机械在规定的耐用总台班内，按规定的检修间隔进行必要的检修，以恢复其正常功能所需的费用。

③ 维护费：指施工机械在规定的耐用总台班内，按规定的维护间隔进行各级维护和临时故障排除所需的费用。其包括为保障机械正常运转所需替换设备与随机配备工具、附具的摊销费用，机械运转及日常维护所需润滑与擦拭的材料费用及机械停滞期间的维护费用等。

④ 安拆费及场外运费：安拆费是指施工机械（特、大型机械除外）在现场进行安装与拆卸所需的人工、材料、机械和试运转费用以及机械辅助设施的折旧、搭设、拆除等费用；场外运费是指施工机械整体或分体自停放地点运至施工现场或由一施工地点运至另一施工地点的运输、装卸、辅助材料及架线等费用。

⑤ 人工费：指机上司机（司炉）和其他操作人员的人工费。

⑥ 燃料动力费：指施工机械在运转作业中所消耗的各种燃料及水、电费用等。

⑦ 其他费用：指施工机械按照国家规定应缴纳的车船税、保险费及检测费等。

二、装配式建筑工程预算定额的应用

1. 直接套用

当设计要求与定额项目的内容相一致时，可直接套用定额的预算基价及工料机消耗量，计算该分项工程的费用以及工料机需用量。现以2018山西省建设工程计价依据《装配式建筑工程预算定额》为例，说明装配式建筑工程预算定额的具体使用方法（以下各例均同）。

 案例示范

【例2-1】某住宅楼叠合板后浇层混凝土18.02m³，混凝土强度等级为C30，试计算完成该分项工程的工料机费用及主要材料消耗量。

解：（1）确定定额编号：由表2-1查出该项目的定额编号为Z1-32［混凝土（预拌碎石混凝土C30）］。

（2）计算该分项工程工料机费用：分项工程工料机费 = 预算价格 × 工程量 = 3790.45（元/10m³）× 1.802（10m³）= 6830.39元。

（3）计算主要材料消耗量：材料消耗量 = 定额的消耗量 × 工程量。

对于预拌碎石混凝土有：10.1×1.802 = 18.2（m³）。

二维码2-1

表2-1 后浇混凝土浇捣定额项目表

工作内容：浇筑，振捣，养护。 单位：10m³

定额编号				Z1-31	Z1-32	Z1-33	Z1-34
项目				梁、柱接头	叠合梁、板	叠合剪力墙	连接墙、柱
预算价格/元				6559.77	3790.45	4065.67	4685.16
其中	人工费/元			3780.00	855.00	1286.25	1910.00
	材料费/元			2779.77	2935.45	2779.42	2775.16
	机械费/元						
	名称	单位	单价/元			数量	
人工	综合工日	工日	125.00	30.24	6.84	10.29	15.28
材料	预拌碎石混凝土，T=190mm±30mm，粒径31.5mm，C30（32.5级）	m³	273.58	10.10	10.10	10.10	10.10
	聚氯乙烯薄膜0.5mm	m²	0.86		175.00		
	施工用电	kW·h	0.82	8.16	4.32	6.53	6.53
	工程用水	m³	4.96	2.00	3.68	2.20	1.34

提示:

预算定额直接套用的方法步骤归纳如下:

(1)根据施工图纸设计的分项工程项目内容,与定额工作内容对比,从定额中查出该项目的定额编号。

(2)当根据施工图纸设计的分项工程项目内容与定额规定的内容相一致,或虽然不一致,但定额规定不允许调整或换算时,即可直接套用定额以及主要材料消耗量,计算该分项工程费。但是,在套用定额前,必须注意分项工程的名称、规格、计量单位与定额相一致。

2. 换算套用

(1)定额换算的原因

当施工图纸的设计要求与定额项目的内容不一致时,为了能计算出设计要求项目的单价及人工、材料、机械消耗量,必须对定额项目与设计要求之间的差异进行调整。这种使定额项目的内容适应设计要求的差异调整是产生定额换算的原因。

(2)定额换算的依据

预算定额具有经济法规性,定额水平(即各种消耗量指标)不得随意改变。为了保持预算定额的水平不改变,在文字说明部分规定了若干条定额换算的条件,因此,在定额换算时必须执行这些规定才能避免人为改变定额水平的不合理现象。从定额水平保持不变的角度来解释,定额换算实际上是预算定额的进一步扩展与延伸。

(3)预算定额换算的内容

定额换算涉及人工费、材料费和机械费的换算,特别是材料费及材料消耗量的换算占定额换算相当大的比重,因此必须按定额的有关规定进行,不得随意调整。人工费的换算主要是由用工量的增减而引起,材料费的换算则是由材料耗用量的改变(或不同构造做法)及材料代换而引起的。

 案例示范

【例 2-2】某住宅楼叠合板后浇层混凝土 18.02m³,混凝土强度等级为 C35,试计算完成该分项工程的预算价格及主要材料消耗量。

解:(1)确定换算定额编号:由表 2-1 查出该项目的定额编号为 Z1-32［混凝土(预拌碎石混凝土 C30)］,有预算价格 3790.45 元 /10m³,混凝土定额用量 10.1m³/10m³。

(2)确定换入、换出混凝土的单价(T=190mm±30mm,粒径 5 ~ 31.5mm,32.5 级水泥),见表 2-2。查《混凝土及砂浆配合比、施工机械、仪器仪表台班费用定额》,确定定额编号为 P07095、P07097。

表 2-2 混凝土及砂浆配合比

定额编号			P07095	P07097	P07098
项目			粗集料粒径 5 ~ 31.5mm(T=190mm±30mm)		
			碎石		
			混凝土强度等级		
			C30	C35	
预算价格 /(元 /m³)			273.58	304.44	269.32
名称	单位	单价 / 元	数量		
材料	矿渣硅酸盐水泥 32.5 级	t	280.36	0.358	0.44	
	矿渣硅酸盐水泥 42.5 级	t	299.05			0.328
	粉煤灰	kg	0.07	72.00	88.00	66.00
	磨细矿渣粉	kg	0.39	72.00	88.00	66.00
	中粗砂	m³	93.56	0.50	0.42	0.54
	碎石 5 ~ 31.5mm	m³	78.78	0.73	0.73	0.73
	工程用水	m³	4.96	0.19	0.19	0.19
	高效减水剂	kg	5.79	6.02	7.4	5.51

换出 P07095 C30 混凝土预算价格 273.58 元 /m³，换入 P07097 C35 混凝土预算价格 304.44 元 /m³。

（3）计算换算定额单价：

Z1-32$_换$＝原定额单价＋定额混凝土用量×（换入混凝土单价－换出混凝土单价）

＝3790.45+10.1×（304.44－273.58）=4102.14（元 /10m³）

（4）计算该分项工程费：

分项工程费＝换算定额单价×工程量=4102.14（元 /10m³）×1.802（10m³）=7392.06 元

（5）计算主要材料消耗量：

材料消耗量＝定额的消耗量×工程量，则对于预拌碎石混凝土有：10.1×1.802=18.2（m³）

换算小结：

（1）选择换算定额编号及其预算价格，确定混凝土骨料粒径、水泥强度等级、坍落度。

（2）根据确定的混凝土（坍落度、石子粒径、水泥强度等级、混凝土强度等级），从表 2-2 中查换出换入混凝土的单价。

（3）计算换算后的预算价格。

（4）计算分项工程费。

课题二 建设工程费用定额与应用

一、建设工程费用定额

1. 编制依据

2018 山西省建设工程计价依据《建设工程费用定额》是根据住房和城乡建设部、财政部《关于印发〈建筑安装工程费用项目组成〉的通知》（建标〔2013〕44 号），住房和城乡建设部《关于加强和改善工程造价监管的意见》（建标〔2017〕209 号），财政部、国家税务总局《关于全面推开营业税改征增值税试点的通知》（财税〔2016〕36 号）文件精神及相关行业标准的要求，结合山西省具体情况，经调查研究、综合测算编制的。

2. 适用范围

2018 山西省建设工程计价依据《建设工程费用定额》适用于山西省范围内一般工业与民用建筑进行施工总承包、专业承包和劳务分包的工程量清单计价及定额计价。

（1）施工总承包

施工总承包是指具有总承包资质的企业，对工程实行施工总承包或对主体工程实行施工承包，包括房屋建筑工程总承包、市政公用工程总承包、机电设备安装工程总承包。

（2）专业承包

专业承包是指具有专业承包资质或总承包资质的企业，从总承包企业中依法分包的专业工程或依法从建设单位直接承包的专业工程，包括地基处理工程、大型土石方工程、金属结构制作及安装工程、防水防腐保温工程、一般装饰工程、幕墙工程、安装工程、炉窑砌筑工程、桥梁工程、园林工程、绿化工程、仿古建筑工程、修缮工程、抗震加固工程、市政维护工程等。

（3）劳务分包

它是指具有劳务分包资质的企业依法从总承包企业或专业承包企业分包的劳务作业。

3. 建筑安装工程费用项目组成

按住房和城乡建设部、财政部《关于印发〈建筑安装工程费用项目组成〉的通知》（建标〔2013〕44 号）及住房和城乡建设部《关于加强和改善工程造价监管的意见》（建标〔2017〕209 号），建筑安装工程费用组成按费用构成要素划分为人工费、材料费、施工机具使用费、企业管理费、利润和税金，如图 2-1 所示。按工程造价形成划分为分部分项工程费、措施项目费、其他项目费和税金，如图 2-2 所示。

二维码2-2

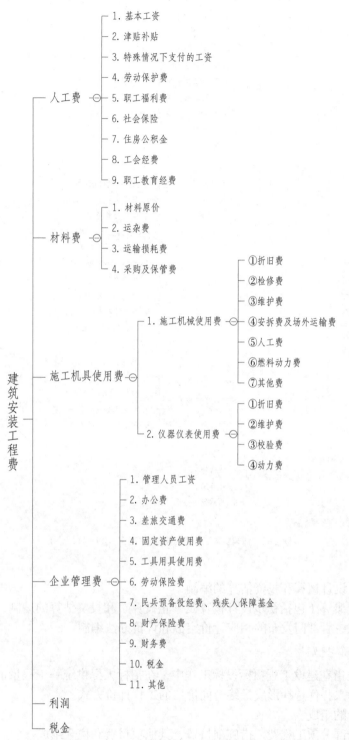

图 2-1 建筑安装工程费用构成（按构成要素划分）

二、建设工程费用定额的应用

1. **定额计价计算规则**

定额计价是指按照建设行政主管部门发布的计价定额和相关规定计算工程造价的计价方式。

（1）单位工程造价的组成

单位工程造价由人工费、材料费、施工机具使用费、措施费、企业管理费、利润和税金组成。

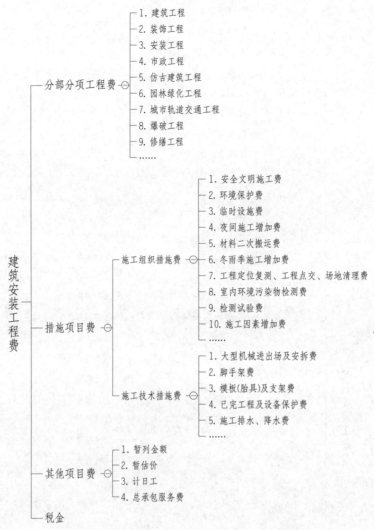

图 2-2　建筑安装工程费用构成（按工程造价形成划分）

（2）施工图预算、设计概算和投资估算的编制

施工图预算、设计概算（包括初步设计概算及修正概算）和投资估算的编制，应根据图纸的设计阶段和深度，选择建设行政主管部门发布的相应计价定额和计价办法编制。

2.　工程量清单计价计算规则

工程量清单计价是指在建设工程招标投标工作中，在招标人提供统一工程量清单的基础上，各投标人进行自主竞价，由招标人择优选择形成最终合同价格的工程计价方式。

（1）单位工程造价的组成

单位工程造价由分部分项工程费、措施项目费、其他项目费和税金组成。

（2）最高投标限价的编制

最高投标限价是指招标单位根据国家或省级、行业建设行政主管部门颁发的有关工程造价计价定额和办法，以及拟定的招标文件、招标工程量清单和设计施工图纸，结合建设工程实际情况编制的计价文件，并在招标文件中明确的投标人的最高报价。

最高投标限价编制的内容包括分部分项工程费、施工技术措施项目费、施工组织措施项目费、其他项目费和税金。

（3）投标报价的编制

投标报价是在建设工程招标投标过程中，由投标单位按照招标文件的各项要求，根据建设工程的具体特点，结合自身的施工技术、装备和管理水平，依据有关工程造价计价依据，对已标价工程量清单汇总后标明总价，自主做出的工程造价的报价。

投标报价编制的内容包括分部分项工程费、施工技术措施项目费、施工组织措施项目费、其他项目费和税金。

（4）竣工结算的编制

工程竣工结算是指工程项目完工并经竣工验收合格后，发承包双方按照施工合同的约定对所完成的工程项目进行的合同价款的计算、调整和确认。

竣工结算编制的内容包括分部分项工程费、施工技术措施项目费、施工组织措施项目费、其他项目费和税金。

3. 费率标准

2018山西省建设工程计价依据《建设工程费用定额》规定：施工组织措施费、企业管理费、利润此三项费用的费率会随着计税方法（一般计税方法和简易计税方法）的不同、承包方式（总承包、专业承包、劳务分包）的不同而变化，下面仅以一般计税方法和承包方式为总承包的条件，介绍各项费用的费率标准，见表2-3～表2-6。

（1）施工组织措施费

表 2-3　施工组织措施费费率　　　　　　　　　　　　　　　　单位：%

工程项目		房屋建筑工程			
		建筑工程	装饰工程		安装工程
			一般装饰	幕墙装饰	
费用项目	计费基础	定额工料机	定额人工费		
安全文明施工费	一级	1.53	1.81	3.07	3.05
	二级	1.28	1.51	2.56	2.54
临时设施费	一级	1.36	1.85	3.16	3.35
	二级	1.15	1.55	2.66	2.82
环境保护费	一级	0.70	1.29	2.15	1.61
	二级	0.58	1.08	1.79	1.34
夜间施工增加费		0.14	0.23	0.39	0.36
冬雨季施工增加费		0.51	0.28	0.48	0.43
材料二次搬运费		0.17	0.53	0.92	0.77
工程定位复测、工程点交、场地清理费		0.10	0.09	0.15	0.18
室内环境污染物检测费		0.49	1.98	—	—
检测试验费		0.15	0.18	0.32	0.31

注：1. 根据晋建标字〔2018〕295号文件《山西省住房和城乡建设厅关于对建设工程安全文明施工费、临时设施费、环境保护费调整等事项的通知》的规定，对山西省安全文明施工费、临时设施费、环境保护费费率依照绿色文明工地标准做出相应调整。

2. 安全文明施工费中不包括因建设工程施工可能造成损害的相邻建（构）筑物和地下管线应当采取的专项防护措施发生的费用，以及特殊情况建（构）筑物采取的临时保护措施费。发生时以实际计算。

3. 冬雨季施工增加费中不包括蒸汽养护法、电加热法及暖棚法施工所增加的设施及费用。

4. 2020年6月3日及以后或合同约定执行政策性调整的工程项目，应结合晋建标〔2020〕86号文件《山西省住房和城乡建设厅关于建筑工人实名制费用计取方法的通知（第86号）》，增加建筑工人实名制费用。

5. 2023年8月29日及以后合同约定执行政策性调整的工程项目，应结合晋建科字〔2023〕181号《山西省住房和城乡建设厅关于调整建设工程安全文明施工费的通知》，调整安全文明施工费。

（2）企业管理费

表 2-4　企业管理费费率

工程项目	房屋建筑工程			安装工程
	建筑工程	装饰工程		
		一般装饰	幕墙装饰	
计费基础	定额工料机	定额人工费		
费率/%	8.48	9.12	16.32	19.8

（3）利润

表2-5 利润率

工程项目	房屋建筑工程			
	建筑工程	装饰工程		安装工程
		一般装饰	幕墙装饰	
计费基础	定额工料机	定额人工费		
费率 /%	7.04	9.88	18.24	18.5

（4）税金

增值税的计税方法，包括一般计税方法和简易计税方法。

（1）一般计税方法

一般计税方法的应纳税额，是指当期销项税额抵扣当期进项税额后的余额。应纳税额计算公式如下：

应纳税额=当期销项税额-当期进项税额

一般计税方法下，城市维护建设税、教育费附加、地方教育附加等包含在企业管理费中。

（2）简易计税方法

简易计税方法的应纳税额，是指按照销售额和增值税征收率计算的增值税额，不得抵扣进项税额。应纳税额计算公式如下：

应纳税额=销售额×征收率

简易计税方法下，城市维护建设税、教育费附加、地方教育附加包括在增值税中。

（3）计税方法的选取

承包人应按财政部、国家税务总局财税〔2016〕36号文有关规定选择税金的计算方法。

计税方法（一般计税方法和简易计税方法）的不同，直接影响税率的取值，下面仅介绍一般计税方法下税率的取值。

表2-6 税率

项目名称	计费基础	税 率
税金	税前工程造价	9%

注：根据财税〔2018〕32号文件，建设工程增值税率自2018年5月1日起，由11%下调为10%，详见晋建标字〔2018〕114号文件《山西省住房和城乡建设厅关于调整山西省建设工程计价依据增值税税率的通知》。根据财政部、税务总局、海关总署发布《关于深化增值税改革有关政策的公告》（2019年第39号）文件，明确建筑业、运输业等多个行业增值税率自2019年4月1日起再次下调，由10%下调为9%，详见晋建标字〔2019〕62号文件。上表为已调整后税率。

4. 取费基础及计价程序

（1）取费基础

定额的取费基础分两类，一类是以定额工料机为取费基础；一类是以定额人工费为取费基础。建筑工程的取费基础是以定额工料机为取费基础，装饰工程和安装工程的取费基础是以定额人工费为取费基础。

① 定额工料机

定额工料机是指执行2018《山西省建设工程计价依据》（后面简称《计价依据》）计算的实体项目和技术措施项目的不含动态调整和风险费用的人工费、材料费、施工机具使用费合计。

② 定额人工费

定额人工费是指执行2018《山西省建设工程计价依据》计算的定额工料机中的人工费。

（2）定额计价的计价程序

① 以工料机为计算基础，见表2-7。

表 2-7　以工料机为计算基础的定额计价程序

序号	费用项目	计算程序
1	定额工料机（包括施工技术措施费）	按《计价依据》计价定额计算
2	施工组织措施项目费	1× 相应费率
3	企业管理费	1× 相应费率
4	利润	1× 相应利润率
5	动态调整费	按规定计算
6	税金	（1+2+3+4+5）× 税率
7	工程造价	1+2+3+4+5+6

② 以人工费为计算基础，见表 2-8。

表 2-8　以人工费为计算基础的定额计价程序

序号	费用项目	计算程序
1	定额工料机（包括施工技术措施费）	按《计价依据》计价定额计算
2	其中：人工费	按《计价依据》计价定额计算
3	施工组织措施项目费	2× 相应费率
4	企业管理费	2× 相应费率
5	利润	2× 相应利润率
6	动态调整费	按规定计算
7	税金	（1+3+4+5+6）× 税率
8	工程造价	1+3+4+5+6+7

（3）工程量清单计价程序

工程量清单计价的计价程序，见表 2-9。

表 2-9　工程量清单计价程序

序号	费用项目	计算程序
1	分部分项工程费	∑ 分部分项清单项目工程量 × 相应清单项目综合单价
2	施工技术措施项目费	∑ 分项技术措施清单项目工程量 × 相应清单项目综合单价
3	施工组织措施项目费	∑ 计算基础 × 相应费率
4	其他项目费	招标人部分的金额 + 投标人部分的金额
5	税金（扣除不列入计税范围的工程设备费）	（1+2+3+4）× 税率
6	单位工程造价	1+2+3+4+5

课题三　装配式混凝土结构工程量清单编制

一、工程量清单

工程量清单是指建设工程文件中载明项目名称、项目特征、工程数量的明细清单。在建设工程发承包及实施过程的不同阶段，工程量清单又可分为"招标工程量清单"和"已标价工程量清单"。

1. 招标工程量清单

招标工程量清单是指招标人依据国家标准、招标文件、设计文件以及施工现场实际情况编制的，随招标文件发布供投标人投标报价的工程量清单，包括其说明和表格。

2. 已标价工程量清单

已标价工程量清单是指由承包人在投标时所填报的已标明综合单价及投标价格的工程量清单，用以说明承包人所报合同总价的详细构成及综合单价，包括其说明和表格。

3. 《计价标准》相关规定

（1）工程量清单应由具有相应专业技术和编制能力的招标人或受其委托的工程造价咨询人编制。

（2）招标工程无论是采用单价合同或总价合同，措施项目清单的完整性及准确性均应由投标人负责。采用单价合同的工程，工程量清单的分部分项工程项目清单的准确性、完整性应由招标人负责；采用总价合同的工程，已标价工程量清单的准确性、完整性应由投标人负责。

（3）招标工程量清单应根据招标文件要求及工程交付范围，以合同标的作为工程量清单编制对象或依据工程需求以单项工程、单位工程等为工程量清单编制对象进行列项编制，并作为招标文件的组成部分。

（4）工程量清单可按分部分项工程项目清单、措施项目清单、其他项目清单、税金项目清单分别编制，并以分部分项工程项目清单为主要表现形式。

（5）编制招标工程量清单应依据：

① 《计价标准》和相关工程的国家《计算标准》；

② 国家或省级、行业建设主管部门颁发的工程计量计价规定、补充的工程量计算规则；

③ 工程招标图纸及相关资料；

④ 与建设工程项目有关的标准、规范、技术资料；

⑤ 招标文件、合同条款及相关资料；

⑥ 施工现场情况、地勘水文资料、工程特点等；

⑦ 其他相关资料。

二、分部分项工程量清单

分部分项工程量清单是指构成建设工程实体的全部分项实体项目名称和相应数量的明细清单。

分部分项工程项目清单必须载明项目编码、项目名称、项目特征、计量单位和工程量。分部分项工程项目清单必须根据《计算标准》附录规定的项目编码、项目名称、项目特征、计量单位和工程量计算规则进行编制，其格式见表2-10。在分部分项工程项目清单的编制过程中，由招标人负责前六项内容填写，金额部分在编制最高投标限价或投标报价时填写。

表2-10　分部分项工程项目清单计价表

工程名称：　　　　　　　　　　　　标段：　　　　　　　　　　　　　　　　　　　第　页　共　页

序号	项目编码	项目名称	项目特征描述	计量单位	工程量	金额/元	
						综合单价	综合合价
本页小计							
合计							

1. 项目编码

项目编码是分部分项工程和措施项目清单名称的阿拉伯数字标识。项目编码按《计算标准》规定，采用五级编码，12位阿拉伯数字表示。一、二、三、四级编码为全国统一，即一至九位应按《计算标准》附录的规定设置；第五级，即十至十二位为清单项目名称顺序码，应根据拟建工程的工程量清单项目名称和项目特征设置，同一招标工程中的同一单位工程的编码不得有重码。

（1）专业工程代码

专业工程代码为第一、二位编码，见表2-11。

二维码2-3

表2-11 专业工程代码

第一、二位编码	专业工程	第一、二位编码	专业工程
01	房屋建筑与装饰工程	06	矿山工程
02	仿古建筑工程	07	构筑物工程
03	通用安装工程	08	城市轨道交通工程
04	市政工程	09	爆破工程
05	园林绿化工程		

（2）附录分类顺序码

附录分类顺序码为第三、四位编码，以房屋建筑与装饰工程为例，见表2-12。

表2-12 附录分类顺序码

第三、四位编码	附录	对应的项目	前四位编码
01	A	土石方工程	0101
02	B	地基处理与边坡支护工程	0102
03	C	桩基工程	0103
04	D	砌筑工程	0104
05	E	混凝土及钢筋混凝土工程	0105
06	F	金属结构工程	0106
07	G	木结构工程	0107
08	H	门窗工程	0108
…	…	…	…
16	R	措施项目	0116

（3）分部工程顺序码

分部工程顺序码为第五、六位编码。以混凝土及钢筋混凝土工程为例，按不同做法、不同构件等编码，见表2-13。

表2-13 分部工程顺序码

第五、六位编码	对应的附录	适用的分部工程（不同结构构件）	前六位编码
01	E.1	基础及楼地面垫层	010501
02	E.2	现浇混凝土构件	010502
03	E.3	一般预制混凝土构件	010503
04	E.4	装配式预制混凝土构件	010504
05	E.5	混凝土模板	010505
06	E.6	钢筋及螺栓、铁件	010506

（4）分项工程顺序码

分项工程顺序码为第七、八、九位编码。以装配式预制混凝土构件为例，见表2-14。

表2-14 分项工程顺序码

第七、八、九位编码	对应的附录	适用的分项工程	前九位编码
001	E.4	实心柱	010504001
002	E.4	单梁	010504002
003	E.4	叠合梁	010504003

第七、八、九位编码	对应的附录	适用的分项工程	前九位编码
004	E.4	叠合楼板	010504004
…	…	…	…
015	E.4	叠合梁、板后浇混凝土	010504015
016	E.4	叠合剪力墙后浇混凝土	010504016

（5）清单项目名称顺序码

清单项目名称顺序码为第十、十一、十二位编码。其由工程量清单编制人编制，从 001 开始。

当同一标段（或合同段）的一份工程量清单中含有多个单位工程且工程量清单是以单位工程为编制对象时，在编制工程量清单时应特别注意对项目编码十至十二位的设置不得有重码的规定。例如一个标段（或合同段）的工程量清单中含有三个单位工程，每一单位工程中都有项目特征相同的矩形柱，在工程量清单中又需反映三个不同单位工程的矩形柱混凝土工程量时，则第一个单位工程的实心柱的项目编码应为 010504001001，第二个单位工程的实心柱的项目编码应为 010504001002，第三个单位工程的实心柱的项目编码应为 010504001003，并分别列出各单位工程矩形柱的工程量。

随着工程建设中新材料、新技术、新工艺等的不断涌现，工程量计算规范附录所列的工程量清单项目不可能包含所有项目。在编制工程量清单时，当出现工程量计算规范附录中未包括的清单项目时，编制人应作补充。在编制补充项目时应注意以下三个方面。

① 补充项目的编码应按《计算标准》的规定确定。具体做法如下：补充项目的编码由《计算标准》的代码与 B 和三位阿拉伯数字组成，并应从 001 起顺序编制，例如房屋建筑与装饰工程如需补充项目，则其编码应从 01B001 开始顺序编制，同一招标工程的项目不得重码。

② 在工程量清单中应附补充项目的项目名称、项目特征、计量单位、工程量计算规则和工作内容。

③ 将编制的补充项目报省级或行业工程造价管理机构备案。

2. 项目名称

分部分项工程项目清单的项目名称应按各专业工程《计算标准》附录的项目名称结合拟建工程的实际确定。附录表中的"项目名称"为分项工程项目名称，是形成分部分项工程项目清单项目名称的基础。即在编制分部分项工程项目清单时，以附录中的分项工程项目名称为基础，考虑该项目的规格、型号、材质等特征要求，结合拟建工程的实际情况，使其工程量清单项目名称具体化、细化，以反映影响工程造价的主要因素。例如"混凝土及钢筋混凝土工程"中"其他预制构件"中的"其他构件"应区分"飘窗""空调板""压顶""小型构件"等。清单项目名称应表述详细、准确，计算规范中的分项工程项目名称如有缺陷，招标人可做补充，并报当地工程造价管理机构（省级）备案。

3. 项目特征

项目特征是载明构成工程量清单项目自身的本质及要求，用于说明设计图纸和技术标准、规范及招标文件所要求的清单项目的文字性描述。项目特征是对项目的准确描述，是确定一个清单项目综合单价不可缺少的重要依据，是区分清单项目的依据，是履行合同义务的基础。分部分项工程项目清单的项目特征应按《计算标准》附录中规定的项目特征，结合技术规范、标准图集、施工图纸，按照工程结构、使用材质及规格或安装位置等，予以详细而准确的表述和说明。凡项目特征中未描述到的其他独有特征，由清单编制人视项目具体情况确定，以准确描述清单项目为准。

4. 计量单位

工程量清单的计量单位应按《计算标准》附录中规定的计量单位确定。

（1）以重量计算的项目——吨或千克（t 或 kg）；

（2）以体积计算的项目——立方米（m³）；

（3）以面积计算的项目——平方米（m²）；

（4）以长度计算的项目——米（m）；

（5）以自然计量单位计算的项目——个、套、块、根、组、台……

（6）没有具体数量的项目——宗、项……

5. 工程量

工程量应按《计算标准》规定的工程量计算规则计算。工程计量时每一项目汇总的有效位数应遵守下列规定：

（1）以 "t" 为单位，保留小数点后三位数字，第四位小数四舍五入。

（2）以 "m³""m²""m" 为单位，保留小数点后两位数字，第三位小数四舍五入。

（3）以 "个""樘""根""座""套""项""孔" 等为单位，取整数。

6. 分部分项工程量清单的编制程序

在进行分部分项工程量清单编制时，其编制程序见图2-3。

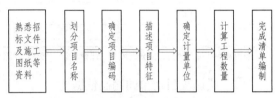

图2-3　分部分项工程量清单的编制程序

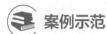 **案例示范**

【例2-3】某框架结构工程采用装配式混凝土施工，实心柱 PCZ-D9 共 6 根，单件体积为 0.84m³，混凝土强度等级为 C40，采用半灌浆套筒注浆工艺连接，灌浆料材质为 TJ 灌浆料。试编制实心柱工程量清单。

解： 实心柱工程量清单见表2-15。

表2-15　分部分项工程项目清单

工程名称：×× 住宅楼　　　　　　　　　　　　　　　　　　　　　　　　　　　　　　　　　　　　　　　第　页　共　页

序号	项目编码	项目名称	项目特征	计量单位	工程量	金额/元	
						综合单价	综合合价
1	010504001001	实心柱	1. 图代号：PCZ-D9； 2. 混凝土强度等级：C40； 3. 连接方式：半灌浆套筒注浆（16个）； 4. 灌浆料材质：TJ灌浆料	m³	5.04		

三、措施项目清单

措施项目清单是指为完成工程项目施工，发生于该工程施工准备和施工过程中的技术、生活、安全等方面的非工程实体项目的明细清单，如脚手架、模板工程、安全文明施工、冬雨季施工等。

措施项目清单应根据《计算标准》的规定编制，并应根据拟建工程的实际情况列项。

1. 措施项目清单的格式

（1）措施项目清单的类别

措施项目费用的发生与使用时间、施工方法或者两个以上的工序相关，如安全文明施工，夜间施工，非夜间施工照明，二次搬运，冬雨季施工，地上、地下设施和建筑物的临时保护设施，已完工程及设备保护等。但是有些措施项目则是可以计算工程量的项目，如脚手架工程，混凝土模板及支架（撑），垂直运输，超高施工增加，大型机械设备进出场及安拆，施工排水、降水等，这类措施项目按照分部分项工程项目清单的方式采用综合单价计价，更有利于措施费的确定和调整。措施项目中可以计算工程量的项目（单价计价的措施项目）宜采用分部分项工程项目清单的方式编制，列出项目编码、项目名称、项目特征、计量单位和工程量（见表2-10）；不宜计算工程量的项目（总价计价的措施项目），以 "项" 为计量单位进行编制（见表2-16），措施项目清单构成明细见表2-17。

表2-16　措施项目清单计价表

工程名称：　　　　　　　　　　标段：　　　　　　　　　　　　　　　　　　　　　　　　　　　　　　第　页　共　页

序号	项目编码	项目名称	项目特征描述	综合合价/元	备注
1	011601005001	安全生产			
2	011601006001	文明（绿色）施工			
		……			
		本页小计			—
		合计			—

表 2-17 措施项目清单构成明细分析表

工程名称：　　　　　　　　　　　　　　　　标段：　　　　　　　　　　　　　　　　第 页 共 页

序号	项目编码	措施项目名称	计算基础	费率/%	综合合价/元	综合合价构成明细/元					备注
						人工费	材料费	施工机具使用费	管理费	利润	

注：采用费率计价方式的，应分别填写"计算基础""费率""综合合价"列数值；采用总价计价方式的，可只填"综合合价"列数值。

（2）措施项目清单的编制依据

措施项目清单的编制需考虑多种因素，除工程本身的因素外，还涉及水文、气象、环境、安全等因素。措施项目清单应根据拟建工程的实际情况列项。若出现工程量计算规范中未列的项目，可根据工程实际情况补充。

措施项目清单的编制依据主要有：

① 施工现场情况、地勘水文资料、工程特点；

② 常规施工方案；

③ 与建设工程有关的标准、规范、技术资料；

④ 拟定的招标文件；

⑤ 建设工程设计文件及相关资料。

2. 措施项目清单的列项条件

措施项目清单的列项条件见表 2-18。

表 2-18 措施项目清单的列项条件

序号	项目名称	措施项目发生的条件
1	安全生产	
2	文明（绿色）施工	
3	环境保护	
4	临时设施	正常情况下都要发生
5	脚手架工程	
6	垂直运输	
7	已完工程及设备保护	
8	大型机械设备进出场及安拆	施工方案中有大型机具的使用方案，拟建工程必须使用大型机具
9	施工排水、降水	依据水文地质资料，拟建工程的地下施工深度低于地下水位
10	夜间施工	拟建工程有必须连续施工的要求，或工期紧张有夜间施工的倾向
11	二次搬运	施工场地条件限制所发生的材料、成品等二次或多次搬运
12	冬雨季施工	冬雨季施工时
13	特殊地区施工增加	在特殊地区（高温、高寒、高原沙漠、戈壁等）及特殊施工环境（临公路、临铁路）

四、其他项目清单

其他项目清单是指分部分项工程项目清单、措施项目清单所包含的内容以外，因招标人的特殊要求而发生的与拟建工程有关的其他费用项目和相应数量的清单。工程建设标准的高低、工程的复杂程度、工程的工期长短、工程的组成内容、发包人对工程管理的要求等都直接影响其他项目清单的具体内容。其他项目清单包括暂列金额，暂估价（包括材料暂估单价、工程设备暂估单价、专业工程暂估价），计日工，总承包服务费。其他项目清单宜按照表 2-19 的格式编制，出现未包含在表格中内容的项目，可根据工程实际情况补充。

表 2-19 其他项目清单计价表

工程名称：　　　　　　　　　　　　　　标段：　　　　　　　　　　　　　　第 页 共 页

序号	项目名称	项目特征描述	计量单位	工程量	计算基数	费率 /%	金额 / 元		备注
							综合单价	综合合价	
1	暂列金额		%		单位工程费	9			
2	专业工程暂估价	门窗工程	元					250000	
3	计日工		项						
3.1	普工		工日	30					
3.2	42.5 级矿渣水泥		kg	200					
3.3	挖掘机		台班	20					
4	总承包服务费	对专业工程协调、管理并提供配合服务	%		专业工程估算造价				
本页小计									
合计									

注：1. 招标人列明暂列金额、专业工程暂估价的明细及金额；投标人将暂列金额、专业工程暂估价金额直接计入投标总价；专业工程暂估价为已含税价格。

2. 招标人列明计日工名称、单位和暂估数量；投标人自主确定综合单价，按暂估数量计算综合合价计入投标总价中。

3. 招标人列明总承包服务费的服务项目、服务内容及要求；投标人自主报价并计入投标总价中。

1. 暂列金额

发包人在工程量清单中暂定并包括在合同价款中，用于招标时（非招标工程签约时）尚未能确定或者不可预见的工程、所需材料、服务，施工中可能发生的合同价格调整等预留的费用。不管采用何种合同形式，其理想的标准是，一份合同的价格就是其最终的竣工结算价格，或者至少两者应尽可能接近。

《计价标准》规定，暂列金额可采用费率或总价计价方式计价，应以清单项目的计算基础乘费率或以项计算清单项目价格。投标人应将招标人所列的暂列金额计入投标总价中。以 2018 山西省建设工程计价依据《建设工程费用定额》中暂列金额为例，编制暂列金额见表 2-19。暂列金额费率标准见表 2-20。

表 2-20 暂列金额费率标准

费用项目	计费基础	费率
暂列金额	单位工程费	8% ～ 10%

2. 暂估价

暂估价是指招标人在工程量清单中提供的用于支付必然发生但暂时不能确定价格的材料、工程设备的单价以及专业工程的金额，包括材料暂估价和专业工程暂估价；暂估价类似于 FIDIC 合同条款中的 Prime Cost Items，在招标阶段预见肯定要发生，只是因为标准不明确或者需要由专业承包人完成，暂时无法确定价格。暂估价数量和拟用项目应当结合工程量清单中的"暂估价表"予以补充说明。

暂估价中的材料暂估价应根据工程造价信息或参照市场价格估算，列出明细表。专业工程暂估价应分不同专业，采用总价计价方式进行计价，以项计算专业工程暂估价价格，可按照表 2-19 列示；材料暂估价可按照表 2-21 的格式列示。

表 2-21　材料暂估单价及调整表

工程名称：　　　　　　　　　　　　　　　标段：　　　　　　　　　　　　　　第　页　共　页

序号	材料名称	规格型号	计量单位	暂估			确认			增减金额/元	备注
				数量	单价/元	合价/元	数量	单价/元	合价/元		

注：此表由招标人填写"暂估单价"栏，并在备注栏说明拟用暂估价材料清单项目，投标人应将上述材料暂估单价计入工程量清单综合单价报价中。

3. 计日工

计日工是指承包人完成发包人提出的零星项目、零星工作，不能按照合同约定的计价规则进行计价，而需依据经发包人确认的实际消耗人工、材料、施工机具台班数量，按合同约定的计日工单价计价的方式。计日工是为了解决现场发生的零星工作的计价而设立的。国际上常见的标准合同条款中，大多数都设立了计日工（daywork）计价机制。计日工对完成零星工作所消耗的人工工日、材料数量、施工机具台班进行计量，并按照计日工表中填报的适用项目的单价进行计价支付。

计日工应列出项目名称、计量单位和暂估数量。计日工可按照表 2-19 的格式列示。

4. 总承包服务费

总承包人对发包人提供的材料按合同规定履行保管及其配套服务所需的费用；按合同约定配合、协调发包人进行的专业工程发包以及对专业分包工程提供配合、协调、施工现场管理、已有临时设施使用、竣工资料汇总整理等服务所需的费用；对非承包范围的发包人直接委托的独立承包工程履行合同规定的协调及配合责任所需的费用。总承包服务内容应在招标文件及合同内详细说明。

《计价标准》规定，总承包服务费可采用费率或总价计价方式计价，应以清单项目的计算基础乘费率或以项计算清单项目价格。招标人列明总承包服务费的服务项目、服务内容及要求；投标人自主报价并计入投标总价中。以 2018 山西省建设工程计价依据《建设工程费用定额》中总承包服务费为例，总承包服务费费率标准见表 2-22。

表 2-22　总承包服务费费率标准

费用项目	计费基础	费率
对专业工程协调与管理	专业工程估算造价	1%～3%
对专业工程协调与管理并提供配合与服务	专业工程估算造价	2%～5%

五、税金项目清单

税金项目主要是指增值税。出现《计价标准》未列的项目，应根据税务部门的规定列项。税金项目计价如表 2-23 所示。

表 2-23　税金项目计价表

工程名称：　　　　　　　　　　　　　　　标段：　　　　　　　　　　　　　　第　页　共　页

序号	项目名称	计算基础	计算税率/%	金额/元
1	税金（增值税）	分部分项+措施项目+其他项目-专业工程暂估价		
		合计		

课题四　装配式混凝土结构工程量清单计价

一、综合单价

建设工程施工发承包的价款确定应采用工程量清单计价。分部分项工程项目清单中按单价计价方式进行计价的，应按分部分项工程项目清单中的工程数量乘以相应的综合单价计算该清单项目价格。综合单价是指综合考虑技术标准规范、施工工期、施工顺序、施工条件、气候等影响因素以及合同约定范围与幅度内的风险，完成一个工程量清单项目单位数量所需的费用。包括人工费、材料费、施工机具使用费和管理费、利润，不包括税金项目清单确定的税金。即：

分部分项工程综合单价=人工费+材料费+施工机具使用费+管理费+利润+风险费用

分部分项工程费=∑（分部分项工程清单项目综合单价×相应清单项目工程量）

二维码2-4　　　　二维码2-5

1. 确定综合单价包括的内容

分析工程量清单中"项目名称"，结合企业定额或各省、直辖市建设行政主管部门颁布的预算定额（消耗量定额）中各定额项目的工作内容，确定与该清单项目对应的定额项目。

分析清单项目名称时，要结合《计算标准》各附录中相应清单项目的工程内容。因为清单项目包括的施工过程，与预算定额（消耗量定额）中定额项目不一定是一一对应的。例如，实心柱清单项目的工程内容中包括了模板、混凝土构件制作、构件运输和安装、接头灌缝等，而山西省装配式建筑工程预算定额中实心柱定额项目只包括了构件安装，所以招（投）标人在确定实心柱清单项目的综合单价时，就必须对未计价混凝土构件费用、安装费用及套筒注浆费用进行组合，并最终反映在最高投标限价（投标报价）上。

2. 计算相应定额项目的工程量

根据预算定额（消耗量定额）项目规定的工程量计算规则、计量单位，计算与该清单项目对应的各定额项目的工程量。同时，由于《计算标准》各附录规定的工程量计算规则和计量单位与相应的企业定额或预算定额（消耗量定额）不完全一致，对于工程量清单中已提供的清单项目的工程量，也必须依据预算定额（消耗量定额）重新计算。

3. 确定各清单项目的综合单价

根据每个清单项目分解的预算定额（消耗量定额）项目的工程量，套用预算定额（消耗量定额）得到人工、材料、机械消耗量，然后根据市场人工单价、材料价格及机械台班单价，进行人工费、材料费及机械费的计算。在此基础上，再考虑企业管理费、利润及风险因素得出本清单项目的合价，最后除以清单工程量，即得本分部分项清单项目的综合单价。即：

分部分项工程清单项目综合单价 =∑（清单项目所含分项工程内容的综合单价×相应定额工程量）/ 清单项目清单工程量

或

分部分项工程清单项目综合单价 =∑（清单项目所含分项工程内容的综合单价×相应定额工程量 / 清单项目清单工程量）

二、工程量清单计价

 案例示范

【例2-4】某工程招标文件中叠合板项目清单计价表见表2-24，试确定叠合板安装清单项目的综合单价和合价（增值税的计税方法采用一般计税方法，工程采用总承包方式，且不考虑动态调整及风险因素）。

表 2-24 分部分项工程项目清单计价表

工程名称：××住宅楼

序号	项目编码	项目名称	项目特征	计量单位	工程量	金额／元	
						综合单价	综合合价
1	010504004001	叠合楼板	1. 钢筋桁架混凝土叠合板； 2. 混凝土强度等级：C30	m³	14.85		

解： 本例参照 2018 山西省建设工程计价依据《装配式建筑工程预算定额》及《建设工程费用定额》确定。

（1）确定综合单价内容。

①《计算标准》规定，叠合楼板清单项目应完成的工作内容为：结合面清理，构件吊装、固定，坐浆料铺筑，钢筋整理，搭设及拆除钢支撑。

② 2018 山西省建设工程计价依据《装配式建筑工程预算定额》规定，叠合板安装子目应完成的工作内容为：结合面清理，构件吊装、固定，坐浆料铺筑，钢筋整理，搭设及拆除钢支撑。

本例中叠合板清单项目完成的工程内容与计价定额中叠合板安装项目考虑的工作内容一致，但定额中未计入预制混凝土叠合板的费用，需增加材料费，即未计价混凝土构件的费用。

（2）计算相应定额项目的工程量。

2018 山西省建设工程计价依据《装配式建筑工程预算定额》叠合板项目工程量计算规则同《计算标准》。

叠合板定额项目工程量 = 清单工程量 = 14.85m³。

（3）确定清单项目的综合单价。

查 2018 山西省建设工程计价依据《装配式建筑工程预算定额》，叠合板安装定额编号为 Z1-5，定额工料机 =3263.39 元 /10m³，预制混凝土叠合板材料消耗量为 10.05m³/10m³，未计价混凝土构件单价为 2400 元 /m³。

查 2018 山西省建设工程计价依据《建设工程费用定额》，企业管理费 = 定额工料机 ×8.48%，利润 = 定额工材机 ×7.04%，综合单价计算过程见表 2-25。

表 2-25 叠合楼板综合单价计算表

清单项目	组价定额项目	计算内容	计算过程
叠合板	叠合板	定额工料机	3263.39/10=326.34（元）
		叠合板主材费	2400×1.005=2412（元）
		管理费	2738.34 元 ×8.48%=232.21（元）
		利润	2738.34 元 ×7.04%=192.78（元）
		合计	326.34+2412+232.21+192.78=3163.33（元）
		综合单价	3163.33 元

叠合楼板工程量清单计价见表 2-26。

表 2-26 叠合楼板工程量清单计价表

工程名称：××住宅楼

序号	项目编码	项目名称	项目特征	计量单位	工程量	金额／元	
						综合单价	综合合价
1	010504004001	叠合楼板	1. 钢筋桁架混凝土叠合板； 2. 混凝土强度等级：C30	m³	14.85	3163.33	46975.45

【**例 2-5**】某工程招标文件中实心柱项目清单计价表见表 2-27，试确定实心柱清单项目的综合单价和合价（增值税的计税方法采用一般计税方法，工程采用总承包方式，且不考虑动态调整及风险因素）。

表 2-27 分部分项工程项目清单计价表

工程名称：××住宅楼 第 页 共 页

序号	项目编码	项目名称	项目特征	计量单位	工程量	金额/元	
						综合单价	综合合价
1	010504001001	实心柱	1. 图代号：PCZ-D9（6 根）； 2. 混凝土强度等级：C40； 3. 连接方式：半灌浆套筒注浆（16 个）； 4. 灌浆料材质：TJ 灌浆料	m³	5.04		

解：（1）确定综合单价内容。

① 预制混凝土实心柱清单项目，《计算标准》供参考的工作内容有：支撑杆连接件预埋，结合面清理，构件吊装、固定、坐浆料铺筑，接头区构件预留钢筋、连接件整理及连接、灌（注）浆料、搭设及拆除钢支撑等。

② 2018 山西省建设工程计价依据《装配式建筑工程预算定额》中，实心柱安装和套筒注浆 2 个项目是单独列项，即预制混凝土实心柱清单项目在确定综合单价时应综合定额计价模式下实心柱安装、套筒注浆 2 个分项工作内容的价格。

（2）计算相应定额项目的工程量。

① 实心柱定额工程量：5.04m³。

② 套筒注浆定额工程量：6×16=96（个）。

（3）确定清单项目的综合单价。

查 2018 山西省建设工程计价依据《装配式建筑工程预算定额》：

实心柱安装定额编号为 Z1-1，定额工料机 =1349.68 元 /10m³，预制混凝土柱材料消耗量为 10.05m³/10m³，未计价混凝土构件单价为 2400 元 /m³。

套筒注浆定额编号为 Z1-28，定额工料机 =58.68 元 /10 个，灌浆料采用 TJ 灌浆料。

查 2018 山西省建设工程计价依据《建设工程费用定额》，企业管理费 = 定额工料机 ×8.48%，利润 = 定额工材机 ×7.04%，综合单价计算过程见表 2-28。

表 2-28 实心柱综合单价计算表

清单项目	组价定额项目	计算内容	计算过程
实心柱	实心柱安装	定额工料机	1349.68/10=134.97（元）
		预制柱主材费	2400×1.005=2412（元）
		管理费	2546.97 元 ×8.48%=215.98（元）
		利润	2546.97 元 ×7.04%=179.31（元）
		合计	134.97+2412+215.98+179.31=2942.26（元）
		单价①	2942.26（元）
	套筒注浆	定额工料机	58.68×9.6=563.33（元）
		管理费	563.33 元 ×8.48%=47.77（元）
		利润	563.33 元 ×7.04%=39.66（元）
		合计	563.33+47.77+39.66=650.76（元）
		单价②	650.76 元 /5.04m³=129.12（元 /m³）
	综合单价①+②		2942.26+129.12=3071.38（元 /m³）

实心柱项目清单计价表见表 2-29。

表 2-29　分部分项工程项目清单计价表

工程名称：××住宅楼

序号	项目编码	项目名称	项目特征	计量单位	工程量	金额/元	
						综合单价	综合合价
1	010504001001	实心柱	1. 图代号：PCZ-D9（6根）； 2. 混凝土强度等级：C40； 3. 连接方式：半灌浆套筒注浆（16个）； 4. 灌浆料材质：TJ灌浆料	m³	5.04	3071.38	15479.76

 单元评价

本单元介绍了 2018 山西省建设工程计价依据《装配式建筑工程预算定额》《建设工程费用定额》的相关知识及其应用，介绍了我国建设工程量清单计价的相关知识，分析了工程量清单计价的主要依据《计价标准》和《计算标准》的基本条款内容。

工程量清单包括分部分项工程量清单、措施项目清单、其他项目清单、税金项目清单。

序号	评价指标	评价内容	分值/分	学生评价（60%）	教师评价（40%）
1	理论知识	2018 山西省建设工程计价依据《装配式建筑工程预算定额》《建设工程费用定额》，定额套用的方法；装配式建筑工程费用构成；装配式建筑工程计价取费基础及程序；装配式混凝土结构工程清单编制与计价方法	30		
2	任务实施	正确选用定额项目和确定预算价格	10		
3		能够确定单位装配式建筑工程造价	10		
4		能够进行工程量清单的编制	20		
5		能够进行综合单价分析	20		
6	答辩汇报	撰写单元学习总结报告	10		

 单元考核

一、判断题

1. 装配式建筑工程预算定额中人工工日区分工种和技术等级。（　　　）

2. 2018 山西省建设工程计价依据《装配式建筑工程预算定额》中，人工工日单价包括基本工资、津贴补贴、特殊情况下支付的工资、劳动保护费、职工福利费、社会保险费、住房公积金、工会经费、职工教育经费。（　　　）

3. 定额计价模式下，装配式建筑单位工程造价由人工费、材料费、施工机具使用费、企业管理费、利润和税金组成。（　　　）

4. 编制最高投标限价时，安全文明施工费、临时设施费、环境保护费的费率应按照绿色文明工地二级标准费率计算。（　　　）

5. 暂估价是指招标人在工程量清单中暂定并包括在合同价款中的一笔款项。其用于工程合同签订时尚未确定或者不可预见的所需材料、工程设备、服务的采购，施工中可能发生的工程变更、合同约定调整因素出现时的合同价款调整以及发生的索赔、现场签证确认等的费用。（　　　）

二、简答题

1. 简述装配式建筑工程费用组成。

2. 编制分部分项工程量清单的五要素是什么？

3.《房屋建筑与装饰工程工程量计算标准》（GB/T 50854）中有哪些措施项目？

4. 简述综合单价的组成内容。

5. 简述综合单价的组价步骤。

手算原理篇

课前导学

素质目标	通过项目典型案例工程量计算，使学生深刻理解装配式混凝土对国民经济发展具有重大的意义，工程师必须具有责任感
知识目标	熟悉并掌握装配式混凝土主体结构构件计量、附属结构构件混凝土工程计量、配套工程计量及后浇混凝土工程计量
技能目标	正确识读装配式混凝土结构深化设计图，掌握装配式混凝土构件工程量计算规则及工程量计算方法，要求独立并准确计算各装配式混凝土构件工程量
重点难点	装配式混凝土结构工程图纸的构成与传统建筑图纸不太相同，它包含更深更细的装配式深化图纸，增加了识图的难度；装配式混凝土构件工程计量相对来说比较复杂，应熟悉并正确理解工程量计算规则，避免因理解错误造成工程计量出错

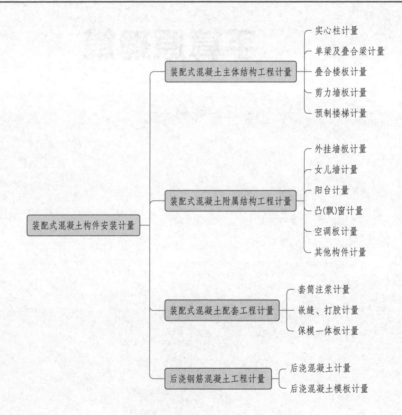

高效的团队协作与沟通

　　装配式建筑现场组装过程中，不同职能部门、工种之间需要密切协作，以确保施工进度和质量。上海公馆项目是一个采用全钢结构装配式高层住宅建筑项目，施工现场专门设立了管理团队，能够及时对工作进展情况调整和优化，维持工作高效有序。

　　该项目采用项目化设计理念，将建筑分为若干个模块，每个模块都可重复使用，避免在现场进行大量的加工和定制；现场安装前，组装团队进行了多次模拟和试装，以确保施工安全和质量；施工过程中，现场管理人员和各工种之间采用数字化协同工具，实现信息共享和互动式协作，提高了协作的效率和精度。团队内部强烈的信任、沟通和密切配合意识，是装配式建筑现场组装高效实施的有力支持。

 应知应会

课题一　装配式混凝土主体结构工程计量

装配式混凝土主体结构是一种以预制构件为主要受力构件，经过装配和连接而成的混凝土结构。预制构件由混凝土、钢筋、预埋件、保温材料等通过标准化和机械化方式在工厂内加工生产，受环境影响较小，质量和精度可控。这种建筑结构是我国建筑结构发展的重要方向之一，具有节能减排、降噪减尘、减少人员投入并提高效率、缩短工期等多种优势，同时还可以提高和保证建筑工程的质量。

装配式混凝土主体结构工程位于《计算标准》附录 E 混凝土及钢筋混凝土工程，涉及实心柱、单梁、叠合梁、叠合楼板、实心剪力墙板、夹心保温剪力墙板、叠合剪力墙板及预制楼梯工程项目。

一、实心柱计量

实心柱（项目编码 010504001）

　　计量单位：m^3

　　项目特征：①构件规格或图号；②混凝土强度等级；③连接方式；④灌浆料材质。

　　工程量计算规则：按设计图示构件尺寸以体积计算，接缝灌浆层体积并入构件体积内。不扣除构件内钢筋、预埋部件、预留孔洞、灌浆套筒及后浇键槽所占体积，构件外露钢筋、连接件及吊环体积亦不增加。

 案例示范

【例 3-1】本工程采用装配式混凝土结构，层高 3.0m。PCZ 柱平面布置图如图 3-1 所示，PCZ 柱立面图如图 3-2 所示，PCZ-D9 预制实心柱截面尺寸为 600mm×600mm，混凝土强度等级为 C30，高度为 2.33m，采用套筒灌浆工艺连接，所有构件利用现场塔式起重机吊装就位。试计算预制实心柱 PCZ-D9 工程量。

解：实心柱以 m^3 为单位计量，计算规则为按设计图示构件尺寸以体积计算，接缝灌浆层体积并入构件体积内。不扣除构件内钢筋、预埋部件、预留孔洞、灌浆套筒及后浇键槽所占体积，构件外露钢筋、连接件及吊环体积亦不增加。

实心柱 PCZ-D9 截面尺寸为 600mm×600mm，柱高为 2330mm，共 9 个。

实心柱 PCZ-D9 工程量：$V=0.6×0.6×2.33×9=0.839×9=7.551（m^3）$

提示：

二维码3-1

2018 山西省建设工程计价依据《装配式建筑工程预算定额》规定：构件安装工程量按成品构件设计图示尺寸的实体积以"m^3"计算，依附于构件制作的各类保温层、饰面层的体积并入相应构件安装中计算，不扣除构件内钢筋、预埋铁件、配管、套管、线盒及单个面积≤ 0.3m^2 的孔洞、线箱等所占体积，构件外露钢筋体积亦不再增加。

二、单梁及叠合梁计量

1. 单梁（项目编码 010504002）

　　计量单位：m^3

　　项目特征：①构件规格或图号；②混凝土强度等级；③连接方式；④灌浆料材质。

　　工程量计算规则：按设计图示构件尺寸以体积计算，接缝灌浆层体积并入构件体积内。不扣除构件内钢筋、预埋部件、预留孔洞、灌浆套筒及后浇键槽所占体积，构件外露钢筋、连接件及吊环体积亦不增加。

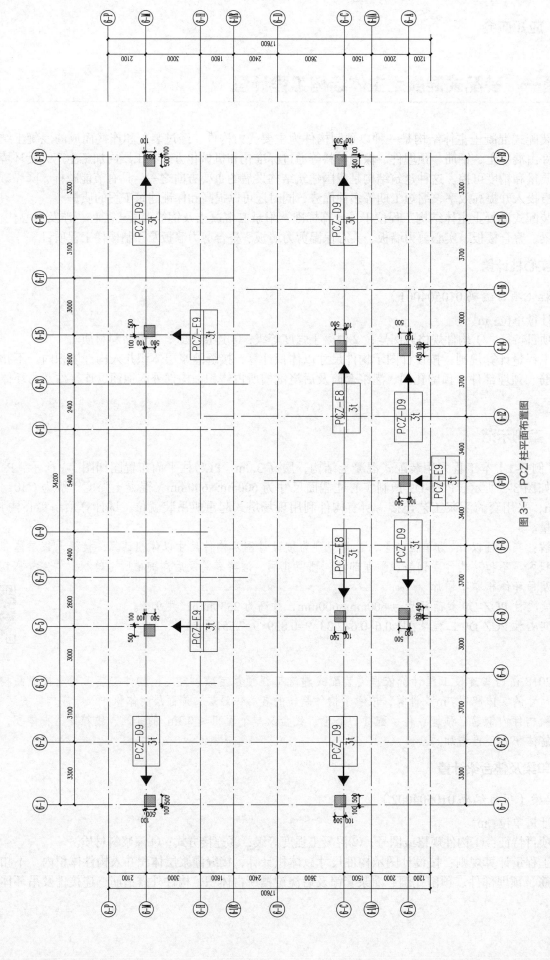

图3-1 PCZ柱平面布置图

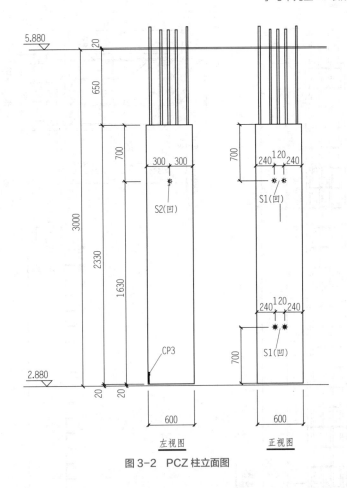

图 3-2　PCZ 柱立面图

2. 叠合梁（项目编码 010504003）

　　计量单位：m³

　　项目特征：①构件规格或图号；②混凝土强度等级；③连接方式；④灌浆料材质。

　　工程量计算规则：按设计图示构件尺寸以体积计算，接缝灌浆层体积并入构件体积内。不扣除构件内钢筋、预埋部件、预留孔洞、灌浆套筒及后浇键槽所占体积，构件外露钢筋、连接件及吊环体积亦不增加。

案例示范

【例 3-2】本工程采用装配式混凝土结构，二层顶梁平面布置图中采用部分叠合梁，叠合梁详图如图 3-3～图 3-7 所示，试计算叠合梁工程量。

　　解： 叠合梁以 m³ 为单位计量，计算规则为按设计图示构件尺寸以体积计算，接缝灌浆层体积并入构件体积内。不扣除构件内钢筋、预埋部件、预留孔洞、灌浆套筒及后浇键槽所占体积，构件外露钢筋、连接件及吊环体积亦不增加。

　　PCL-2DE 叠合梁工程量 =0.4×0.5×9.8=1.96（m³）

　　PCL-4BC 叠合梁工程量 =0.4×0.5×8.4=1.68（m³）

　　PCL-4BC' 叠合梁工程量 =0.4×0.5×9.2=1.84（m³）

　　PCL-3DE 叠合梁工程量 =0.4×0.5×2.9=0.58（m³）

　　PCL-4DE 叠合梁工程量 =0.4×0.5×6.35=1.27（m³）

二维码3-2

提示：

　　2018 山西省建设工程计价依据《装配式建筑工程预算定额》规定，柱和梁不分矩形或异形，均按梁、柱项目执行。《四川省建设工程工程量清单计价定额 - 装配式建筑工程》标准相同。

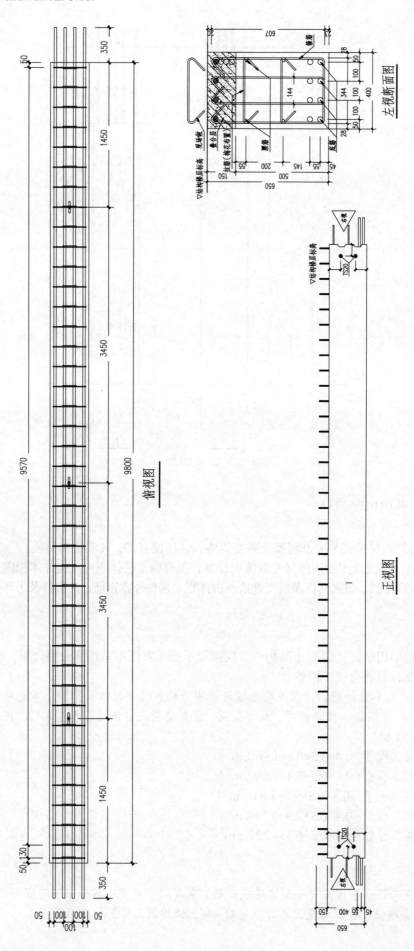

图3-3 PCL-2DE 叠合梁详图

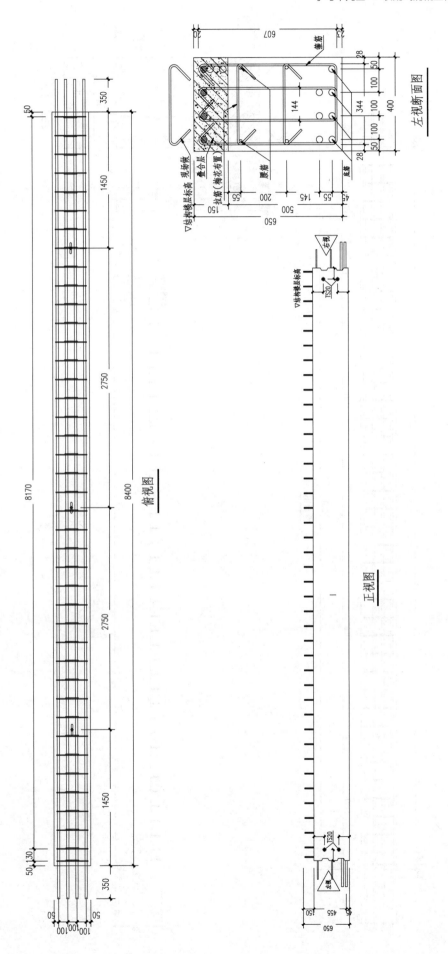

图 3-4 PCL-4BC 叠合梁详图

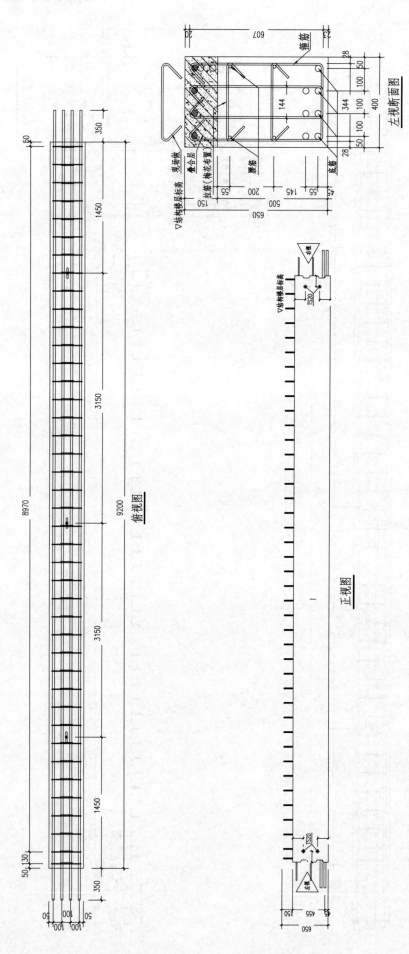

图3-5 PCL-4BC' 叠合梁详图

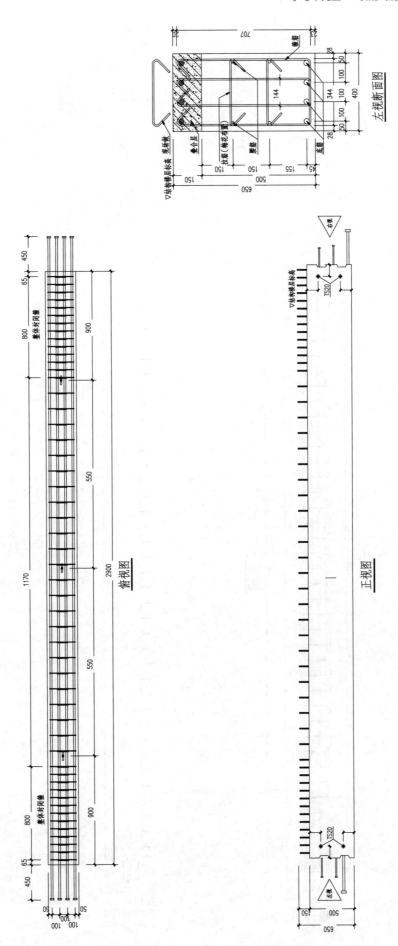

图 3-6　PCL-3DE 叠合梁详图

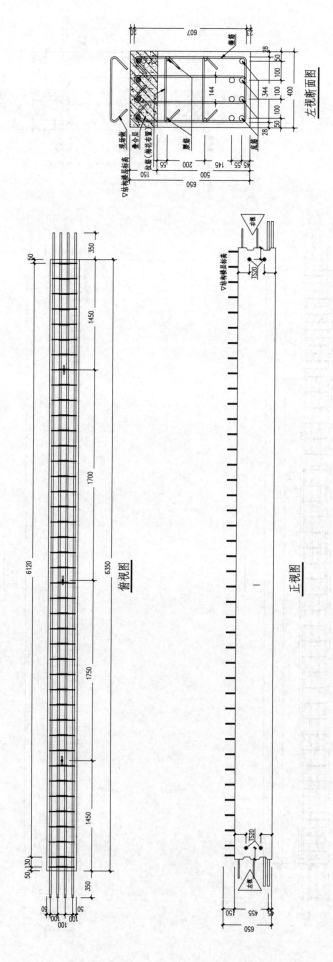

图3-7 PCL-4DE 叠合梁详图

三、叠合楼板计量

叠合楼板（项目编码 010504004）

计量单位：m³
项目特征：①构件类型；②构件规格或图号；③混凝土强度等级。
工程量计算规则：按设计图示构件尺寸以体积计算。不扣除构件内钢筋、预埋部件、预留孔洞、构件边缘倒角及后浇键槽所占体积，构件外露钢筋、连接件及吊环体积亦不增加。

 案例示范

【例 3-3】本工程采用装配式混凝土结构，二、三层顶板平面布置图中采用部分叠合板，叠合板厚度为130mm，预制 60mm、现浇 70mm。混凝土强度等级为 C30。所有构件均采用现场塔式起重机吊装。叠合楼板详图及配筋图如图 3-8～图 3-10 所示，试计算叠合楼板 DLB01、叠合楼板 DLB02、叠合楼板 DLB03 的工程量。

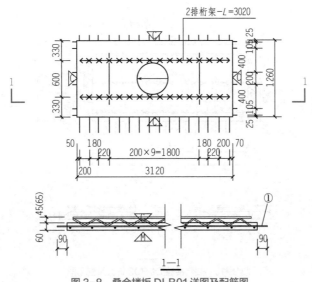

图 3-8　叠合楼板 DLB01 详图及配筋图

解： 叠合楼板以 m³ 为单位计量，计算规则为按设计图示构件尺寸以体积计算。不扣除构件内钢筋、预埋部件、预留孔洞、构件边缘倒角及后浇键槽所占体积，构件外露钢筋、连接件及吊环体积亦不增加。

叠合楼板工程量：

预制叠合楼板 DLB01 构件截面尺寸为 3120mm×1260mm，板厚为 60mm，则
V_1=3.12×1.26×0.06=0.236（m³）

预制叠合楼板 DLB02 构件截面尺寸为 2820mm×1660mm，板厚为 60mm，则
V_2=2.82×1.66×0.06=0.281（m³）

预制叠合楼板 DLB03 构件截面尺寸为 3120mm×1560mm，板厚为 60mm，则
V_3=3.12×1.56×0.06=0.292（m³）

二维码3-3

提示：

《计算标准》规定：叠合楼板预制板之间的后浇混凝土板带，并入"叠合梁、板后浇混凝土"内计算。

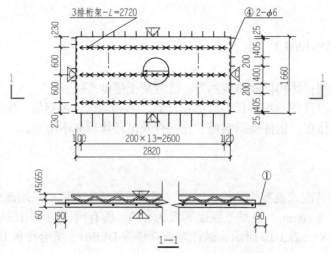

图 3-9　叠合楼板 DLB02 详图及配筋图

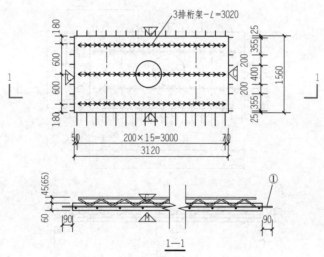

图 3-10　叠合楼板 DLB03 详图及配筋图

四、剪力墙板计量

1. 实心剪力墙板（项目编码 010504005）

计量单位：m³

项目特征：①构件类型；②构件规格或图号；③混凝土强度等级；④竖向连接方式；⑤水平连接方式；⑥接缝处防水要求。

工程量计算规则：按设计图示构件尺寸扣除门窗洞口以体积计算，坐浆层体积并入构件体积内。不扣除：①构件内钢筋、预埋部件、预留孔洞所占体积；②灌浆套筒、灌浆孔道及后浇键槽所占体积；③相邻预制墙板锚环连接处灌浆体积，构件外露钢筋、连接件及吊环体积亦不增加。

 案例示范

【例 3-4】本工程采用装配式混凝土结构，三层预制剪力墙内墙板由预制实心剪力墙组成，墙厚 200mm。混凝土强度等级为 C30，钢筋连接采用套筒灌浆工艺连接，填缝料材质为水泥基灌浆料，现场吊装配置型钢扁担，采用塔式起重机吊装就位。预制实心剪力墙内墙详图如图 3-11 ～图 3-14 所示，要求计算预制实心剪力墙内墙工程量。

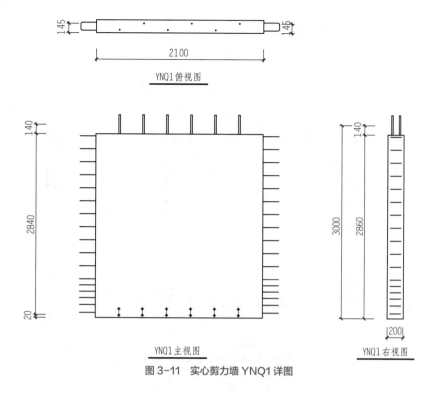

图 3-11　实心剪力墙 YNQ1 详图

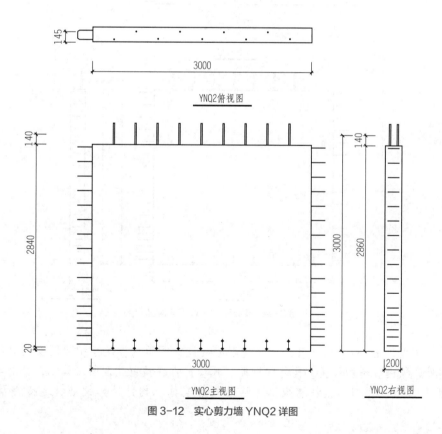

图 3-12　实心剪力墙 YNQ2 详图

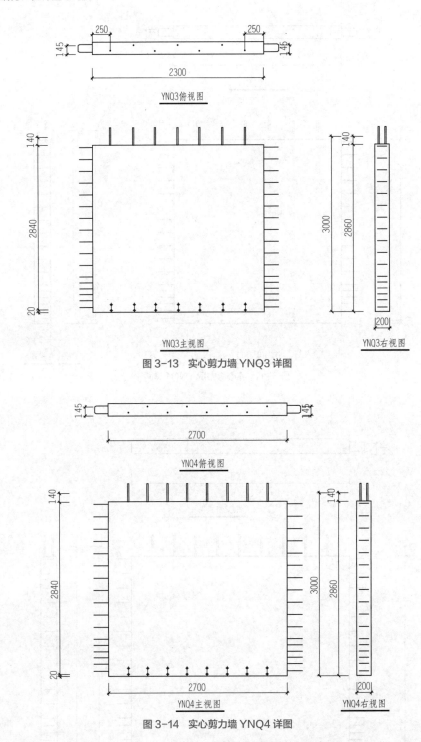

YNQ3俯视图

YNQ3主视图　　　　YNQ3右视图

图 3-13　实心剪力墙 YNQ3 详图

YNQ4俯视图

YNQ4主视图　　　　YNQ4右视图

图 3-14　实心剪力墙 YNQ4 详图

解： 实心剪力墙板以 m^3 为单位计量，计算规则为按设计图示构件尺寸扣除门窗洞口以体积计算，坐浆层体积并入构件体积内。不扣除：①构件内钢筋、预埋部件、预留孔洞所占体积；②灌浆套筒、灌浆孔道及后浇键槽所占体积；③相邻预制墙板锚环连接处灌浆体积构件外露钢筋、连接件及吊环体积亦不增加。

预制实心剪力墙内墙工程量为：

YNQ1：$V_1 = 2.1 \times 2.84 \times 0.2 = 1.193$（$m^3$）

YNQ2：$V_2 = 3.0 \times 2.84 \times 0.2 = 1.704$（$m^3$）

YNQ3：$V_3 = 2.3 \times 2.84 \times 0.2 = 1.306$（$m^3$）

YNQ4：$V_4 = 2.7 \times 2.84 \times 0.2 = 1.534$（$m^3$）

二维码3-4

提示：

2018 山西省建设工程计价依据《装配式建筑工程预算定额》规定：墙板安装定额不分是否带有门窗洞口，均按相应定额执行。凸（飘）窗安装定额适用于单独预制的凸（飘）窗安装，依附于外墙板制作的凸（飘）窗，并入外墙板内计算，相应定额人工和机械用量乘以系数 1.2。外墙板安装定额已综合考虑了不同的连接方式，按构件不同类型套用相应定额。

《四川省建设工程工程量清单计价定额 - 装配式建筑工程》标准相同。

2. 夹心保温剪力墙板（项目编码 010504006）

计量单位：m³

项目特征：①构件类型；②构件规格或图号；③混凝土强度等级；④竖向连接方式；⑤水平连接方式；⑥接缝处防水要求。

工程量计算规则：按设计图示构件尺寸扣除门窗洞口以体积计算，坐浆层体积并入构件体积内。不扣除：①构件内钢筋、预埋部件、预留孔洞所占体积；②灌浆套筒、灌浆孔道及后浇键槽所占体积；③相邻预制墙板锚环连接处灌浆体积，构件外露钢筋、连接件及吊环体积亦不增加。

 案例示范

【例 3-5】本工程采用装配式混凝土结构。三层剪力墙布置图中，外围四周装配式墙体采用夹心保温墙板，其中内侧墙厚度为 200mm，保温层厚度为 60mm，外侧墙体厚度为 60mm。混凝土强度等级为 C30，钢筋连接采用套筒灌浆工艺连接，填缝料材质为水泥基灌浆料，现场吊装配置型钢扁担，采用塔式起重机吊装就位。试计算图 3-15 ～图 3-17 所示的夹心保温剪力墙 YWQ1、YWQ2、YWQ3 工程量。

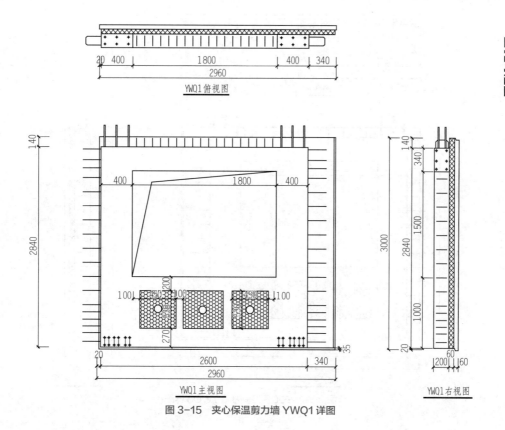

二维码3-5

图 3-15　夹心保温剪力墙 YWQ1 详图

解： 夹心保温剪力墙板按设计图示构件尺寸扣除门窗洞口以体积计算，坐浆层体积并入构件体积内。不扣除：①构件内钢筋、预埋部件、预留孔洞所占体积；②灌浆套筒、灌浆孔道及后浇键槽所占体积；③相邻预制墙板锚环连接处灌浆体积，构件外露钢筋、连接件及吊环体积亦不增加。

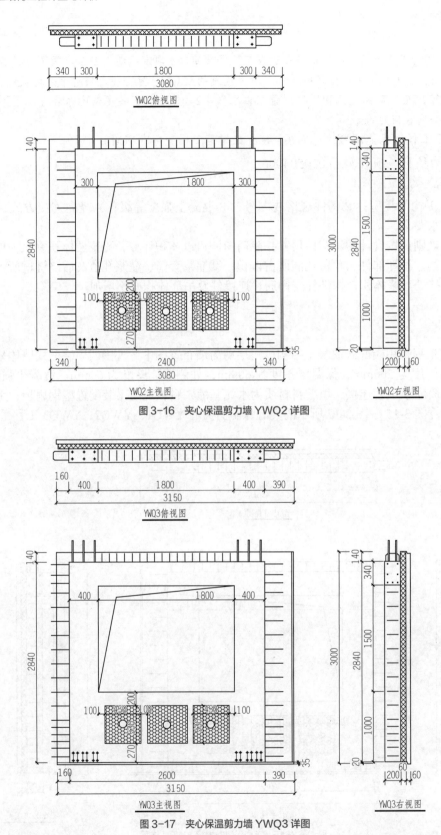

图 3-16　夹心保温剪力墙 YWQ2 详图

图 3-17　夹心保温剪力墙 YWQ3 详图

夹心保温剪力墙外墙工程量为：

YWQ1：V_1=（2.6×2.84−1.8×1.5）×0.2+（2.96×3.0−1.8×1.5）×0.06=0.937+0.371=1.308（m³）

YWQ2：V_2=（2.4×2.84−1.8×1.5）×0.2+（3.08×3.0−1.8×1.5）×0.06=0.823+0.392=1.215（m³）

YWQ3：V_3=（2.6×2.84−1.8×1.5）×0.2+（3.15×3.0−1.8×1.5）×0.06=0.937+0.405=1.342（m³）

3. 叠合剪力墙板（项目编码 010504007）

  计量单位：m³

  项目特征：①构件类型；②构件规格或图号；③混凝土强度等级；④竖向连接方式；⑤水平连接方式；⑥接缝处防水要求。

  工程量计算规则：按设计图示构件尺寸扣除门窗洞口以体积计算，坐浆层体积并入构件体积内。不扣除：①构件内钢筋、预埋部件、预留孔洞所占体积；②灌浆套筒、灌浆孔道及后浇键槽所占体积；③相邻预制墙板锚环连接处灌浆体积，构件外露钢筋、连接件及吊环体积亦不增加。

提示：

  《计算标准》规定：叠合楼板预制板之间的后浇混土板带，并入"叠合梁、板后浇混凝土"内计算。

五、预制楼梯计量

预制楼梯（项目编码 010504010）

  计量单位：m³

  项目特征：①楼梯类型；②构件规格或图号；③混凝土强度等级；④连接方式；⑤接缝处防水要求。

  工程量计算规则：按设计图示构件尺寸以体积计算。不扣除构件内钢筋、预埋部件、预留孔洞、后浇键槽及预制构件拼缝所占体积，构件外露钢筋、连接件及吊环体积亦不增加。

 案例示范

【例 3-6】某装配式预制楼梯平面布置图如图 3-18 所示，预制楼梯断面图如图 3-19 所示，上下固定铰端均由 C 级螺栓锚固，灌缝材质为水泥基浆料，预制构件混凝土强度等级为 C30，利用现场塔式起重机吊装就位。试计算图示楼梯工程量。

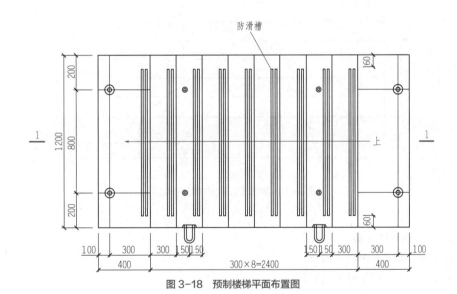

图 3-18 预制楼梯平面布置图

  解：楼梯以 m³ 为单位计量，计算规则为按设计图示构件尺寸以体积计算。不扣除构件内钢筋、预埋部件、预留孔洞、后浇键槽及预制构件拼缝所占体积，构件外露钢筋、连接件及吊环体积亦不增加。可将楼梯断面图添加辅助轴线进行计算，如图 3-20 所示。

  每一阶矩形面积（自下而上）：

  $S_1 = (0.4 + 2.4 + 0.4) \times 0.18 = 0.58 \, (\text{m}^2)$

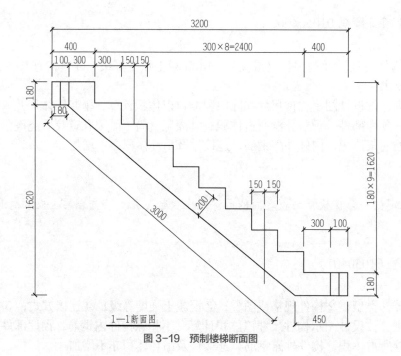

图 3-19　预制楼梯断面图

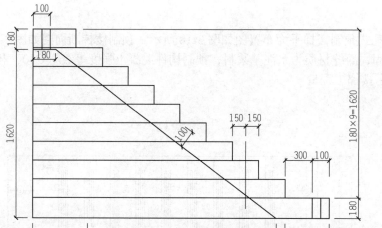

图 3-20　添加辅助轴线的楼梯断面图

$S_2=(0.4+2.4)×0.18=0.5（m^2）$

$S_3=(0.4+2.4-0.3)×0.18=0.45（m^2）$

$S_4=(0.4+2.4-0.3×2)×0.18=0.4（m^2）$

$S_5=(0.4+2.4-0.3×3)×0.18=0.34（m^2）$

$S_6=(0.4+2.4-0.3×4)×0.18=0.29（m^2）$

$S_7=(0.4+2.4-0.3×5)×0.18=0.23（m^2）$

$S_8=(0.4+2.4-0.3×6)×0.18=0.18（m^2）$

$S_9=(0.4+2.4-0.3×7)×0.18=0.13（m^2）$

$S_{10}=0.4×0.18=0.07（m^2）$

每一阶矩形面积之和小计：

$S=0.58+0.5+0.45+0.4+0.34+0.29+0.23+0.18+0.13+0.07=3.17（m^2）$

二维码3-6

左下角梯形部分面积：$S_{左}$＝（0.18+3.2-0.45）×1.62/2=2.37（m^2）

楼梯侧面面积：$S_{侧}$=3.17-2.37=0.8（m^2）

预制楼梯工程量为：V=0.8×1.2=0.96（m^3）

课题二　装配式混凝土附属结构工程计量

装配式混凝土附属结构工程位于《计算标准》附录 E 混凝土及钢筋混凝土工程，涉及外挂墙板、女儿墙、阳台、凸（飘）窗、空调板、其他构件计量项目。

一、外挂墙板计量

二维码3-7

外挂墙板（项目编码 010504008）

计量单位：m^3

项目特征：①构件规格或图号；②混凝土强度等级；③连接方式；④接缝处防水要求。

工程量计算规则：按设计图示构件尺寸以体积计算，不扣除构件内钢筋、预埋部件、预留孔洞、后浇键槽及预制墙板拼缝所占体积，构件外露钢筋、连接件及吊环体积亦不增加。

二、女儿墙计量

女儿墙（项目编码 010504009）

计量单位：m^3

项目特征：①构件规格或图号；②混凝土强度等级；③连接方式；④接缝处防水要求。

工程量计算规则：按设计图示构件尺寸以体积计算，不扣除构件内钢筋、预埋部件、预留孔洞、后浇键槽及预制墙板拼缝所占体积，构件外露钢筋、连接件及吊环体积亦不增加。

 案例示范

【例 3-7】某框架结构屋面女儿墙、压顶采用预制装配式工艺施工。该工程屋面女儿墙平面布置图如图 3-21 所示，预制装配式女儿墙构件 PCNEQ 宽度为 590mm、墙厚为 200mm，其中 PCNEQ-1 长度为 7.79m，PCNEQ-2 长度为 6.59m。混凝土强度等级为 C30，女儿墙底部采用预埋套筒灌浆工艺连接。试计算图示女儿墙工程量。

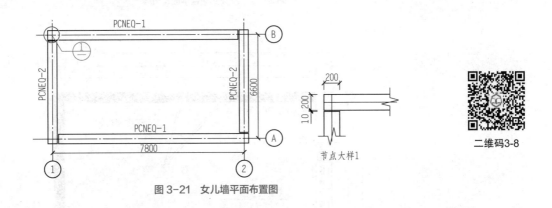

二维码3-8

图 3-21　女儿墙平面布置图

解：女儿墙以 m^3 为单位计量，计算规则为按设计图示构件尺寸以体积计算，不扣除构件内钢筋、预埋部件、预留孔洞、后浇键槽及预制墙板拼缝所占体积，构件外露钢筋、连接件及吊环体积亦不增加。

PCNEQ-1 工程量：V_1 = 7.79×0.59×0.2×2=1.84（m^3）

PCNEQ-2 工程量：V_2=6.59×0.59×0.2×2=1.56（m^3）

女儿墙工程量小计：$V=1.84+1.56=3.4$（m³）

提示：

2018 山西省建设工程计价依据《装配式建筑工程预算定额》规定：女儿墙安装按构件净高以 0.6m 以内和 1.4m 以内分别编制，1.4m 以上时套用外墙板安装定额。压顶安装定额适用于单独预制的压顶安装，依附于女儿墙制作的压顶，并入女儿墙计算。

《四川省建设工程工程量清单计价定额 - 装配式建筑》：规定压顶与女儿墙分开预制时，压顶按女儿墙定额项目执行。

三、阳台计量

阳台（项目编码 010504011）

计量单位：m³

项目特征：①构件类型；②构件规格或图号；③混凝土强度等级；④连接方式；⑤接缝处防水要求。

工程量计算规则：按设计图示构件尺寸以体积计算。不扣除构件内钢筋、预埋部件、预留孔洞、后浇键槽及预制构件拼缝所占体积，构件外露钢筋、连接件及吊环体积亦不增加。

 案例示范

【例 3-8】某高层装配式住宅各楼层阳台采用现浇悬挑梁施工工艺连接安装，平面布置图如图 3-22 所示，图 3-23 为左侧阳台详图，立面图及断面图如图 3-24 所示。预制构件混凝土强度等级为 C30，灌缝材质为水泥基浆料，利用现场塔式起重机吊装就位。试计算图示左侧阳台工程量。

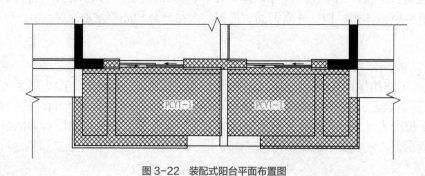

图 3-22 装配式阳台平面布置图

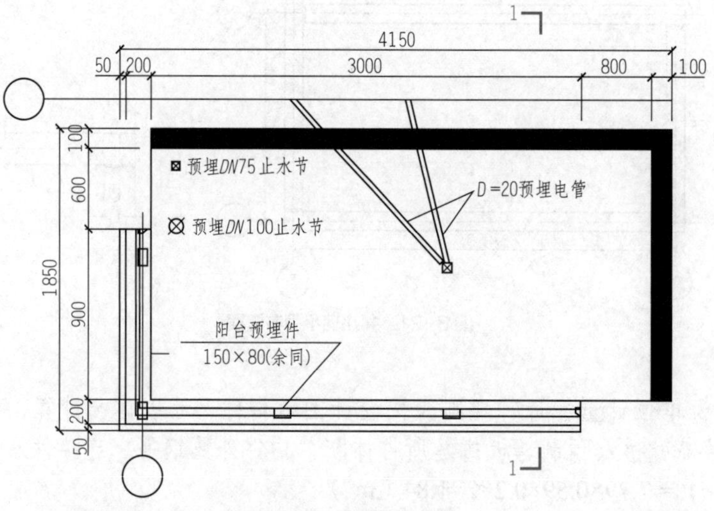

图 3-23 左侧阳台详图

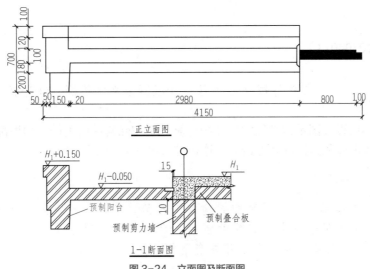

正立面图

1—1断面图

图3-24 立面图及断面图

解： 阳台以 m³ 为单位计量，计算规则为按设计图示构件尺寸以体积计算。不扣除构件内钢筋、预埋部件、预留孔洞、后浇键槽及预制构件拼缝所占体积，构件外露钢筋、连接件及吊环体积亦不增加。

阳台板工程量：$V_1 = (3+0.8) \times (0.9+0.6) \times 0.1 = 0.57$（m³）

外侧上部线条工程量：

$V_2 = (0.9+0.2+0.05+3) \times (0.05+0.05+0.15) \times 0.1 = 0.10$（m³）

外侧中部线条工程量：

$V_3 = (0.9+0.2+3) \times (0.05+0.15) \times (0.12+0.1+0.18) = 0.33$（m³）

外侧下部线条工程量：

$V_4 = (0.9+0.2+3-0.05) \times [(0.15+0.17)/2] \times 0.2 = 0.13$（m³）

阳台工程量：$V = 0.57+0.10+0.33+0.13 = 1.13$（m³）

二维码3-9

提示：

2018 山西省建设工程计价依据《装配式建筑工程预算定额》规定：阳台板安装不分板式或者梁式，均套用同一定额。依附于阳台板制作的栏板翻沿、空调板，并入阳台板计算。非悬挑的阳台板安装，分别按梁、板安装相关规则计算并套用相应定额。

《四川省建设工程工程量清单计价定额-装配式建筑工程》标准相同。

四、凸（飘）窗计量

凸（飘）窗（项目编码 010504012）

计量单位：m³

项目特征：①构件类型；②构件规格或图号；③混凝土强度等级；④连接方式；⑤接缝处防水要求。

工程量计算规则：按设计图示构件尺寸以体积计算。不扣除构件内钢筋、预埋部件、预留孔洞、后浇键槽及预制构件拼缝所占体积，构件外露钢筋、连接件及吊环体积亦不增加。

提示：

2018 山西省建设工程计价依据《装配式建筑工程预算定额》规定：凸（飘）窗安装定额适用于单独预制的凸（飘）窗安装，依附于外墙板制作的凸（飘）窗，并入外墙板内计算，相应定额人工和机械用量乘以系数 1.2。

《四川省建设工程工程量清单计价定额-装配式建筑工程》标准相同。

五、空调板计量

空调板（项目编码 010504013）

　　计量单位：m³

　　项目特征：①构件类型；②构件规格或图号；③混凝土强度等级；④连接方式；⑤接缝处防水要求。

　　工程量计算规则：按设计图示构件尺寸以体积计算。不扣除构件内钢筋、预埋部件、预留孔洞、后浇键槽及预制构件拼缝所占体积，构件外露钢筋、连接件及吊环体积亦不增加。

提示：

　　2018 山西省建设工程计价依据《装配式建筑工程预算定额》规定：空调板安装定额适用于单独预制的空调板安装，依附于阳台板制作的栏板、翻沿、空调板，并入阳台板计算。非悬挑的阳台板安装，分别按梁、板安装相关规则计算并套用相应定额。

 案例示范

　　【例3-9】 本工程采用装配式混凝土结构，如图 3-25 所示。空调板采用预制构件，预制底板长 1100mm、宽 730mm、厚 100mm，试计算预制空调板工程量。

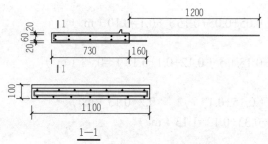

二维码3-10

图3-25　预制墙与全预制空调板连接点

　　解： 预制空调板按设计图示构件尺寸以体积计算。不扣除构件内钢筋、预埋部件、预留孔洞、后浇键槽及预制构件拼缝所占体积，构件外露钢筋、连接件及吊环体积亦不增加。

　　$V=1.1×0.73×0.1=0.08$（m³）

六、其他构件计量

其他构件（项目编码 010504014）

　　计量单位：m³

　　项目特征：①构件类型；②构件规格或图号；③混凝土强度等级；④连接方式；⑤接缝处防水要求。

　　工程量计算规则：按设计图示构件尺寸以体积计算。不扣除构件内钢筋、预埋部件、预留孔洞、后浇键槽及预制构件拼缝所占体积，构件外露钢筋、连接件及吊环体积亦不增加。

 案例示范

　　【例3-10】 本工程采用装配式混凝土结构，阳台板采用预制构件，预制阳台板详图如图 3-26 所示，配筋图如图 3-27 所示。预制底板长 3600mm、宽 1410mm、厚 60mm，试计算预制阳台板工程量。

　　解： 预制阳台板按设计图示构件尺寸以体积计算。不扣除构件内钢筋、预埋部件、预留孔洞、后浇键槽及预制构件拼缝所占体积，构件外露钢筋、连接件及吊环体积亦不增加。

$V=3.6×1.41×0.06=0.305（m^3）$

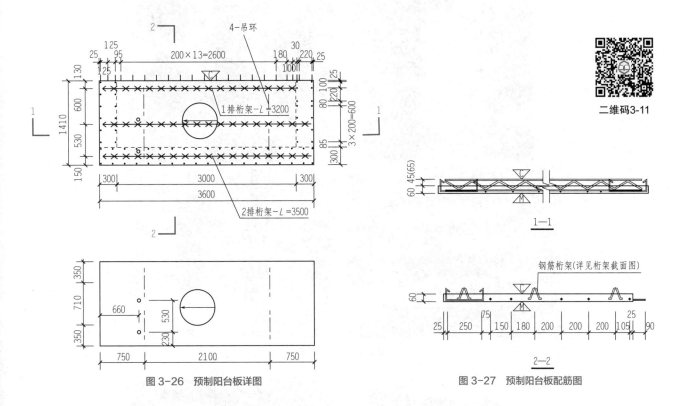

图 3-26 预制阳台板详图   图 3-27 预制阳台板配筋图

二维码3-11

课题三 装配式混凝土配套工程计量

一、套筒注浆计量

混凝土结构中常用的钢筋连接方式有绑扎搭接、焊接连接以及机械连接等，由于装配式混凝土结构的连接部位较小，采用这些传统的钢筋连接方式不便于施工。20 世纪 60 年代发明的钢筋套筒灌浆连接接头，增强了抗压、抗震等能力，有效地实现"装配等同现浇"的设计要求。钢筋机械连接的连接方式有直螺纹套筒、锥螺纹套筒、冷挤压等，钢筋压力焊连接的连接方式有电渣压力焊、气压焊等。

1. **钢筋机械连接计量**

   计量单位：个
   项目特征：①连接方式；②螺纹套筒的种类；③规格。
   工程量计算规则：按数量计算。

2. **钢筋压力焊连接计量**

   计量单位：个
   项目特征：①连接方式；②规格。
   工程量计算规则：按数量计算。

二维码3-12

3. **套筒注浆计量**

   工程量计算规则：套筒注浆消耗量定额编制不分部位、方向，按锚入套筒内的钢筋直径不同，以 $\phi18$ 以内及 $\phi18$ 以上分别编制，工程量按数量计算。
   钢筋套筒分为：注浆套筒（图 3-28）、螺纹套筒（图 3-29）和冷挤压套筒（图 3-30）。

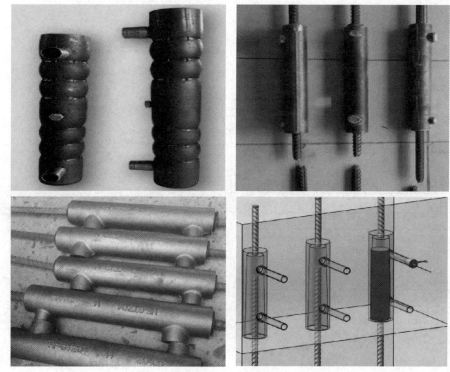

图 3-28 注浆套筒

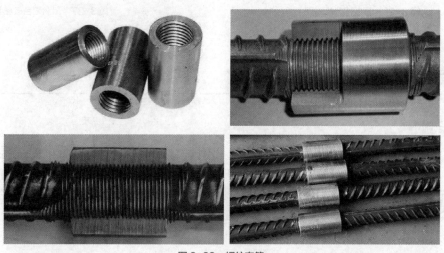

图 3-29 螺纹套筒

图 3-30 冷挤压套筒

 案例示范

【例 3-11】某装配式混凝土建筑工程有 25 根 PC 梁,每根梁采用 32 个 ϕ15 钢筋注浆套筒;有 20 根

PC 柱，每根柱采用 24 个 $\phi25$ 钢筋注浆套筒，计算其工程量。

解：$\phi15$ 钢筋注浆套筒工程量：25×32=800（个）

$\phi25$ 钢筋注浆套筒工程量：20×24=480（个）

提示：

各省定额计算规则与清单计算规范基本相同。2018 山西省建设工程计价依据《装配式建筑工程预算定额》规定：套筒注浆按设计数量以"个"计算；《四川省建设工程工程量清单计价定额 - 装配式建筑工程》规定：墙板套筒注浆，按锚入套筒内的钢筋直径不同，以≤$\phi18$ 及>$\phi18$ 分别编制定额，套筒注浆工程量按设计数量以"个"计算。

二、嵌缝、打胶计量

《装配式建筑工程消耗量定额》［TY01-01（01）—2016］外墙嵌缝、打胶工程量计算规则为：**按构件外墙接缝的设计图示尺寸的长度以"m"计算。**外墙嵌缝，注胶定额中注胶缝的断面按 20mm×15mm 编制，若设计截面与定额不同时，密封胶用量按比例调整，其余不变。定额中的密封胶按硅酮耐候胶考虑，遇设计采用的种类与定额不同时，对材料单价进行换算，如表 3-1 所示。

表 3-1　嵌缝、打胶消耗量定额

工作内容：清理缝道、剪裁、固定、注胶、现场清理。　　　　　　　　　　　　　　　　　　　　　计量单位：100m

定额编号				1-28
项目				嵌缝、打胶
名称			单位	消耗量
人工	合计工日		工日	6.587
	其中	普工	工日	1.976
		一般技工	工日	3.952
		高级技工	工日	0.659
材料	泡沫条 $\phi25$		m	102.000
	双面胶纸		m	204.000
	耐候胶		L	31.500
	其他材料费		%	3.000

提示：

1. 综合单价组价时注意区别注胶缝断面和密封胶的种类。

2. 各省、直辖市定额计算规则与清单计算规范略有不同，如 2018 山西省建设工程计价依据《装配式建筑工程预算定额》规定：外墙嵌缝、打胶按构件外墙接缝的设计图示尺寸的长度以"m"计算；《四川省建设工程工程量清单计价定额 - 装配式建筑工程》规定：外墙嵌缝打胶已包含在相应项目中，不另行计算。

二维码3-13

3. 若省、直辖市定额计算规则与清单计算规范没有嵌缝、注胶内容，可查找工程所在地市级造价机构发布的补充文件。如江苏省南通市建设工程造价管理处发布的《关于进一步规范装配式混凝土房屋建筑工程计价方法的通知》（通建价〔2018〕12 号）增加了嵌缝及打胶分部分项工程量清单，如表 3-2。

表 3-2　嵌缝、打胶工程量清单

项目编码	项目名称	项目特征	计量单位	工程量计算规则	工作内容
010508904	嵌缝、打胶	1. 部位； 2. 注胶缝断面； 3. 密封胶种类	10m	按设计延长米计算	清理缝隙、剪裁、固定、注胶、现场清理

三、保模一体板计量

保模一体板即现浇混凝土免拆保温外模板，是复合保温系统的主要构成部分，由保温板、保温过渡层和内外两侧粘接加强层及加强筋构成，经工厂化制作复合而成。施工时，外侧以复合保温板为永久性外模板，将现浇混凝土墙体与永久性外模板浇注为一体，并通过锚栓连接使其更加安全可靠，如图 3-31 所示。保模一体板应按其他保温隔热项目编码列项。

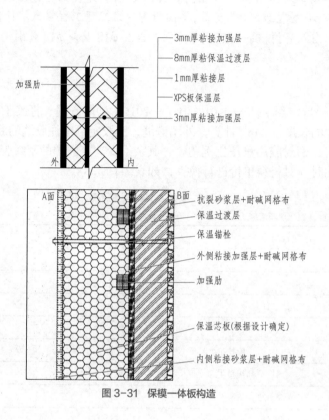

图 3-31 保模一体板构造

其他保温隔热（项目编码 011001006）

计量单位：m²

项目特征：①保温隔热部位；②保温隔热方式；③隔汽层材料品种、厚度；④保温隔热面层材料品种、规格、性能；⑤保温隔热材料品种、规格及厚度；⑥黏结材料种类及做法；⑦增强网或抗裂防水砂浆种类；⑧防护材料种类及做法。

工程量计算规则：按设计图示尺寸以展开面积计算，扣除单个面积 > 0.3m² 的孔洞及占位面积，计算工程量时还应注意以下三点：

① 高度应该计算至女儿墙顶，部分女儿墙顶和内侧还须计算；

② 门窗洞口的侧壁以及与墙相连接的柱以实铺面积并入计算；

③ 一般是按外墙外边线尺寸计算面积。

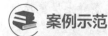 案例示范

【例 3-12】本工程外墙外挂板 YWQ17 采用保模一体板，如图 3-32 所示，试计算预制墙 YWQ17 保模一体板工程量。

解：保模一体板按设计图示尺寸以展开面积计算，扣除单个面积 > 0.3m² 的孔洞及占位面积。

预制墙 YWQ17 保模一体板工程量：$S=3.52 \times 3=10.56$（m²）

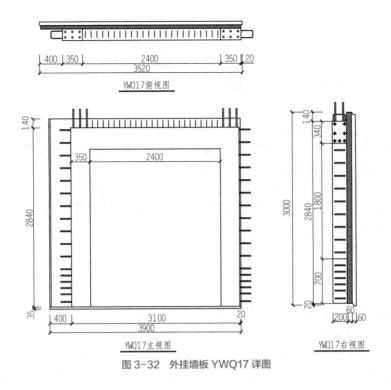

图 3-32　外挂墙板 YWQ17 详图

课题四　后浇钢筋混凝土工程计量

　　装配式建筑的后浇混凝土是指在预制构件之间的连接处或叠合部位以及其他需要强化的地方进行现场浇筑的混凝土。由于装配式建筑采用工厂化生产、现场组装的方式，构件之间的连接和叠合部位可能存在一定的缝隙，需要采用后浇混凝土进行补强，以提高整个建筑的结构稳定性和耐久性。

　　后浇混凝土通常采用高强度混凝土或自密实混凝土等材料，并且需要按照一定的施工工艺进行浇筑和养护，以确保其质量达到设计要求。在装配式建筑中，使用后浇混凝土的常见部位包括：

　　① 预制外墙板之间的连接处；
　　② 预制外墙板与内墙板之间的连接处；
　　③ 预制内外墙板与预制连梁连接处；
　　④ 预制墙或梁与板芯区的连接处；
　　⑤ 预制墙板的顶部环梁；
　　⑥ 预制梁的现浇层；
　　⑦ 预制叠合板的现浇层；
　　⑧ 预制阳台板的现浇层和锚固区；
　　⑨ 楼板现浇连接带；
　　⑩ 叠合剪力墙板和型钢混凝土剪力墙等部位。

二维码3-14

一、后浇混凝土计量

1. 叠合梁、板后浇混凝土（项目编码 010504015）

　　计量单位：m³
　　项目特征：①部位；②混凝土种类；③混凝土强度等级；④浇筑方式。
　　工程量计算规则：按设计图示尺寸以体积计算，不扣除构件内钢筋、预埋部件、预留孔洞所占的体积，预制构件边缘倒角部分及后浇混凝土键槽部分不增加。

提示：

《计算标准》规定：叠合楼板预制板之间的后浇混凝土板带，并入"叠合梁、板后浇混凝土"内计算。

2. 叠合剪力墙后浇混凝土（项目编码010504016）

计量单位：m^3

项目特征：①部位；②混凝土种类；③混凝土强度等级；④浇筑方式。

工程量计算规则：按设计图示尺寸以体积计算，不扣除构件内钢筋、预埋部件、预留孔洞所占的体积，预制构件边缘倒角部分及后浇混凝土键槽部分不增加。

预制墙体间、连接柱（梁）后浇节点相对规整，主要有"一"形、"L"形、"T"形这三种主要形式。若墙厚度不同时，应把接头分割成几个厚度相同的规则形状进行计算。这里将以最常见的预制墙连接竖向接缝构造、横向接缝构造、连梁及楼面与预制墙的连接构造为例，讲解后浇混凝土工程量计算。

 案例示范

（1）预制墙竖向接缝混凝土计量

①竖向"一"形接缝工程量计算。

【例3-13】本工程预制剪力墙厚200mm，抗震等级为三级，混凝土强度等级为C40，剪力墙接头的标高范围为5.880～8.880m，预制剪力墙的竖向"一"形接缝详图如图3-33所示，试计算该竖向接缝的后浇混凝土工程量。

解： 工程量按设计图示尺寸以实体积计算。

$V=（0.3+0.2）×0.2×3=0.3（m^3）$

②竖向"L"形接缝工程量计算。

【例3-14】本工程预制剪力墙厚200mm，抗震等级为三级，混凝土强度等级为C40，剪力墙转角处接头的标高范围为5.880～8.880m，预制剪力墙的竖向"L"形接缝详图如图3-34所示，试计算该竖向"L"形接缝的后浇混凝土工程量。

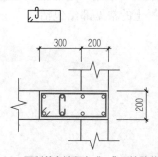

图3-33 预制剪力墙竖向"一"形接缝截面图

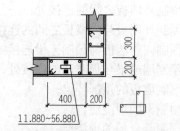

图3-34 预制剪力墙竖向"L"形接缝截面图

解： 工程量按设计图示尺寸以实体积计算。

$V=（0.3+0.2）×0.2×3+0.4×0.2×3=0.3+0.24=0.54（m^3）$

③竖向"T"形接缝工程量计算。

【例3-15】本工程预制剪力墙厚200mm，抗震等级为三级，混凝土强度等级为C40，剪力墙"T"形转角处的标高范围为5.880～8.880m，预制剪力墙的竖向"T"形接缝详图如图3-35所示，试计算该竖向"T"形接缝的后浇混凝土工程量。

解： 工程量按设计图示尺寸以实体积计算。

$V=（0.25+0.2+0.25）×0.2×3+0.4×0.2×3=0.42+0.24=0.66（m^3）$

④竖向不规则接缝工程量计算。

【例 3-16】 本工程预制剪力墙厚 200mm，抗震等级为三级，混凝土强度等级为 C40，剪力墙多转角处的标高范围为 5.880～8.880m，预制剪力墙的竖向不规则接缝详图如图 3-36 所示，试计算该竖向不规则接缝的后浇混凝土工程量。

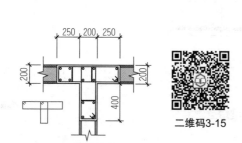

图 3-35　预制剪力墙竖向"T"形接缝截面图

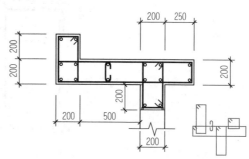

图 3-36　预制剪力墙竖向不规则接缝截面图

解： 按照把不规则形状分割成若干规则形状的解题思路，工程量按设计图示尺寸以实体积计算。

$V=0.2×0.2×3+（0.2+0.5+0.2+0.25）×0.2×3+0.2×0.2×3=0.12+0.69+0.12=0.93（m^3）$

（2）预制墙横向接缝混凝土工程计量

【例 3-17】 本工程预制剪力墙厚 200mm、宽 3900mm，抗震等级为三级，混凝土强度等级为 C40，上下剪力墙接头处标高范围为 3.000～3.130m，预制剪力墙的横向不规则接缝详图如图 3-37 所示，假设预制墙上下墙厚度一致，试计算该竖向不规则接缝的后浇混凝土工程量。

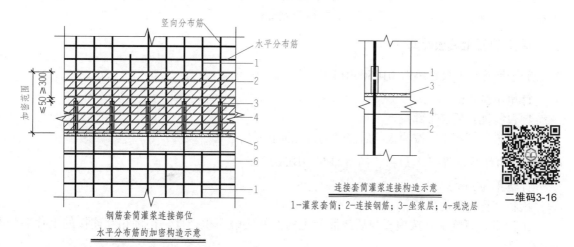

1-不连接的竖向分布钢筋；2-水平分布钢筋；3-钢筋套筒灌浆连接；
4-水平分布钢筋加密区域（阴影区域）；5-坐浆封堵层；6-连接的竖向分布钢筋
加密区水平分布筋最大间距为100mm，最小直径为8mm

图 3-37　预制剪力墙水平连接示意图

解： 解题思路与预制墙竖向接缝混凝土工程量计算相同，工程量按设计图示尺寸以实体积计算。

$V=0.2×3.9×0.13=0.1014（m^3）$

（3）预制墙、预制梁连接混凝土工程计量

【例 3-18】 本工程预制剪力墙厚 200mm，抗震等级为三级，混凝土强度等级为 C40，缺口尺寸为 600mm×400mm，后浇圈梁的截面尺寸为 400mm×400mm，后浇圈梁的长度为 8400mm，大样图如图 3-38 所示，试计算后浇混凝土工程量。

解： 该后浇混凝土的体积可分成两部分计算，工程量按设计图示尺寸以实体积计算。

$V=0.4×0.4×8.4+0.6×0.4×0.2=1.344+0.048=1.392（m^3）$

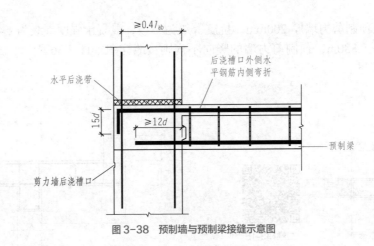

图 3-38 预制墙与预制梁接缝示意图

提示：

《装配式混凝土结构技术规程》（JGJ 1—2014）规定，预制构件与后浇混凝土、灌浆料、坐浆材料的结合面应设置粗糙面、键槽，并应符合下列规定：

（1）预制板与后浇混凝土叠合层之间的结合面应设置粗糙面；

（2）预制梁与后浇混凝土叠合层之间的结合面应设置粗糙面，预制梁断面应设置键槽且宜设置粗糙面；

（3）预制柱的底部应设置键槽且宜设置粗糙面，键槽应均匀布置，键槽深度不宜小于 30mm，键槽端部斜面倾角不宜大于 30°，柱顶应设置粗糙面；

（4）粗糙面的面积不宜小于结合面的 80%，预制板的粗糙面凹凸深度不应小于 4mm，预制梁端、预制柱端、预制墙端的粗糙面凹凸深度不应小于 6mm。

二、后浇混凝土模板计量

1. 后浇带模板（项目编码 010505014）

 计量单位：m²

 项目特征：后浇带部位。

 工程量计算规则：按模板与后浇带的接触面积计算。

2. 叠合构件后浇混凝土模板（项目编码 010505015）

 计量单位：m²

 项目特征：后浇部位。

二维码3-17

 工程量计算规则：按模板与后浇混凝土构件的接触面积计算。构件相互连接的重叠部分不计算模板面积。

 案例示范

【例 3-19】本工程结构体系为钢筋混凝土装配框架-剪力墙结构体系，建筑结构安全等级为二级，抗震等级为三级，环境类别为二（a），预制剪力墙厚 200mm，剪力墙后浇段配筋图如图 3-39 所示，试计算该竖向接缝的后浇混凝土模板工程量。

 解：工程量按后浇混凝土与模板接触面的面积以"m²"计算，伸出后浇混凝土与预制构件抱合部分的模板面积不增加计算，墙、板上没有孔洞。施工过程中竖向接缝、横向接缝是分开施工的，不存在重合部分，可分别计算竖向和横向模板工程量。

 剪力墙结构墙板支模方式一般都是双面封闭式，所以要计算两侧模板的工程量。

$$S_{GBZ1} = [(0.4+0.5)+(0.2+0.3)] \times 3 = 1.4 \times 3 = 4.2 （m²）$$

$$S_{GBZ2} = (0.7+0.25 \times 2+0.3 \times 2) \times 9 = 1.8 \times 9 = 16.2 （m²）$$

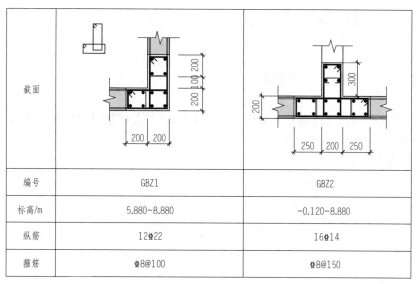

截面		
编号	GBZ1	GBZ2
标高/m	5.880~8.880	−0.120~8.880
纵筋	12Φ22	16Φ14
箍筋	Φ8@100	Φ8@150

图 3-39　剪力墙后浇段配筋图

📖 单元评价

本单元结合清单《计算标准》，列举大量案例详细介绍了装配式混凝土结构工程的工程量计算。通过本单元学习，要求学生掌握装配式混凝土主体结构工程计量、附属结构工程计量、配套工程计量及后浇混凝土工程量计量。

装配式混凝土构件计量注意要点：

（1）在进行工程量计算之前，首先应全面了解掌握装配式混凝土结构工程施工图，装配式混凝土结构工程图纸的构成与传统建筑图纸不太相同，它包含更深更细的装配深化图纸，一般包含深化设计说明、平面布置图 / 平面拆分图、预制构件详图（如预制柱详图、预制墙详图）等。同时应正确理解设计意图，应结合空间想象力，真实还原工程实物。

（2）装配式混凝土构件工程计量相对来说比较复杂，应熟悉并正确理解工程量计算规则，避免因理解错误造成工程量出错。

① 竖向构件或节点连接往往有现浇、后浇混凝土区域，计算装配式混凝土构件工程量时，涉及的预制、现浇、后浇部分需要分开计量，避免多计或漏计工程量。

② 预制混凝土构件需要统计体积，不考虑钢筋量。各预制构件清单工程量计算规则均有表述："按成品构件设计图示尺寸以体积计算，不扣除构件内钢筋、预埋铁件、配管、套管、线盒及单个面积 ≤ 0.3m² 的孔洞、线箱等所占体积，构件外露钢筋体积亦不再增加。"特别强调预制构件的计算体积是成品构件混凝土包裹的体积（含内部钢筋、铁件等占位体积）。

③ 现浇、后浇构件既要算体积、模板，也要考虑关联预制构件的影响。

序号	评价指标	评价内容	分值 / 分	学生评价（60%）	教师评价（40%）
1	理论知识	掌握装配式混凝土构件工程量计算规则	15		
2	任务实施	正确识读装配式混凝土结构深化设计图	15		
3		独立并准确计算各装配式混凝土构件工程量	50		
4	答辩汇报	撰写单元学习总结报告	20		

单元考核

一、简答题

1. 装配式建筑与传统现浇建筑相比优点有哪些？

2. 简述叠合梁、叠合楼板、叠合剪力墙。

3. 常见的钢筋套筒分为哪些种类？

4. 什么是保模一体板？

5. 后浇带混凝土和后浇混凝土的区别是什么？

二、案例题

1. 某框架结构工程采用装配式混凝土结构，层高 4.2m。平面布置图如图 3-40 所示。PCZ-1 预制实心柱截面尺寸为 500mm×500mm，混凝土强度等级为 C30，高度为 3.58m，采用套筒灌浆工艺连接，所有构件利用现场塔式起重机吊装就位。试计算实心柱工程量。

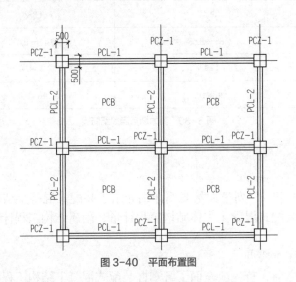

图 3-40 平面布置图

2. 某框架结构工程采用装配式混凝土柱、梁、板体系施工，图 3-40 为该框架结构平面布置图，叠合梁详图如图 3-41 所示。叠合梁混凝土的截面尺寸为 300mm×500mm，混凝土强度等级为 C30，梁顶部纵筋及支座负筋采用现场绑扎浇筑梁柱节点混凝土的方式连接，所有构件均利用现场塔式起重机吊装就位。要求计算图示叠合梁工程量。

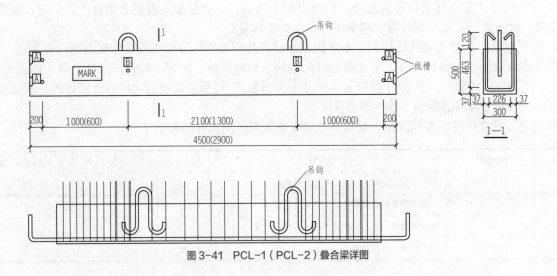

图 3-41 PCL-1（PCL-2）叠合梁详图

3. 某建筑采用装配式混凝土结构体系，二、三层顶板平面布置图中采用部分叠合板，叠合楼板厚度为 130mm，其中预制 60mm、现浇 70mm。预制叠合板 DLB8 构件截面尺寸为 2920mm×1600mm，板厚为 60mm，详图如图 3-42 所示。混凝土强度等级为 C30，所有构件均采用现场塔式起重机吊装。试计算叠合板 DLB8 工程量。

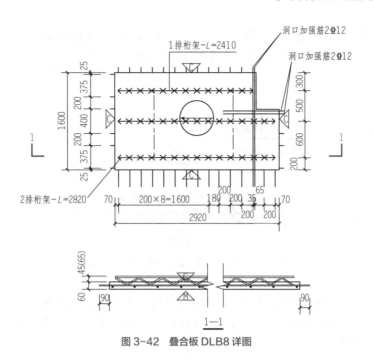

图 3-42 叠合板 DLB8 详图

4. 本工程采用装配式混凝土结构，外围四周装配式墙体采用夹心保温墙板，其中内侧墙厚度为200mm，保温层厚度为60mm，外侧墙体厚度为60mm，详图如图 3-43 所示。混凝土强度等级为 C30，钢筋连接采用套筒灌浆工艺连接，填缝料材质为水泥基灌浆料，现场吊装配置型钢扁担，采用塔式起重机吊装就位。试计算夹心保温剪力墙外墙 YWQ6 工程量。

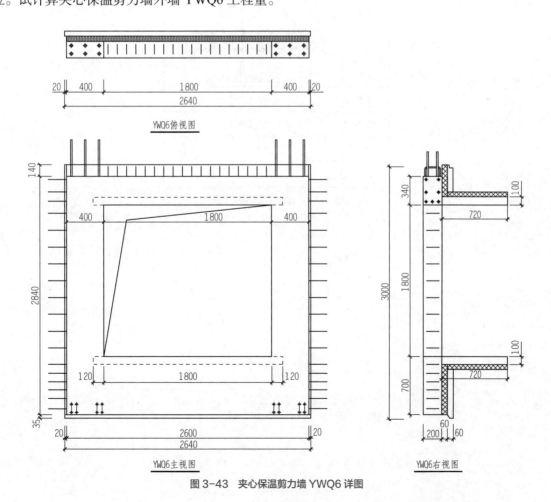

图 3-43 夹心保温剪力墙 YWQ6 详图

5. 工程预制剪力墙厚 200mm，抗震等级为三级，混凝土强度等级为 C40，剪力墙多转角处的标高范围为 5.880 ～ 8.880m，预制剪力墙的竖向不规则接缝详图如图 3-44 所示，试计算该竖向不规则接缝的后浇混凝土工程量。

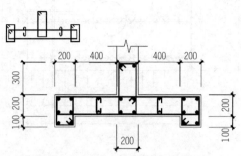

图 3-44 预制剪力墙竖向不规则接缝截面图

6. 工程结构体系为钢筋混凝土装配框架 - 剪力墙结构体系，建筑结构安全等级为二级，抗震等级为三级，环境类别为二（a），预制剪力墙厚 200mm，剪力墙后浇段配筋图如图 3-45 所示，试计算该竖向接缝的后浇混凝土模板工程量。

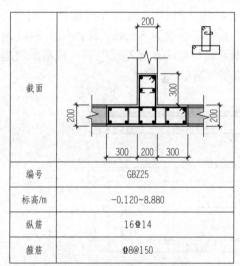

截面	
编号	GBZ25
标高/m	−0.120~8.880
纵筋	16⊈14
箍筋	⊈8@150

图 3-45 剪力墙后浇段配筋图

课前导学

素质目标	通过案例，培养学生工程伦理意识，强调工程人的责任意识，树立质量终身责任制的理念
知识目标	熟悉装配式混凝土工程建筑构件及部品工程材料和施工工艺；掌握非承重隔墙安装及装饰成品部件清单、定额工程量计算规则及列项；掌握清单与定额列项及工程量计算规则的异同
技能目标	能够结合工程量计算标准，对某装配式混凝土住宅楼工程项目的建筑构件及部品部分进行列清单项及工程量计算，并进行定额组价
重点难点	非承重隔墙安装及装饰成品部件清单、定额工程列项与算量

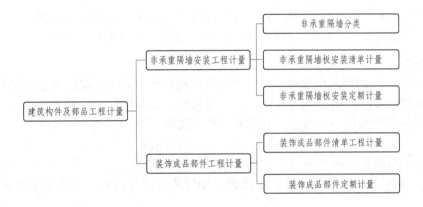

应知应会

课题一　非承重墙安装工程计量

预算错误致偷工减料，项目经理10年后被判刑

某商业广场装饰工程项目公开招标，因投标时间短，杨某公司的造价员在投标报价时没有看施工图纸，直接按清单组价，低价中标。事后发现屋面工程组价时缺项，为了确保利润，在坡屋面进行施工时，杨某擅自更改屋面设计施工要求，取消了水泥砂浆卧瓦层钢筋网且未采取其他技术措施。

十年后，该区域坡屋面发生滑落事故，致使2人因较大硬物砸压致机械性窒息而死亡。在事故调查中，鉴定结果显示，由于擅自更改屋面设计施工要求，在水泥砂浆卧瓦层内未按设计施工图纸要求设置 $\Phi6@500\times500$ 钢筋网，造成缺少钢筋网的水泥砂浆卧瓦层与屋面混凝土板之间没有任何结构性连接，从而引发滑落，造成伤亡。

时隔10年，杨某接受调查，如实供述上述事实。作为施工项目的直接负责人，违反国家规定，降低工程质量标准，造成2人死亡的安全事故，触犯了法律，构成工程一般安全事故罪。

《计算标准》，装配式建筑工程非承重墙的安装，包含在砌筑工程中的轻质墙板中，其项目编码为010404。

一、非承重隔墙分类

非承重隔墙属于轻质隔墙，按板材材质，划分为钢丝网架聚苯乙烯夹芯墙板、轻质条板隔墙、预制轻钢龙骨隔墙、GRC陶粒玻璃纤维空心轻质内墙板及蒸压轻质加气混凝土板（NALC）。

1. 钢丝网架聚苯乙烯夹芯墙板

钢丝网架聚苯乙烯夹芯墙板，是以阻燃型聚苯乙烯为整体芯板，双向覆以冷拔钢丝网片，经机械化双向排插斜丝焊接而成的板材，墙板在现场安装，并两面喷抹水泥砂浆后形成墙体。该墙板自重轻、强度高、隔声、隔震、防水、防火、耐气候老化性好、节能。产品适合框架结构的填充墙、内隔墙，以及低层建筑的承重墙、屋面板和阳台栏板等。

2. 轻质条板隔墙

轻质条板隔墙是一种新型节能墙材料，它是一种外形像空心楼板一样的墙材，但是它两边有公母榫槽，安装时只需将板材立起，公、母榫涂上少量嵌缝砂浆后对拼拼装起来即可。该墙板由无害化磷石膏、轻质钢渣、粉煤灰等多种工业废渣组成，经变频蒸汽加压养护而成。墙板具有质量轻、强度高、多重环保、保温隔热、隔音、呼吸调湿、防火、快速施工、降低墙体成本等优点，重量只有实心砖墙的八分之一、强度达到C30、热传导率只有实心砖墙的三分之一、声波传导率只有实心砖墙的四分之一、提高施工工效三倍至五倍。轻质条板隔墙广泛应用于办公、商务、居民楼的内部隔墙。

3. 预制轻钢龙骨隔墙

预制轻钢龙骨隔墙具有重量轻、强度较高、耐火性好、通用性强且安装简易的特性，有适应防震、防尘、隔音、吸音、恒温等功效，同时还具有工期短、施工简便、不易变形等优点。

4. GRC陶粒玻璃纤维空心轻质内墙板

GRC陶粒玻璃纤维空心轻质内墙板采用低碱度硫铝酸盐水泥或快硬硫铝酸盐水泥作为胶结材料，以耐碱玻璃纤维无捻粗纱及其网格布作为增强材料，以珍珠岩、陶粒等轻质无机复合材料为轻集料，并掺加粉煤灰矿渣等外掺料制成的空心条板。它具有轻质、高强、防火、隔音、保温等特点，产品不含任何有害物质，绿色环保。该产品适用于多层高层建筑、旧房改造等工程，是装配式建筑理想的墙体配套材料。采用GRC轻质隔墙板，能明显减轻建筑物自重，节约费用，充分开发有效空间，增加建筑使用面积，是建筑物非承重部位替代黏土砖、水泥砖、加气块的最佳材料，是国家重点推荐的新型轻质墙体材料。

5. 蒸压轻质加气混凝土板（NALC）

蒸压轻质加气混凝土板（NALC）以硅砂、水泥、石灰为主要原料，由经过防锈处理的钢筋增强，经过高温、高压、蒸汽养护而成的多气孔混凝土制品，其隔音与吸音性能俱佳，具有很好的保温隔热性能，轻质高强，容重是普通混凝土的1/4，大大降低了墙体的自重，降低建筑物的基础工程造价。

二、非承重隔墙板安装清单计量

1. 非承重隔墙墙体清单《计算标准》（表4-1）

表4-1　非承重隔墙墙体（编号：010404）

项目编码	项目名称	项目特征	计量单位	工程量计算规则	工作内容
010404001	轻质墙板	1. 墙板材质； 2. 墙板厚度； 3. 墙板高度； 4. 墙板安装部位（内、外墙）； 5. 砂浆强度等级或专用胶黏剂类型； 6. 连接方式； 7. 填缝及填充要求	m²	按设计图示尺寸以面积计算	1. 清理基层、运料、水刷墙板黏结面； 2. 调铺砂浆或专用胶黏剂； 3. 拼装墙板、粘网格布条； 4. 填灌板下细石混凝土及填充层等墙板安装操作
010404002	轻质保温一体墙板	1. 墙板材质； 2. 墙板厚度； 3. 墙板高度； 4. 墙体强度等级； 5. 连接方式	m²	按设计图示尺寸以面积计算	1. 墙板制作、养护； 2. 构件安装； 3. 接头灌缝

2. 标准说明

"轻质墙板"适用于框架、框剪结构中的内外墙或隔墙。

三、非承重隔墙板安装定额计量

本书以 2018 山西省计价依据为例，具体规定如下：

（1）非承重隔墙安装工程量按设计图示尺寸的墙体面积以"m²"计算，扣除门窗、洞口、嵌入墙内的钢筋混凝土柱、梁、圈梁等所占体积，不扣除梁头、板头、檩头、垫木、木楞头、沿缘木、木砖、门窗走头、砖墙内加固钢筋、木筋、铁件、钢管及单个面积≤ 0.3m² 的孔洞所占的体积。

（2）非承重隔墙安装遇设计为双层墙板时，其工程量按单层面积乘以 2 计算。

（3）预制轻钢龙骨隔墙中增贴硅酸钙板的工程量按设计需增贴的面积以"m²"计算。

二维码4-2

提示：

装配式建筑工程预算定额说明：

1. 非承重隔墙板安装定额已包括各类固定配件、补缝、抗裂措施构造，以及板材遇门窗洞口所需要改割改锯、孔洞加固的内容，发生时不另计算。

2. 非承重隔墙安装按单层墙板安装进行编制，如遇设计为双层墙板时，根据双层墙板各自的墙板厚度不同，分别套用相应单层墙板安装定额。若双层墙板中间设置保温、隔热或隔声功能层，发生时另行计算。钢丝网架聚苯乙烯夹芯墙板是按双面网板编制的，墙厚包括双面网厚度。

3. 钢丝骨架轻质夹芯隔墙板安装定额中的板材，按聚苯乙烯泡沫夹芯板编制，设计不同时可换算墙板主材，其他消耗量保持不变。

案例示范

【例 4-1】 某装配式混凝土住宅楼，卫生间平面布置如图 4-1 所示，卫生间内隔墙采用 GRC 陶粒玻璃纤维空心轻质墙板，厚度为 90mm，墙板与主体结构之间采用 1 号水泥黏结剂，墙板缝用 2 号水泥黏结剂粘贴玻璃纤维网格布，计算图中 GRC 陶粒玻璃纤维空心轻质墙板工程量。

已知该工程层高 3000mm、净高 2900mm，卫生间门采用木质成品套装门，尺寸为 700mm×2100mm。

二维码4-3

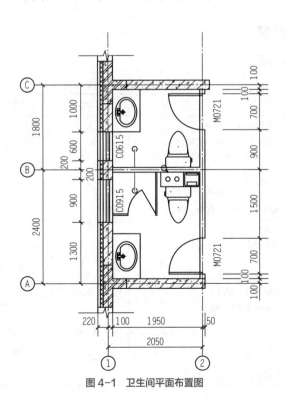

图 4-1 卫生间平面布置图

解： GRC 陶粒玻璃纤维空心轻质墙板项目清单编码为 010404001001，定额子目为 Z3-23：GRC 陶粒玻璃纤维空心轻质内墙板 90mm，工程量清单及组价如表 4-2 所示。

（1）GRC 陶粒玻璃纤维空心轻质墙板清单工程量计算。

墙板高 2.9m；

墙板中心线净长：2.4+1.8-0.1-0.1+1.95-（0.09-0.05）=5.91（m）；

卫生间门洞口面积：0.7×2.1×2=2.94（m²）；

墙板的清单工程量：2.9×5.91-2.94=14.20（m²）。

（2）GRC 陶粒玻璃纤维空心轻质墙板定额工程量计算。

墙板的定额工程量为：2.9×5.91-2.94=14.20（m²）。

表 4-2　GRC 陶粒玻璃纤维空心轻质墙板工程量清单

序号	项目编码	项目名称	项目特征	计量单位	工程量
1	010404001001	轻质墙板	1. 墙板材质：GRC 陶粒玻璃纤维空心轻质墙板； 2. 墙板厚度：90mm； 3. 墙板高度：2.9m； 4. 墙板安装部位：内墙； 5. 砂浆强度等级或专用胶黏剂类型：1 号水泥黏结剂； 6. 填缝及填充要求：墙板缝用 2 号水泥黏结剂粘贴玻璃纤维网格布	m²	14.20
	Z3-23	GRC 陶粒玻璃纤维空心轻质内墙板 90mm		100m²	0.142

课题二　装饰成品部件工程计量

根据《计算标准》，装配式建筑工程装饰成品部件制作、安装，包含在楼地面装修工程中的装配式楼地面及其他项目（项目编码：011109），墙、柱饰面（项目编码：011205），隔断（项目编码：011207），幕墙工程（项目编码：011206），门窗工程木门（项目编码：010801）及其他装饰工程柜类、货架（项目编码：011501）。

一、装饰成品部件清单工程计量

装饰成品部件清单《计算标准》（表 4-3）

表 4-3　装饰成品部件清单

项目编码	项目名称	项目特征	计量单位	工程量计算规则	工作内容
011109002	装配式踢脚线	1. 踢脚线高度； 2. 踢脚线材料种类、规格； 3. 卡扣材质、种类、规格	m	按设计图示尺寸以延长米计算	1. 基层清理； 2. 卡扣安装； 3. 面层安装
011205003	墙、柱面装配式装饰板	1. 基层类型、部位； 2. 配套件种类、规格； 3. 面层材料品种、规格、颜色	m²	按设计图示尺寸以面积计算	1. 基层清理； 2. 运输、安装； 3. 勾缝、塞口
010801001	木质门	1. 门洞口尺寸； 2. 门类型； 3. 开启方式； 4. 框、扇木材材质； 5. 玻璃品种、厚度； 6. 五金种类、规格； 7. 其他工艺要求	m²	按设计图示洞口尺寸以面积计算	1. 门（含框）安装； 2. 玻璃安装； 3. 五金安装； 4. 嵌缝打胶
011501003	成品柜类、货架	1. 名称； 2. 规格、型号； 3. 安装方式	m²	按设计图示尺寸以正投影面积计算	1. 安装（安放）； 2. 五金件安装

二、装饰成品部件定额计量

本节以 2018 山西省计价依据为例，相关规定如下：

（1）成品踢脚线安装工程量按设计图示长度以"m"计算。

二维码4-4

（2）墙面成品木饰面安装工程量按设计图示面积以"m²"计算。

（3）木质门扇安装按设计图示扇外围尺寸面积以"m²"计算，木质套装门安装按设计图示数量以"樘"计算，木质防火门安装按设计图示洞口尺寸面积以"m²"计算。

（4）成品橱柜安装工程量按设计图示尺寸的柜体中线长度以"m"计算，成品台面板安装工程量按设计图示尺寸的板面中线以"m"计算，成品洗漱台柜、成品水槽安装工程量按设计图示数量以"组"计算。

提示：

装配式建筑工程预算定额说明：

1. 装饰成品部件涉及基层施工的，另按 2018 山西省建设工程计价依据《装饰工程预算定额》的相应项目执行。

2. 成品踢脚线安装定额根据踢脚线材质不同，以卡扣式直形踢脚线进行编制。遇弧形踢脚线时，相应定额人工消耗量乘以系数 1.15；遇锯齿形踢脚线时，相应定额人工消耗量乘以系数 1.5，材料消耗量乘以系数 1.6，其余不变。

3. 墙面成品木饰面面层安装以墙面形状不同划分为直形、弧形，发生时分别套用相应定额。

4. 成品木门安装定额以门的开启方式、安装方法不同进行划分，相应定额均已包括相配套的门套安装。成品木门定额中，已包括了相应的贴脸及装饰线条安装人工及材料消耗量，不另单独计算。

5. 成品木门安装定额中的五金件，设计规格和数量与定额不同时，应进行调整换算。

6. 成品橱柜安装按上柜、下柜及台面板进行划分，分别套用相应定额。定额中不包括洁具五金、厨具电器等的安装，发生时另行计算。

案例示范

【例 4-2】 某装配式混凝土住宅楼，书房及卧室的平面布置如图 4-2 所示。书房采用成品不锈钢装配式踢脚线，高度为 100mm，书房门为成品乙级木质防火门；卧室踢脚线采用成品装配式实木踢脚线，高度为 100mm，卧室门为成品木质套装门，卧室⑥轴墙面采用成品装配式竹炭纤维装饰板。

（1）成品不锈钢板装配式踢脚线做法

① 固定配套金属卡件，间距 300mm；

② 1.0mm 厚不锈钢板成品踢脚与卡件安装。

（2）成品装配式实木踢脚线

① 钻孔塞粘固定 φ35 长 60mm 防腐木楔，中距 400mm（上下错开）；

② 15mm（厚）×35mm（宽）木垫块，用钉固定于防腐木楔，垫块低于踢脚板 10～15mm；

③ 15mm 厚成品实木踢脚线与木垫块用钉固定（或专用建筑胶黏剂粘牢）。

（3）成品装配式竹炭纤维装饰板做法

① 墙面基层处理；

② 墙体钻孔打入粘贴固定 φ35 长 60mm 防腐木楔，沿木龙骨中距 300～600mm；

③ 1.2mm 厚聚合物水泥防水涂料防潮层；

④ 25mm×50mm 木龙骨双向中距 300～600mm，与墙体预埋木楔固定；

⑤ 9mm 厚成品竹炭纤维木饰面与木龙骨钉固。

已知该工程层高 3000mm、净高 2900mm，成品竹炭纤维木饰面墙面不做踢脚线。计算书房及卧室踢脚线、门及成品木饰面的清单和定额组价工程量。

解：（1）书房成品不锈钢装配式踢脚线清单项目编码为 011109002001，定额子目为 Z3-39，成品不锈钢踢脚线，工程量清单及组价如表 4-4 所示。

① 书房成品不锈钢板踢脚线清单工程量计算。

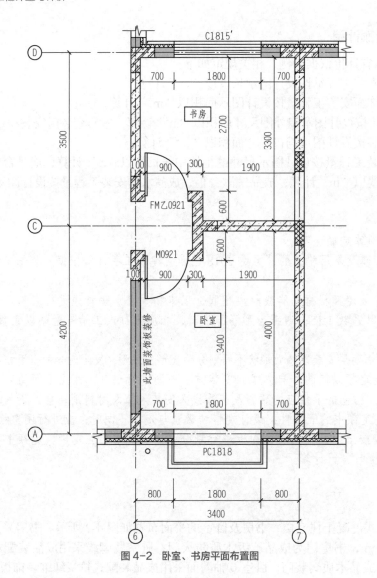

图 4-2 卧室、书房平面布置图

二维码4-5

清单工程量 $L=0.1+0.3+1.9+3.3+0.7+1.8+0.7+2.7+0.6=12.1$（m）

② 书房成品不锈钢板踢脚线定额工程量计算。

定额工程量 $S=12.1×0.1=1.21$（m²）

（2）书房成品乙级木质防火门清单项目编码为 010801001001，定额子目为 Z3-46，成品木质防火门，工程量清单及组价如表 4-5 所示。

① 书房成品乙级木质防火门清单工程量计算。

清单工程量 $S=0.9×2.1=1.89$（m²）

② 书房成品乙级木质防火门定额工程量计算。

定额工程量 $S=0.9×2.1=1.89$（m²）

（3）卧室成品装配式实木踢脚线清单项目编码为 011109002002，定额子目为 Z3-36，成品实木踢脚线，工程量清单及组价如表 4-6 所示。

① 卧室成品实木踢脚线清单工程量计算。

清单工程量 $L=0.7+1.8+0.7+4+0.1+0.3+1.9+0.6=10.1$（m）

② 卧室成品实木踢脚线定额工程量计算。

定额工程量 $S=10.1×0.1=1.01$（m²）

（4）卧室成品木质套装门清单项目编码为 010801001002，定额子目为 Z3-43，成品木质套装门 - 单扇门，工程量清单及组价如表 4-7 所示。

① 卧室成品木质套装门清单工程量计算。

清单工程量 $S=0.9×2.1=1.89$（m^2）

② 卧室成品木质套装门定额工程量计算。

定额工程量 $S=0.9×2.1=1.89$（m^2）

（5）卧室墙面成品装配式竹炭纤维装饰板清单项目编码为011205003001，定额子目为 Z3-40，墙面成品木饰面面层安装 - 直形，工程量清单及组价如表 4-8 所示。

① 卧室墙面成品装配式竹炭纤维装饰板清单工程量计算。

清单工程量 $S=3.4×2.9=9.86$（m^2）

② 卧室墙面成品装配式竹炭纤维装饰板定额工程量计算。

定额工程量 $S=3.4×2.9=9.86$（m^2）

表 4-4 书房成品不锈钢装配式踢脚线工程量

序号	项目编码	项目名称	项目特征	计量单位	工程量
1	011109002001	装配式踢脚线	1. 踢脚线高度：100mm； 2. 踢脚线材料种类、规格：1.0mm 厚不锈钢板成品踢脚； 3. 卡扣材质、种类、规格：固定配套金属卡件，间距 300mm	m	12.1
	Z3-39	踢脚线金属成品		100m²	0.0121

表 4-5 书房成品乙级木质防火门工程量

序号	项目编码	项目名称	项目特征	计量单位	工程量
1	010801001001	木质门	1. 门代号及洞口尺寸：乙级木质防火门，0.9m×2.1m； 2. 镶嵌玻璃品种、厚度：无	m²	1.89
	Z3-46	木质防火门		100m²	0.0189

表 4-6 卧室成品装配式实木踢脚线工程量

序号	项目编码	项目名称	项目特征	计量单位	工程量
1	011109002002	实木踢脚线	1. 踢脚线高度：100mm； 2. 踢脚线材料种类、规格：15mm 厚成品实木踢脚线与木垫块用钉固定（或专用建筑胶黏剂粘牢）； 3. 卡扣材质、种类、规格：15mm（厚）×35mm（宽）木垫块，用钉固定于防腐木楔	m	10.1
	Z3-36	踢脚线实木成品		100m²	0.0101

表 4-7 卧室成品木质套装门工程量

序号	项目编码	项目名称	项目特征	计量单位	工程量
1	010801001002	木质门	1. 门代号及洞口尺寸：成品木质套装门，0.9m×2.1m； 2. 镶嵌玻璃品种、厚度：无	m²	1.89
	Z3-43	木质套装门单扇门		100m²	0.0189

表 4-8 卧室墙面成品竹炭纤维木饰面工程量

序号	项目编码	项目名称	项目特征	计量单位	工程量
1	011205003001	墙、柱面装配式饰板	1. 基层类型、部位：装配式内墙板； 2. 配件种类、规格：1.2mm 厚聚合物水泥防水涂料防潮层；25mm×50mm 木龙骨双向中距300～600mm； 3. 面层材料品种、规格、颜色：9mm 厚成品竹炭纤维木饰面与木龙骨钉固	m²	9.86
	Z3-40	墙面成品木饰面面层安装		10m²	0.986
	B2-218	附直形墙木龙骨（换）		100m²	0.0986

【例4-3】 某装配式混凝土住宅楼，厨房成品橱柜的长度×宽度×高度 =10000mm× 600mm×700mm，采用 18mm 胶合板及红榉木夹板制作，面刷聚氨酯漆两遍，台面采用人造大理石，厚度为 20mm。计算厨房成品橱柜的工程量。

解： 厨房成品柜类、货架的项目编码为 011501003001，定额子目为 Z3-23，工程量清单及组价如表 4-9 所示。

（1）厨房成品橱柜清单工程量计算。清单工程量 $S=10×0.7=7$（m^2）。

（2）厨房成品橱柜定额工程量计算。根据相应定额，成品橱柜应列为成品橱柜下柜、成品橱柜台面柜人造石两个定额子目计算。

成品橱柜下柜工程量按延长米计算，工程量 $L=10m$。

成品橱柜台面柜人造石工程量按延长米计算，工程量 $L=10m$。

表 4-9 成品橱柜分部分项工程量清单

序号	项目编码	项目名称	项目特征	计量单位	工程量
1	011501003001	成品柜类、货架	1. 名称：成品橱柜； 2. 规格、型号：10000mm×600mm×700mm； 3. 安装方式：地柜组装	m^2	7
	Z3-48		成品橱柜下柜	10m	1
	Z3-50		成品橱柜台面柜人造石	10m	1

 单元评价

本单元主要内容包括非承重墙体安装工程计量和装饰成品部件工程计量。其中，非承重墙体包括钢丝网架聚苯乙烯夹芯墙板、轻质条板隔墙、预制轻钢龙骨隔墙、GRC 陶粒玻璃纤维空心轻质内墙板及蒸压轻质加气混凝土板（NALC），装饰成品部件包括成品踢脚线、墙面成品木饰面、成品木门及成品橱柜等。

通过对比装配式建筑清单分项与定额分项，可看到清单项目比定额项目少。一般而言，清单项目是按实体工程划分的，也就是有实物形态的存在才会有清单项目，而定额项目既可按实体划分（如建筑构造），也可按非实体的施工过程、辅助工作（如构件运输、拼装、吊装）来划分定额项目。一个清单项目对应一个实体工程，若这一实体工程有若干构造层次或施工过程，则须有多个定额项目与之相对应。因此，按照设计文件、施工方案对拟建的装配式建筑工程进行列项，即先列出清单项目，再根据每一清单项目的工作内容要求，列出匹配的定额项目，这是造价文件编制的关键步骤。

列出清单项目是为了编制工程量清单文件；而定额项目匹配清单项目是为了进行"综合单价"的组价计算。

序号	评价指标	评价内容	分值/分	学生评价 （60%）	教师评价 （40%）
1	理论知识	熟悉装配式混凝土工程建筑构件及部品工程材料及施工工艺；掌握非承重隔墙安装及装饰成品部件清单、定额工程量计算规则及列项	25		
2	任务实施	能够结合工程量计算标准，对某装配式混凝土住宅楼工程项目的建筑构件及部品部分进行列清单项和计算工程量	30		
3		能够结合装配式定额，对某装配式混凝土住宅楼工程项目的建筑构件及部品部分清单进行定额组价和计算工程量	25		
4	答辩汇报	撰写单元学习总结报告	20		

 单元考核

一、单项选择题

1. 对于非承重隔墙安装工程量定额计算规则，下列说法错误的是（　　）。
   A. 按设计图示尺寸的墙体面积以"m²"计算
   B. 扣除门窗、洞口、嵌入墙内的钢筋混凝土构件、钢筋混凝土梁头、板头、檩头所占体积
   C. 不扣除墙体内加固钢筋、铁件及钢管体积
   D. 扣除单个面积 > 0.3m² 的孔洞所占的体积

2. 关于装配式成品部件安装，下列说法错误的是（　　）。
   A. 成品踢脚线安装清单工程量既可以按图示长度以"m"计算，又可以按设计图纸面积以"m²"计算
   B. 成品踢脚线安装定额工程量既可以按图示长度以"m"计算，又可以按设计图纸面积以"m²"计算
   C. 木质防火门安装定额工程量按设计图示洞口尺寸面积以"m²"计算
   D. 成品台面板安装定额工程量按设计图示尺寸的板面中线长度以"m"计算

二、思考题

1. 在进行工程量清单编制时，如遇清单工程量计算规范中没有的项目，如何进行清单项目补充？
2. 装配式建筑构件及部品工程有哪些清单项目？分别对应哪些定额项目？
3. 清单项目列项的原则是什么？

三、案例题

结合本单元学习内容，依据《计算标准》，完成本教材配套实训图纸装配式混凝土住宅楼工程建筑非承重墙及装饰成品部件工程量计算。

学习单元五　装配式混凝土措施项目工程计量

📚 课前导学

素质目标	民族自豪感是民族精神的重要体现，一个民族具备了优秀的民族精神才能屹立于世界民族之林。通过"全球第一吊"案例，引导学生们增强民族自信心和自豪感，学生作为未来祖国建设者的主人翁，突出弘扬民族精神，加强学生民族自豪感的建立
知识目标	熟悉装配式混凝土工程技术措施项目、组织措施项目内容；掌握脚手架工程、模板工程、垂直运输等技术措施项目清单与定额计算规则；掌握安全生产、文明（绿色）施工、环境保护、临时设施、冬雨季施工增加、夜间施工增加、特殊地区施工增加、检验试验、二次搬运、已完工程及设备保护等组织措施项目清单与定额计算规则
技能目标	能够结合工程量计算标准及常用施工方案，对某装配式混凝土住宅楼工程项目的技术措施项目、组织措施项目进行列清单项及工程量计算，并进行定额组价
重点难点	技术措施费、组织措施费清单、定额工程列项与算量

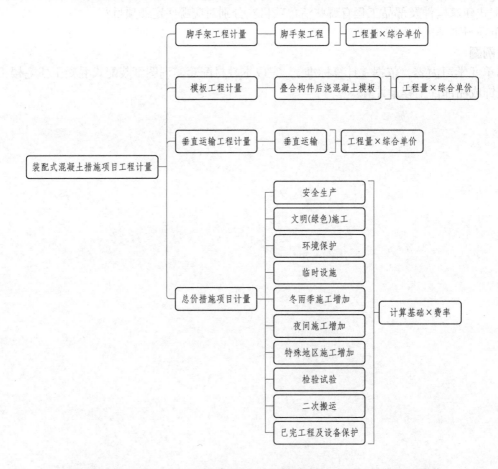

4500吨！三一重工再次刷新"全球第一吊"吨位纪录

三一 SCC98000TM 履带起重机，最大起重力矩超过 98000t/m，最大起重量 4500t，相当于一次能吊起 3000 多辆小轿车，两项核心数据均超过目前世界上所有同类产品。

空前的体量同样让人震撼：主机四履带八驱动，双臂打开长 216m，再加上超起桅杆、配重、吊钩，其占地近 4200m^2，约等于 10 个篮球场大小。这是迄今为止世界上起重力矩最大的履带起重机，也是工程机械产品中技术最先进、系统集成度最高的产品之一。如同"变形金刚"一样的"合体分体"能力,三一SCC98000TM 让科幻电影中的设想成为了现实。基于模块化设计和有限元仿真技术,SCC98000TM 履带起重机与三一其他大吨位起重机的零部件通用性高达 95%。根据实际需求,只需要更换少数几个部件,这台4500 吨级的"巨无霸"可以拆解成独立运转的 2000 吨级履带起重机,以联合作业的方式,完成复杂任务。

 应知应会

装配式建筑工程措施项目是指为了完成装配式建筑工程项目施工,发生于此类工程施工准备和施工过程中的技术、生活、安全、环境保护等方面的项目。装配式建筑工程措施项目包含单价措施项目和总价措施项目两大类。单价措施项目是指规定了工程量计算规则,能够计算工程量,以综合单价计价的措施项目,比如脚手架、模板、垂直运输等;总价措施项目是指建设行政部门依据建筑市场状况和多数企业经营管理情况、技术水平等测算发布的,应以总价计价的措施项目,比如安全生产、文明(绿色)施工、夜间施工增加、冬雨季施工增加、二次搬运等。

课题一　脚手架工程计量

脚手架工程是指施工现场为工人操作并解决垂直和水平运输而搭设的各种支架工程。脚手架制作材料通常有竹、木、钢管或合成材料等,其中钢管材料制作的脚手架有扣件式钢管脚手架、碗扣式钢管脚手架、承插式钢管脚手架、门式脚手架等。在《计算标准》中,与装配式建筑工程有关的脚手架工程含综合脚手架、整体工程外脚手架、安全网、防护脚手架、卸载支撑等。

在《计算标准》中,脚手架工程项目编码为 011601。

一、脚手架工程

1. 外脚手架

搭设在建筑物外墙面的脚手架称为外脚手架,外脚手架工程完毕后逐层拆除,基本上服务于施工全过程。扣件式钢管脚手架搭设方式有单排和双排两种,如图 5-1 所示。

二维码5-1

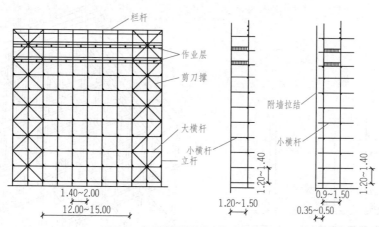

图 5-1　扣件式钢管外脚手架(单位:m)

双排脚手架沿墙立两排立杆,扣件式钢管单立杆双排脚手架搭设高度为 50m 以下,搭设 50m 以上的脚手架时,35m 以下应采用双立杆,或自 35m 起采用分段卸载措施,且上部单立杆的高度应控制在 30m 以下。

双排外脚手架包含依附于架体搭设的斜道,分人行、运料兼用和专用运料斜道,其作用主要供人员上、下脚手架使用,有些斜道也兼做材料运输,但其宽度应适当增大,坡度也应较小些。

2. 里脚手架

里脚手架用于装配式构件安装里脚手架和装饰里脚手架。里脚手架依作业要求和场地条件搭设,常用

"一"字形的分段脚手架，采用双排或单排架。利用已有的楼板或地面，搭设2m左右高的里脚手架。为装修作业架时，铺板宽度不少于两块或0.6m；为安装作业架时，铺板3～4块，宽度不小于0.9m。当作业层高大于2m时，应按高处作业规定，在架子外侧设栏杆防护。里脚手架的构造形式如图5-2所示。

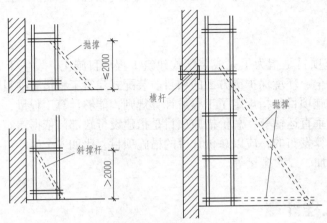

图 5-2 单层和多层双排里脚手架

3. 悬挑式双排外脚手架

悬挑式脚手架的搭设方式有多种，常见的双排脚手架搭设方式是在建筑物内预留洞口，用型钢制成悬挑梁作为搭设双排脚手架的平台，使脚手架上的荷重直接由建筑物承载，起到了卸载作用。悬挑式双排外脚手架的构造形式如图5-3所示。

4. 满堂脚手架

满堂脚手架系指室内水平平面铺设的，纵、横向各超过3排立杆的整体落地式多立杆脚手架，主要用于单层厂房、礼堂、大厅等天棚安装和装修作业以及其他大面积的高处作业。满堂脚手架的一般构造形式如图5-4所示。

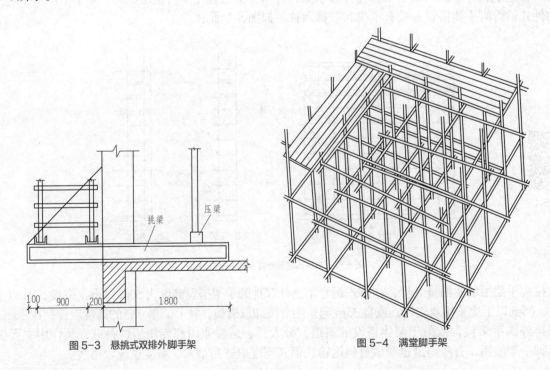

图 5-3 悬挑式双排外脚手架

图 5-4 满堂脚手架

5. 导轨式整体提升架

导轨式整体提升架也称导轨式爬架、导轮附着式提升架。其主要特征是脚手架沿固定在建筑物的导轨升降，而且提升设备也固定在导轨上。它是一种用于高层建筑外脚手架工程施工的成套施工设备，包括支架（底部桥架）、爬升机构、动力及控制系统和安全防坠装置四大部分。提升架结构示意图如图 5-5 所示。

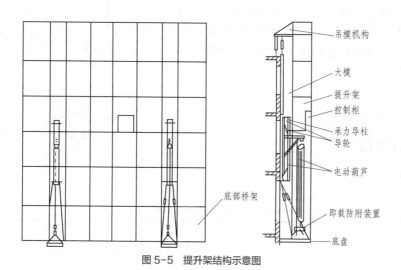

图 5-5　提升架结构示意图

　　导轨式整体提升架适用于现浇混凝土框架结构、剪力墙结构、装配式混凝土结构的高层建筑和塔（筒）形建筑。结构施工时满足上层支模浇筑混凝土、下层拆模、材料周转运输、安全防护、边墙砌筑、预应力张拉等操作需要。装饰施工时满足下层打底抹灰、中层安装、镶贴装饰面层、上层整理等多层同步施工的需要，适用于喷涂、贴瓷砖、贴大理石、玻璃幕墙安装等各种装饰工程的施工。一次性安装，多次升降使用，一般情况是提升过程结构使用，下降过程装饰使用。

6. 垂直全封闭

　　为确保脚手架上作业和作业影响区域内的安全，根据安全技术操作规程的规定，加设由密格防护网、安全网等组成的垂直全封闭安全措施。

7. 悬空脚手架

　　悬空脚手架常用于外装饰工程，分为金属挂栏架和吊篮脚手架（手动、电动）。

　　（1）金属挂栏架也叫附墙悬挂脚手架（简称挂脚手架）。在建筑物的周边、墙或梁上每隔一段距离（1.5m）先预埋铁件，然后把整体拼装好的金属挂栏用起重机械吊起放在预埋铁件的弯钩上，并将金属挂栏用钢丝绳固定好供施工作业使用，构件形式如图 5-6 所示。

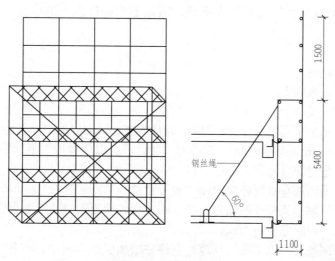

图 5-6　金属挂栏架

（2）吊篮脚手架是采用篮式作业架悬吊于悬挑梁或工程结构之下的脚手架。吊篮的固定方式必须牢固可靠，同时在使用中要严格控制荷载。所有吊篮、吊具均须有防止滑动和发生断绳时的安全措施，常用的方法是另用一根钢丝绳将吊篮系固在建筑结构上。吊篮架构造形式如图 5-7 所示。吊篮脚手架根据采用起重机的不同分为手动提升式和电动提升式吊篮脚手架。

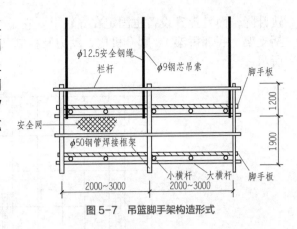

图 5-7　吊篮脚手架构造形式

8. 电梯井架

其指沿电梯井内径搭设的架子。

二、脚手架工程清单计量

1. 脚手架工程清单计算标准（表 5-1）

表 5-1　脚手架工程（编号：011601）

项目编码	项目名称	计量单位	工作内容
011601001	脚手架工程	项	1. 搭设及使用脚手架、斜道、上料平台； 2. 铺设安全网； 3. 铺（翻）脚手板； 4. 转运、改制、维修维护； 5. 拆除、堆放、整理及清除

2. 标准说明

（1）搭设高度 ≤ 3.6m 的脚手架搭拆及使用，应包括在相应分部分项工程中；搭设高度 > 3.6m 的脚手架搭拆及使用应以项为单位进行编码列项。

（2）同一建筑物有不同檐高时，按建筑物竖向切面的不同檐高编列清单项目。

三、脚手架工程定额计量

本书以 2018 山西省计价依据为例，具体规定如下：

（1）外脚手架、悬挑梁式双排外脚手架、导轨式整体提升架按外墙面外边线长度（含墙垛及附墙井道）乘以外墙面高度以"m^2"计算，不扣除门、窗、洞口、空圈等所占面积。

（2）里脚手架按墙面垂直投影面积以"m^2"计算。

（3）满堂脚手架按搭设的水平投影面积以"m^2"计算，不扣除垛、柱所占的面积。

满堂脚手架计量按基本层脚手架和增加层脚手架计量。装配式混凝土工程、钢结构或空间网架结构安装使用的满堂承重架以及其他施工用承重架，满足下列条件之一的应按施工组织设计方案计算相关费用：

① 搭设高度 8m 及以上；

② 搭设跨度 18m 及以上；

③ 施工总荷载 15kN/m 及以上；

④ 集中线荷载 20kN/m 及以上。

（4）里脚手架、满堂脚手架高度在 3.3m 以内的为基本层，增加层的高度若在 0.6m 以内，按一个增加层乘以系数 0.5 计算；在 0.6m 以上至 1.2m，按增加一层计算，以此类推。里脚手架如超过 3.3m，先按全高面积执行基本层项目，超过部分另套增加层项目。

（5）垂直全封闭按封闭面的垂直投影面积以"m^2"计算。

（6）金属挂栏架、吊篮脚手架按外墙面外边线长度（含墙垛及附墙井架）乘以外墙面高度以"m^2"计算，不扣除门、窗、洞口、空圈等所占面积。

（7）电梯井架区别不同高度，以"座"计算。电梯井增加层在 10m 以内时按增加层 10m 计算。

案例示范

【**例 5-1**】某装配式混凝土办公楼，首层层高为 6.0m，室内外高差为 0.45m，楼板为预制叠合板，厚度为 0.12m，装饰做法如下：外墙面采用真石漆，内墙和天棚采用乳胶漆，该建筑首层平面尺寸如图 5-8 所示，计算该项目脚手架工程量。

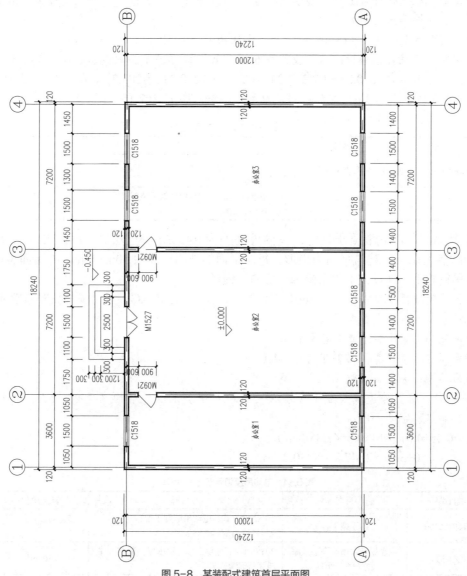

图 5-8 某装配式建筑首层平面图

解： 由于本工程天棚高度超过 3.6m，故需设置外脚手架和满堂脚手架。

外脚手架项目清单编码为 011601001001，定额子目为 Z4-18 钢管脚手架双排。工程量清单及组价如表 5-2 所示。

表 5-2 外脚手架工程量清单

序号	项目编码	项目名称	项目特征	计量单位	工程量
1	011601001001	脚手架工程	1. 搭设方式：双排外脚手架； 2. 搭设高度：15m 以内	项	1
	Z4-18	钢管脚手架双排	2018 山西省建设工程计价依据《装配式建筑工程预算定额》	100m²	3.93

满堂脚手架项目清单编码为 011601001002，定额子目为 Z4-26、Z4-27：满堂脚手架。工程量清单及

组价如表 5-3 所示。

（1）外脚手架、满堂脚手架清单工程量计算。

外脚手架工程量 =1（项）

满堂脚手架工程量 =1（项）

（2）外脚手架、满堂脚手架定额工程量计算。

外脚手架定额工程量按外墙面外边线长度（含墙垛及附墙井道）乘以外墙面高度以"m²"计算，不扣除门、窗、洞口、空圈等所占面积：

外脚手架工程量 =（12+0.24+18+0.24）×2×（6+0.45）=393.19（m²）

满堂脚手架定额工程量按搭设的水平投影面积以"m²"计算，不扣除剁、柱所占的面积：

满堂脚手架工程量 =［3.6-0.24+（7.2-0.24）×2］×（12-0.24）=203.21（m²）

满堂脚手架基本层高度 3.3m，增加层的数量 =（5.88-3.3）/1.2=2.15，按 2.5 个基本层计算。

表 5-3 满堂脚手架工程量清单

序号	项目编码	项目名称	项目特征	计量单位	工程量
1	011601001002	满堂脚手架	1. 搭设方式：满堂脚手架； 2. 搭设高度：5.88m	项	1
	Z4-26+ 2.5×Z4-27	满堂脚手架	2018 山西省建设工程计价依据《装配式建筑工程预算定额》	100m²	2.03

【例 5-2】某高层装配式混凝土住宅，室内外高差为 0.45m，一层层高 4.8m，二至十五层层高均为 3.0m，女儿墙高度为 0.6m，建筑平面为矩形，每层平面的外围尺寸为 50m×36m，外墙面装饰刷涂料采用电动高空作业吊篮施工。计算该工程吊篮脚手架的工程量。

解：吊篮脚手架项目清单编码为 011601001001，定额子目为 Z4-33：电动提升式吊篮脚手架涂刷（油）涂料。工程量清单及组价如表 5-4 所示。

（1）电动吊篮脚手架项目清单工程量计算。

清单工程量规定按项计算：吊篮工程量 =1（项）

（2）电动吊篮脚手架项目定额工程量计算。

定额工程量按外墙面外边线长度（含墙垛及附墙井架）乘以外墙面高度以"m²"计算，不扣除门、窗、洞口、空圈等所占面积。

二维码5-2

搭设高度 =0.45+4.8+3×14+0.6=47.85（m）

吊篮工程量 =（50+36）×2×47.85=8230.2（m²）

表 5-4 电动吊篮脚手架工程量清单

序号	项目编码	项目名称	项目特征	计量单位	工程量
1	011601001001	脚手架工程	1. 搭设方式：电动吊篮脚手架； 2. 搭设高度：47.85m	项	1
	Z4-33	电动提升式吊篮脚手架涂刷（油）涂料	2018 山西省建设工程计价依据《装配式建筑工程预算定额》	100m²	82.30

课题二 模板工程计量

这里的模板指装配整体式混凝土结构中，在预制混凝土构件之间连接形成整体构件的现场浇筑混凝土的模板，一般模板及支架系统由模板、支承件和紧固件组成，它常用在叠合梁板后浇部分等处，墙、墙间后浇部分、梁、柱节点后浇部分已包含在相应构件的安装清单中。

在《计算标准》中，混凝土模板工程项目编号为 010505。

一、模板工程

模板工程是混凝土构件成型的一个十分重要的组成部分，采用先进的模板技术，对于提

二维码5-3

高工程质量、加快施工速度、提高劳动生产率、降低工程成本和实现文明施工，具有十分重要的意义。模板属于周转性（摊销）材料，模板工程主要包括模板的制作、安装、拆除等主要程序。不论采用哪一种模板，模板及其支架必须符合下列规定：保证工程结构和构件各部分形状尺寸及位置符合设计要求；模板和支撑具有足够的强度、刚度和稳定性，能可靠地承受新浇筑混凝土的重量和侧压力，以及在施工过程中产生的荷载；构造简单，拆装方便，并便于钢筋的绑扎、安装和混凝土的浇筑、养护；模板接缝应严密，不得漏浆；选材合理，用料经济。

混凝土装配式结构模板除一般模板外，还包括工具式模板。工具式模板指组成模板的模板结构和构配件为定型化标准化产品，可多次重复利用，并按规定的程序组装和施工。工具式模板构造如图 5-9 所示。

铝合金模板，称为混凝土工程铝合金模板，简称铝模板，是继木模板、竹木胶合板、钢模板之后新一代模板系统。铝合金模板以铝合金型材为主要材料，经过机械加工和焊接等工艺制成的适用于混凝土工程的模板，并按照 50mm 模数设计，由面板、肋、主体型材、平面模板、转角模板、早拆装置组合而成。铝合金模板设计和施工应用是混凝土工程模板技术上的革新，也是对装配式混凝土技术的推动，更是建造技术工业化的体现。

铝合金模板系统是由铝模板系统、支撑系统、紧固系统和附件系统组成，构造如图 5-10 所示。

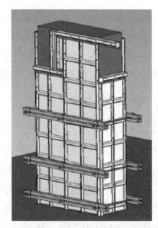

图 5-9 工具式模板　　　　　　　　　　图 5-10 铝合金模板

塑料模板，是在吸收欧洲先进的设备制造技术和丰富的加工经验基础上，坚持以先进的产品和工艺技术，通过高温 200℃ 挤压而成的复合材料。塑料模板是一种节能型和绿色环保产品，是继木模板、组合钢模板、竹木胶合模板、全钢大模板之后又一新型换代产品。塑料模板周转次数能达到 30 次以上，还能回收再造。温度适应范围大，规格适应性强，可锯、钻，使用方便。模板表面的平整度、光洁度超过了现有清水混凝土模板的技术要求，有阻燃、防腐、抗水及抗化学品腐蚀的功能，有较好的力学性能和电绝缘性能，能满足各种长方体、正方体、L 形、U 形的建筑支模的要求，如图 5-11 所示。

图 5-11 塑料模板

二、模板工程清单计量

1. 模板清单工程量《计算标准》(表 5-5)

表 5-5 装配式混凝土模板 (编号: 010505)

项目编码	项目名称	项目特征	计量单位	工程量计算规则	工作内容
010505015	叠合构件后浇混凝土模板	后浇部位	m²	按模板与后浇带的接触面积计算	1. 模板制作; 2. 模板及支撑安装; 3. 刷隔离剂; 4. 模板及支撑拆除; 5. 清理模板黏结物及模内杂物; 6. 模板及支撑整理、小修、堆放

2. 标准说明

设计图纸或交工标准对现浇混凝土构件表面有特殊要求的,如清水混凝土、表面纹饰造型混凝土等,其模板项目特征中需增加"混凝土表面要求";如设计图纸要求使用定制模板浇筑异形混凝土构件的,其模板项目特征中需增加"模板定制要求"。

三、模板工程定额计量

本书以 2018 山西省计价依据为例,具体规定如下:

(1)模板工程量按混凝土与模板接触面的面积以"m²"计算,伸出后浇混凝土与预制构件抱合部分的模板面积不增加计算。

(2)不扣除后浇混凝土墙、板上单孔面积 ≤ 0.3m² 的孔洞,洞侧壁模板亦不增加;应扣除单孔面积 ≥ 0.3m² 的孔洞,孔洞侧壁模板面积并入相应的墙、板模板工程量内计算。

(3)柱与梁、柱与墙、梁与梁等连接重叠部分以及伸入墙内的梁头、板头与砖接触部分,均不计算模板面积。

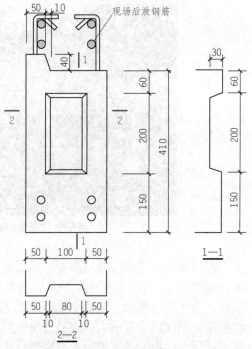

图 5-12 叠合梁节点图

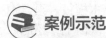 案例示范

【例 5-3】某装配式混凝土住宅楼,标准层叠合梁如图 5-12所示,采用工具式铝模板施工,已知该叠合梁的高度为 0.55m,长度为 6.00m,试计算图中 PC 叠合梁现浇部分模板工程量。

解:混凝土叠合梁模板项目编码为 010505015001,定额编码为 Z4-9:铝模板 - 梁。工程量清单及组价如表 5-6 所示。

(1)清单工程量规定按模板与现浇混凝土构件的接触面积计算:

PC 叠合梁铝模板清单工程量 = (0.55−0.41+0.55−0.45)×6.00=1.44 (m²)

(2)定额工程量按混凝土与模板接触面的面积以"m²"计算:

PC 叠合梁铝模板定额工程量 = (0.55−0.41+0.55−0.45)×6.00=1.44 (m²)

二维码5-4

表 5-6 PC 叠合梁模板工程量清单

序号	项目编码	项目名称	项目特征	计量单位	工程量
1	010505015001	叠合构件后浇混凝土模板	后浇部位:叠合梁	m²	1.44
2	Z4-9	铝模板 - 梁	2018 山西省建设工程计价依据《装配式建筑工程预算定额》	100m²	0.014

课题三 垂直运输工程计量

垂直运输指施工工程在合理工期内所需的垂直运输机械。在装配式建筑施工中，应用最为广泛的是塔式起重机、汽车式起重机、履带式起重机、施工电梯等。

在《计算标准》中，垂直运输项目编码为 011601。

一、装配式建筑垂直运输机械

装配式建筑主要垂直运输施工机械有塔式起重机、汽车式起重机、履带式起重机、施工电梯等。

二维码5-5

1. 塔式起重机

与现浇混凝土结构相比，装配式建筑施工最重要的变化是塔式起重机起重量大幅度增加，根据具体工程构件重量的不同，一般在 5 ～ 14t，剪力墙工程比框架或筒体工程的塔式起重机要小些。目前装配式建筑施工常用的塔式起重机型号为：剪力墙结构常用塔式起重机 QTZ 型 315t·m（S315K16）、QTZ 型 220t·m（R75/20），框架结构常用塔式起重机 QTZ 型 560t·m（S560K25）。

目前，用于建筑工程的塔式起重机按架设方式分为固定式、附着式、内爬式，如图 5-13 所示。

(a) 固定式   (b) 附着式   (c) 内爬式

图 5-13　塔式起重机

固定式塔式起重机是通过连接件将塔身基架固定在地基基础或结构物上，进行起重作业的塔式起重机。这种塔式起重机宜用于构筑物、低层建筑的施工。

附着式塔式起重机是固定在建筑物近旁的混凝土基础上的起重机械，它可以借助于顶升系统随建筑施工进度而自行向上接高。为了减少塔身的计算高度，规定每隔 20m 左右将塔身与建筑物用锚固装置连接起来。这种塔式起重机宜用于高层建筑的施工。

内爬式塔式起重机是一种安装在建筑物内部电梯井或楼梯间里的塔机，可以随施工进程逐步向上爬升。内爬式塔式起重机在建筑物内部施工，不占用施工场地，适合于现场狭窄的工程；施工准备简单（只需预留洞口，局部提高强度），节省费用；无须多道锚固装置和复杂的附着作业；作业范围大，内爬吊设置在建筑物中间，覆盖建筑物，能够使伸出建筑物的幅度小，有效避开周围障碍物和人行道等。由于起重臂可以调短，起重性能得到充分发挥；只需少量的标准节。一般塔身为 30m（风载荷小），即可满足施工要求，一次性投资少，建筑物高度越高，经济效益越显著。

装配式建筑施工中，内爬架能够对所有装配式构件的吊装进行全覆盖。与目前普遍使用的附着式塔吊相比，附着式塔吊与建筑连接部分的装配式墙板和关联结构必须进行加强处理，在附着式塔吊拆除后还需对其连接部分做修补处理，处理过程危险而且是室外高空作业。因此，在装配式建筑工程中推广使用内爬式塔式起重机的意义更加突出。

2. 汽车式起重机

汽车式起重机是以汽车为底盘的动臂起重机，主要优点为机动灵活。在装配式建筑工程中，主要用于低层钢结构吊装、外墙挂板吊装、叠合楼板吊装及楼梯、阳台、雨篷等构件吊装，如图 5-14 所示。

3. 履带式起重机

履带式起重机是一种动臂起重机，其动臂可以加长，起重量大并在起重力矩允许的情况下可以吊重行走。在装配式建筑工程中，主要针对公共建筑的大型预制构件装卸和吊装、大型塔吊的安装与拆卸、塔吊难以覆盖的死角的吊装等，如图5-15所示。

图5-14　汽车式起重机

图5-15　履带起重机

4. 施工电梯

施工电梯又叫施工升降机，是建筑中经常使用的载人载货施工机械，它的吊笼装在井架外侧，沿齿条式轨道升降，附着在外墙或其他建筑物结构上，由于其独特的箱体结构使其乘起来舒适又安全。施工电梯可载重货物1.0～1.2t，亦可容纳12～15人，其高度随着建筑物主体结构施工而接高，可达100m。特别适用于高层建筑，也可用于高大建筑、多层厂房和一般楼房施工中的垂直运输，在工地上通常是配合起重机使用，如图5-16所示。

图5-16　施工电梯

5. 起重机选型

装配式建筑一般情况下采用的预制构件体型较大，人工很难对其加以吊运安装作业，通常需要采用大型机械吊运设备完成构件的吊装工作，在实际施工过程中应合理使用两种吊装设备，使其优缺点互补，以便于更好地完成各类构件的装卸、运输、吊装工作，取得最佳的经济效益。

（1）汽车起重机选择

装配式建筑施工中，对于吊运设备的选择，通常会根据设备造价、合同周期、施工现场环境、建筑高度、构件吊运重量等因素综合考虑确定。一般情况下，低层、多层装配式建筑施工，现场构件二次倒运预制构件的吊装作业通常采用移动式汽车起重机。

（2）塔式起重机选择

① 小型多层装配式建筑工程，可选择小型的经济型塔吊，高层建筑的塔吊选择，宜选择与之相匹配的起重机械，因垂直运输能力直接决定结构施工速度的快慢，要考虑选择不同塔吊的差价与加快进度的综合经济效果进行比较，进行合理选择。

② 塔式起重机应满足吊次的需求。塔式起重机吊次计算：一般中型塔式起重机的理论吊次为80～120次/台班，塔式起重机的吊次应根据所选用塔式起重机的技术说明中提供的理论吊次进行计算，当理论吊次大于实际需用吊次即满足要求；当不满足时，应采取相应措施，如增加每日的施工班次，增加吊装配合人员，塔式起重机应尽可能地均衡连续作业，提高塔式起重机利用率。

③ 塔式起重机覆盖面的要求。塔式起重机型号决定了塔吊的臂长幅度，布置塔式起重机时，塔臂应

覆盖堆场构件，避免出现覆盖盲区，减少预制构件的二次搬运。对含有主楼、裙房的高层建筑，塔臂应全面覆盖主体结构部分和堆场构件存放位置，裙楼力求塔臂全部覆盖，当出现难以解决的楼边覆盖时，可考虑采用临时租用汽车起重机解决裙房边角垂直运输问题。

④ 最大起重能力的要求。在塔式起重机的选型中应结合塔式起重机的起重量荷载特点，重点考虑工程施工过程中，最重的预制构件对塔式起重机吊运能力的要求，应根据其存放的位置、吊运的部位、距塔中心的距离，确定该塔吊是否具备相应起重能力。塔式起重机不满足吊重要求，必须调整塔形使其满足。

二、垂直运输清单计量

1. 垂直运输清单《计算标准》（表 5-7）

表 5-7　垂直运输（编号：011601）

项目编码	项目名称	计量单位	工作内容
011601003	垂直运输	项	1. 固定装置、基础制作、安装； 2. 行走式机械轨道的铺设、拆除、摊销

2. 标准说明

（1）垂直运输以"项"为单位进行编码列项，是指在合同工期内为施工提供的大型垂直运输机械，使用其他吊装机械及人力辅助工器具进行的垂直运输，包含在相应分部分项工作内容中。

（2）同一建筑物有不同檐高时，可按不同高度的建筑面积分别计算建筑面积，以不同檐高分别编码列项。

三、垂直运输定额计量

本书以 2018 山西省计价依据为例，具体规定如下：

（1）建筑物垂直运输及超高，区分不同建筑物的结构类型及檐高，以定额工料机为计费基础进行计算。

（2）檐口高度是指设计室外地坪至檐口的高度。突出主体建筑屋顶的电梯间、楼梯间、水箱间、屋顶天窗等不计入檐口高度之内。

（3）单位工程同一檐口高度、不同结构，应以该建筑物檐口高度为准，按不同结构分别计算。

（4）单位工程不同檐口高度，应分别按其檐口高度进行竖向划分，分别计算。

（5）檐高 3.3m 以内的单层建筑，不计算垂直运输费。

📚 **案例示范**

【例 5-4】某总承包单位承建一装配式建设项目，建筑面积为 18000m²，有主楼和裙楼两部分：主楼为装配式混凝土剪力墙结构，15 层，檐口高度为 63m，建筑面积 12000m²（其中 6 层以下建筑面积 4800m²），工程项目部分定额工料机为 2300 万元（其中土方工程及地基处理工程为 300 万元），脚手架、模板等技术措施费 410 万元；裙楼为装配式框架结构，3 层，檐口高度为 12m，建筑面积 6000m²，其工程项目部分定额工料机为 260 万元（其中土方工程及地基处理工程为 40 万元），模板、脚手架等技术措施费为 38 万元，试求该建筑物的垂直运输及超高费。

解：根据清单《计算标准》，同一建筑物有不同檐高时，可按不同高度的建筑面积分别计算建筑面积，以不同檐高分别编码列项。据此，本工程区分主楼和裙楼，分别列项。

垂直运输项目清单编码为 011601003；主楼定额编码为 A12-13，裙楼定额编码为 A12-7。工程量清单及组价如表 5-8 所示。

（1）垂直运输清单工程量计算

主楼垂直运输清单工程量 =1 项（12000m²）

裙楼垂直运输清单工程量 =1 项（6000m²）

（2）垂直运输定额费用计算

主楼垂直运输费定额计价（2300-300）×8.53%=170.6（万元）

裙楼垂直运输费定额计价（260-40）×2.45%=5.39（万元）

表5-8 垂直运输工程量

序号	项目编码	项目名称	项目特征	计量单位	工程量
1	011601003001	垂直运输	1. 建筑类型及结构形式：主楼，装配式混凝土剪力墙结构； 2. 建筑物檐口高度、层数：63m	项	1
	A12-13	建筑工程 其他结构（檐口高 70m 以内）	2018 山西省建设工程计价依据《建筑工程预算定额》	%	8.53
2	011601003002	垂直运输	1. 建筑物建筑类型及结构形式：裙楼，装配式框架结构； 2. 建筑物檐口高度、层数：12m	项	1
	A12-7	建筑工程 其他结构（檐口高 15m 以内）	2018 山西省建设工程计价依据《建筑工程预算定额》	%	2.45

提示：

根据 2018 山西省建设工程计价依据《建筑工程预算定额》计算规则，建筑物垂直运输计算时，应区分不同建筑物的结构类型及檐高，以砌筑工程、混凝土及钢筋混凝土工程、金属结构工程、木结构工程、屋面及防水工程和保温、隔热、防腐工程的定额工料机为计费基础进行计算。

课题四 总价措施项目计量

总价措施项目指不能准确计算工程量，一般以"项"计价，包括安全生产、文明（绿色）施工、环境保护、临时设施、冬雨季施工增加、夜间施工增加、特殊地区施工增加、检验试验、二次搬运、已完工程及设备保护。在《计算标准》中，措施项目编码为 011601。

一、总价措施项目

总价措施项目包括可竞争措施项目和不可竞争措施项目两种。

可竞争措施项目包括：临时设施、冬雨季施工增加、夜间施工增加、特殊地区施工增加、检验试验、二次搬运、已完工程及设备保护。

二维码5-6

不可竞争措施项目包括：安全生产、文明（绿色）施工、环境保护。

二、总价措施项目清单计量

（1）总价措施项目包括 10 个清单项目，如表 5-9 所示。

表 5-9 措施项目（编号：011601）

项目编码	项目名称	计量单位	工作内容
011601005	安全生产	项	施工现场安全施工所需的各项措施
011601006	文明（绿色）施工	项	施工现场文明施工、绿色施工所需的各项措施
011601007	环境保护	项	施工现场为达到环保要求所需的各项措施
011601008	临时设施	项	承包人为进行建设工程施工所需的生活和生产用的临时建筑物、构筑物和其他临时设施。包括临时设施的搭设、移拆、维修、摊销、清理、拆除后恢复等，以及因修建临时设施应由承包人所负责的有关内容
011601009	冬雨季施工增加	项	在冬季或雨季施工，引起防寒、保温、防滑、防潮和排除雨雪等措施的增加，人工、施工机械效率的降低等内容
011601010	夜间施工增加	项	因夜间或洞库内施工，所发生的夜班补助、夜间施工降效、有关照明设施及照明用电等增加的内容

项目编码	项目名称	计量单位	工作内容
011601011	特殊地区施工增加	项	在特殊地区（高温、高寒、高原、沙漠、戈壁、沿海、海洋等）及特殊施工环境（邻公路、邻铁路等）下施工时，弥补施工降效所需增加的内容
011601012	检验试验	项	承包人按照有关规定，在施工过程中进行的一般鉴定、检查所发生的内容
011601013	二次搬运	项	因施工场地条件及施工工程序限制而发生的材料、构配件、半成品等一次运输不能到达堆放地点，必须进行二次或多次搬运所发生的内容
011601014	已完工程及设备保护	项	建设项目施工过程中直至竣工验收前，对已完工程及设备采取的必要保护措施

（2）标准说明

① 表5-9所列项目应根据工程实际情况列出实际发生的费用项目，需分摊的应合理计算分摊费用。

② 在编制工程量清单时，须以"项"为单位（总价措施项目）列出相应项目。

③ 安全生产、文明（绿色）施工、环境保护、临时设施工作内容的包含范围，应参考各省、自治区、直辖市或行业建设主管部门的相关规定进行补充。

④ 如合同无特殊约定时，检验试验应包括承包人按照相关规范要求进行试验所发生的内容，不包括其他特殊要求的检验试验和建设单位直接委托检测机构所进行的检测，对此类检测的发生，由建设单位另行列支。

⑤ 如合同无特殊约定时，分部分项工程中发生的用水、用电应包含在相应材料、机械中；施工现场临时用水、用电，包含在临时设施措施项目中。

三、总价措施项目定额计量

本书以2018山西省计价依据为例，具体规定如下：

总价措施项目费用计算依据2018山西省建设工程计价依据《建设工程费用定额》，按计费基数乘相应费率计算，措施费费率见表5-10。

表5-10　施工组织措施费费率　　　　　　　　　　　　　　　　　　　　　　　　　　单位：%

	工程项目	房屋建筑工程			安装工程
		建筑工程	装饰工程		
			一般装饰	幕墙装饰	
费用项目	计费基础	定额工料机	定额人工费		
安全文明施工费	一级	1.53	1.81	3.07	3.05
	二级	1.28	1.51	2.56	2.54
临时设施费	一级	1.36	1.85	3.16	3.35
	二级	1.15	1.55	2.66	2.82
环境保护费	一级	0.70	1.29	2.15	1.61
	二级	0.58	1.08	1.79	1.34
夜间施工增加费		0.14	0.23	0.39	0.36
冬雨季施工增加费		0.51	0.28	0.48	0.43
材料二次搬运费		0.17	0.53	0.92	0.77
工程定位复测、工程点交、场地清理费		0.10	0.09	0.15	0.18
室内环境污染物检测费		0.49	1.98	—	—
检测试验费		0.15	0.18	0.32	0.31

（1）安全文明施工费中不包括因建设工程施工可能造成损害的相邻建（构）筑物和地下管线应当采取的专项防护措施发生的费用，以及特殊情况建（构）筑物采取的临时保护措施费，发生时以实计算。

（2）环境保护费应根据国家和省、市环保部门规定及施工组织设计以实计算。

（3）施工因素增加费：市政建设工程按定额工料机的0.25%计取，市政安装工程按定额人工费的0.3%计取。

（4）冬雨季施工增加费中不包括蒸汽养护法、电加热法及暖棚法施工所增加的设施及费用。

 案例示范

【例 5-5】某装配式混凝土办公楼，该工程为绿色文明工地一级标准，采用工程量清单计价，其建筑工程单位工程分部分项工程费用为 2000 万元，施工技术措施费用为 200 万元，其他项目费为 50 万元，该工程施工期间的施工组织措施项目包括文明（绿色）施工（费率 0.99%）、临时设施（费率 1.36%）、夜间施工增加（费率 0.14%）、二次搬运（费率 0.17%）及冬雨季施工增加（费率 0.51%），试计算该工程的施工组织措施费工程量。

解： 该工程施工组织措施费清单编码分别为文明（绿色）施工（清单编码：011601006001）、临时设施（清单编码：011601008001）、夜间施工增加（清单编码：011601010001）、二次搬运（清单编码：011601013001）、冬雨季施工增加（清单编码：011601009001）。工程量清单及组价如表 5-11 所示。

（1）施工组织措施项目清单应根据工程实际情况列出实际发生的费用项目，在编制工程量清单时需以"项"为单位列出相应项目。

（2）根据 2018 山西省建设工程计价依据《建设工程费用定额》，施工组织措施费用计算以定额工料机（包括施工技术措施费）为计费基数，再乘相应费率计算。

表 5-11 施工组织措施费项目工程量清单

序号	项目编码	项目名称	计算基础	费率 /%	金额 / 万元
1	011601006001	文明（绿色）施工	分部分项工程费 + 施工技术措施费	0.99	
1.1		安全文明施工费	2000（万元）+200（万元）	0.99	21.78
2	011601008001	临时设施	分部分项工程费 + 施工技术措施费	1.36	
2.1		临时设施费	2000（万元）+200（万元）	1.36	29.92
3	011601010001	夜间施工增加	分部分项工程费 + 施工技术措施费	0.14	
3.1		夜间施工费	2000（万元）+200（万元）	0.14	3.08
4	011601013001	二次搬运	分部分项工程费 + 施工技术措施费	0.17	
4.1		材料二次搬运费	2000（万元）+200（万元）	0.17	3.74
5	011601009001	冬雨季施工增加	分部分项工程费 + 施工技术措施费	0.51	
5.1		冬雨季施工增加费	2000（万元）+200（万元）	0.51	11.22

 单元评价

装配式建筑在施工方式、顺序、工艺上与传统现浇混凝土结构建筑有所不同，因而所应计算的措施项目也有所不同，应根据装配式建筑拟定的施工方案来确定应计的措施项目。

本单元介绍了装配式建筑工程的单价措施项目计量，了解和掌握措施项目中单价措施和总价措施基础知识、单价措施项目相关计量。通过对总价措施的学习，应掌握安全生产、文明（绿色）施工、环境保护、临时设施、冬雨季施工增加、夜间施工增加、特殊地区施工增加、检验试验、二次搬运、已完工程及设备保护等各项费用的费率计取。

混凝土模板只是针对现场需要现浇混凝土的叠合梁、板构件进行计量与计价。若装配率高，主体结构和内外墙板都采用了预制构件，则现场计算的脚手架项目就只有专用于外墙面装饰的电动整体提升架或电动高空作业吊篮。

装配式混凝土结构工程的垂直运输执行《计算标准》中"措施项目"的现浇框架垂直运输定额。

总价措施项目以"项"计量，包括安全生产、文明（绿色）施工、环境保护、临时设施、冬雨季施工增加、夜间施工增加、特殊地区施工增加、检验试验、二次搬运、已完工程及设备保护。

序号	评价指标	评价内容	分值 / 分	学生评价（60%）	教师评价（40%）
1	理论知识	熟悉装配式混凝土工程技术措施项目、组织措施项目内容；掌握技术措施项目清单与定额计算规则；掌握组织措施项目清单与定额计算规则	25		
2	任务实施	能够结合工程量计算标准及常用施工方案，对本书配套实训某装配式混凝土住宅楼工程项目的技术措施项目、组织措施项目进行列清单列项及工程量计算	30		
3		能够结合装配式定额，对本书配套实训某装配式混凝土住宅楼工程项目的技术措施项目、组织措施项目清单进行定额组价	25		
4	答辩汇报	撰写单元学习总结报告	20		

单元考核

一、单项选择题

1. 依据《计算标准》，装配式建筑外装饰吊篮脚手架的工程量按（　　）计算。
   - A. 建筑面积
   - B. 水平投影面积
   - C. 垂直投影面积
   - D. 项

2. 依据《计算标准》，当同一装配式建筑物有不同檐高时，其脚手架按（　　）编制项目清单。
   - A. 建筑物最高部分的檐高
   - B. 建筑物最低部分的檐高
   - C. 建筑物竖向切面分别按不同檐高
   - D. 建筑物横向切面分别按不同檐高

3. 依据《计算标准》，若装配式混凝土结构脚手架的搭设高度超过（　　）时，脚手架工程应单独列项。
   - A. 3.3m
   - B. 3.6m
   - C. 6.0m
   - D. 3.3m

4. 依据《计算标准》，在进行垂直运输项目特征描述时，建筑物檐口高度按（　　）计算。
   - A. 建筑物屋面最高处标高
   - B. 建筑物女儿墙墙顶标高
   - C. 设计室外地坪至檐口滴水的高度
   - D. 设计室外地坪至建筑物最高点的高度

二、多项选择题

1. 装配式混凝土工具式模板由（　　）构成。
   - A. 模板系统
   - B. 支撑系统
   - C. 紧固系统
   - D. 附件系统
   - E. 防护系统

2. 依据 2018 山西省建设工程计价依据《装配式建筑工程预算定额》，装配式混凝土工程安装使用满堂承重架及其他施工用承重架，满足（　　）条件之一的应按施工组织设计方案计算相关费用。
   - A. 搭设高度 8m 及以上
   - B. 搭设跨度 18m 及以上
   - C. 施工总荷载 15kN/m 及以上
   - D. 集中线荷载 20kN/m 及以上
   - E. 施工水平线荷载 0.5kN/m 及以上

3. 依据 2018 山西省建设工程计价依据《装配式建筑工程预算定额》，关于模板工程量计算，下列表述正确的是（　　）。
   - A. 模板工程量按混凝土与模板接触面的面积以"m²"计算
   - B. 伸出后浇混凝土与预制构件抱合部分的模板面积不增加计算
   - C. 不扣除后浇混凝土墙、板上单孔面积≤ 0.3m² 的孔洞，洞侧壁模板亦不增加
   - D. 应扣除单孔面积≥ 0.3m² 的孔洞，孔洞侧壁模板面积并入相应的墙、板模板工程量内计算

　　E. 梁与柱、柱与墙、梁与梁等连接重叠部分不计算模板面积

三、思考题

1. 简述单价措施项目和总价措施项目。
2. 装配式建筑工程中涉及哪些脚手架工程？
3. 装配式建筑工程中涉及哪些垂直运输工程？

四、案例题

　　结合本单元学习内容，依据《计算标准》及2018山西省建设工程计价依据《装配式建筑工程预算定额》，完成本书配套实训图纸装配式混凝土住宅楼工程建筑脚手架、模板、垂直运输及总价措施项目工程清单和定额工程量的计算。

软件应用篇

学习单元六　装配式混凝土工程BIM计量

📖 课前导学

素质目标	随着科学技术现代化和互联网技术快速发展，建设行业信息化管理日渐成熟且得到了广泛的应用。培养学生爱国主义情怀和文化自信，恪守职业标准，具备人文社会科学素养、社会责任感；培养学生的创新意识，提高学生自主学习和终身学习的能力，不断学习和适应建筑业发展的能力
知识目标	了解装配式BIM算量原理；熟悉行业内较为常见的BIM计量平台；熟悉装配式混凝土工程的图纸分析过程并进行BIM计量的有效信息提取；掌握运用BIM算量软件进行装配式预制墙、柱、梁、板、楼梯、阳台等构件的列项算量、清单编制、调价汇总等方法
技能目标	在正确识读某装配式混凝土住宅楼工程项目图纸的基础上，通过装配式工程案例实战演练，能够运用BIM算量软件进行墙、柱、梁、板、楼梯、阳台等预制构件及其后浇段的BIM计量
重点难点	预制构件BIM模型创建；预制构件与现浇构件之间的扣减关系；软件操作疑难处理思路；达到准确进行BIM计量的造价从业者要求

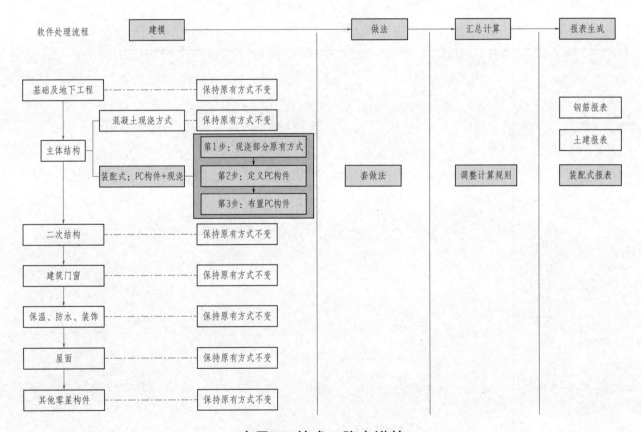

应用BIM技术　降本增效

　　亚洲最大的生活垃圾发电厂老港再生能源利用中心项目，应用BIM技术使其在设计过程中节约了9个月时间，并且通过对模型的深化，节约成本数百万元。BIM模型统计的混凝土和钢筋算量结果较图纸计算量少、较为精确和高效，相对于业内10%～12%的误差量有了较大提升，真正实现了节能减排、绿色环保的成效，响应了国家号召。在新型建筑业发展进程中，我们将迎来运用新技术、大数据、信息化手段解决项目实际问题的智能化时代。

 **应知应会**

课题一　楼层设置、计算设置

通过装配式工程案例实战演练，以广联达 BIM 土建计量平台装配式算量模块软件操作为例，从图纸分析、列项算量、清单编制、调价汇总等方面讲解装配式混凝土结构的 BIM 计量处理方法，如图 6-1 所示。装配式算量模块最大限度保留与其他模块相同的操作流程及习惯，具有 BIM 计量通用处理方式，如图 6-2 所示。

图 6-1　装配式混凝土结构 BIM 计量流程

图 6-2　BIM 计量软件处理

装配式混凝土结构柱、梁、墙、板四大主体构件 BIM 计量，涵盖了定额中涉及的主要构件，如图 6-3 所示，实现了装配式整体式框架结构和装配式整体式剪力墙结构两种结构的建模和计算。广联达算量软件装配式模块包含主要的装配式受力构件，包括预制柱、预制墙、预制梁、叠合板、预制楼梯，如图 6-4 所示。

序号	分类	定额项目划分
1	YB	预制板
2	YYTB	预制阳台板
3	YKTB	预制空调板
4	YWQ	预制外墙板
5	YWGQ	预制外墙挂板
6	JF	叠合板接缝

图 6-3　装配式混凝土定额构件

图 6-4　装配式 BIM 软件构件

为方便后续进行 BIM 计量建模及出量，对装配整体式框架结构进行列项，如图 6-5 所示；装配整体式剪力墙结构列项如图 6-6、图 6-7 所示。

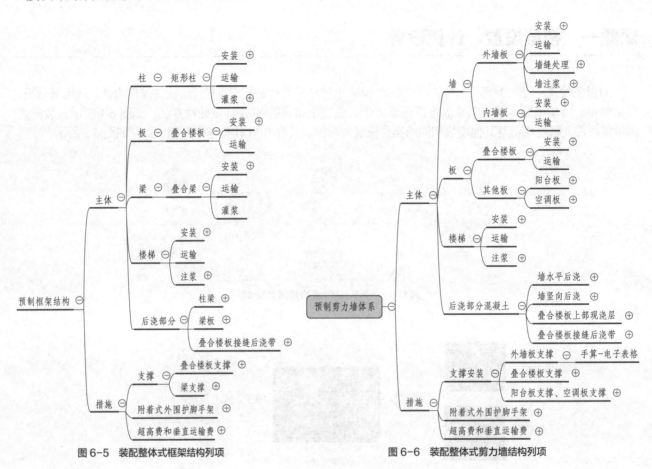

图 6-5 装配整体式框架结构列项   图 6-6 装配整体式剪力墙结构列项

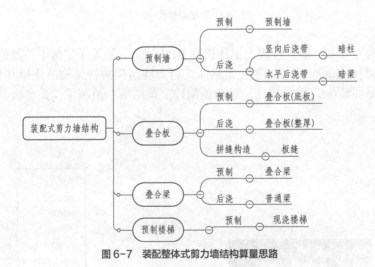

图 6-7 装配整体式剪力墙结构算量思路

项目实战

一、熟悉施工图

通过熟悉图纸，找出工程中的关键基本信息，包括以下几项信息及主要影响因素：

（1）设计规范——影响工程量计算结果。

（2）抗震等级、结构类型、檐高、设防烈度——影响搭接锚固长度。

（3）楼层、混凝土标号、保护层——影响构件钢筋工程量、不同混凝土标号价格不同。

（4）嵌固部位——影响钢筋工程量。

（5）锚固、搭接——影响钢筋工程量。

（6）基础类型——计算相应工程量。

（7）室外地坪——影响脚手架、土方、室外装修工程量。

二维码6-1

二、新建工程、工程设置

1. 新建工程

打开BIM算量GTJ 2025，新建工程，同BIM土建计量，按照实际工程要求选择计算规则及钢筋规则。各地区规定不同，需结合各地清单、定额规则说明、答疑或解释的要求，并根据项目的实际情况判断、选择汇总方式。

2. 工程设置

工程设置同BIM土建计量，包括基本设置、土建设置、钢筋设置三大部分，每一个设置都与工程量计算相关，如图6-8所示。

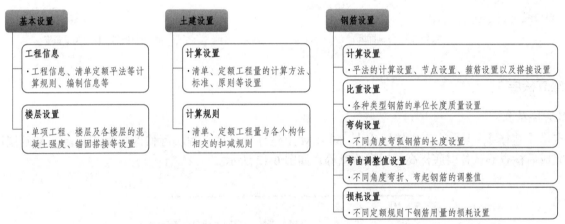

图6-8 工程设置影响的工程量

三、图纸管理

1. 添加图纸

点击【建模】，打开图纸管理，添加图纸，如图6-9所示；如果出现"图纸管理"页签找不到的情况，在【视图】→用户界面中打开。

图6-9 添加图纸

2. 分割图纸

分为自动分割、手动分割两种形式，如图6-10所示。注意图层管理中，显示、隐藏图纸或图层的应用。

3. 对应楼层图纸

注意标高和楼层对应，根据自己习惯可以修改图纸名称、简化图名，为后期识别构件和核对节约时间，如图 6-11 所示。注意后期切换楼层或图纸时要定位图纸。

图 6-10　分割图纸

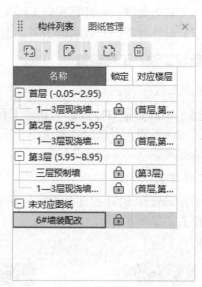

图 6-11　修改图纸名称

四、建立楼层

1. 识别楼层表

点击【建模】，点击【识别楼层表】，同 BIM 土建计量，按工程实际修改各楼层层高、基础层层高，识别完成后检查确认各层底标高、层高信息等，如图 6-12 所示。

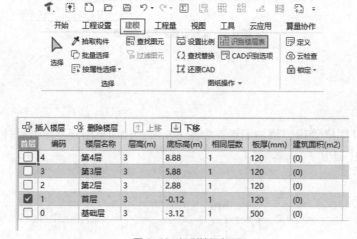

图 6-12　识别楼层表

2. 修改混凝土标号、保护层厚度

识别楼层表后，根据工程实际修改各楼层混凝土标号及保护层厚度，软件提供了复制其他楼层从而提高工作效率，如图 6-13 所示。

3. 设置嵌固部位

嵌固部位平法要求，框架柱嵌固部位在基础顶面时，无须注明；框架柱嵌固部位不在基础顶面时，在

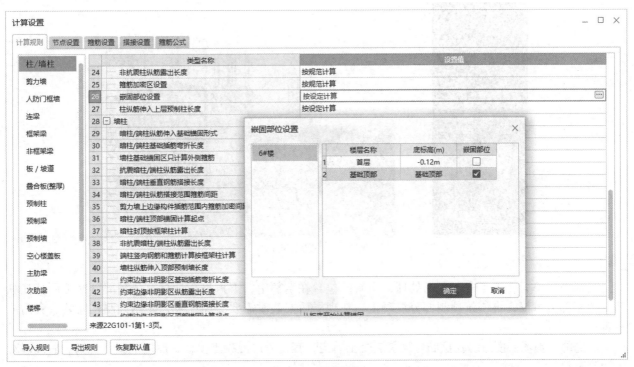

	抗震等级	混凝土强度等级	混凝土类型	砂浆标号	砂浆类型	锚固						搭接						保护层厚度(mm)	
						HPB235(A)...	HRB335(B)...	HRB400(C)...	HRB500(E)...	冷轧带肋	冷轧扭	HPB235(A)...	HRB335(B)...	HRB400(C)...	HRB500(E)...	冷轧带肋	冷轧扭		
垫层	(非抗震)	C15	普通混凝土	M10	水泥砂浆	(39)	(38/42)	(40/44)	(48/53)	(45)	(45)	(55)	(53/59)	(56/62)	(67/74)	(63)	(63)	(25)	垫层
基础	(非抗震)	C30	普通混凝土	M10	水泥砂浆	(30)	(29/32)	(35/39)	(43/47)	(35)	(35)	(42)	(41/45)	(49/55)	(60/66)	(49)	(49)	(40)	包含
基础梁/承台梁	(三级抗震)	C30	普通混凝土			(32)	(30/34)	(37/41)	(45/49)	(37)	(35)	(45)	(42/48)	(52/57)	(63/69)	(52)	(49)	(40)	包含
柱	(三级抗震)	C40	普通混凝土			(26)	(26/29)	(30/34)	(38/42)	(32)	(35)	(36)	(36/41)	(42/48)	(53/59)	(49)	(49)	(20)	包含
剪力墙	(三级抗震)	C40	普通混凝土			(26)	(26/29)	(30/34)	(38/42)	(32)	(35)	(31)	(31/35)	(36/41)	(46/50)	(38)	(42)	(15)	剪力
人防门框墙	(三级抗震)	C35	普通混凝土			(29)	(28/32)	(34/37)	(41/45)	(37)	(35)	(41)	(39/45)	(48/52)	(57/63)	(52)	(49)	(15)	人防
暗柱	(三级抗震)	C35	普通混凝土			(29)	(28/32)	(34/37)	(41/45)	(37)	(35)	(41)	(39/45)	(48/52)	(57/63)	(52)	(49)	(15)	剪力
端柱	(三级抗震)	C35	普通混凝土			(29)	(28/32)	(34/37)	(41/45)	(37)	(35)	(41)	(39/45)	(48/52)	(57/63)	(52)	(49)	(20)	端柱
墙梁	(三级抗震)	C35	普通混凝土			(29)	(28/32)	(34/37)	(41/45)	(37)	(35)	(41)	(39/45)	(48/52)	(57/63)	(52)	(49)	(20)	包含
框架梁	(三级抗震)	C30	普通混凝土			(32)	(30/34)	(37/41)	(45/49)	(37)	(35)	(45)	(42/48)	(52/57)	(63/69)	(52)	(49)	(20)	包含
非框架梁	(非抗震)	C30	普通混凝土			(30)	(29/32)	(35/39)	(43/47)	(35)	(35)	(42)	(41/45)	(49/55)	(60/66)	(49)	(40)	(20)	包含
现浇板	(非抗震)	C30	普通混凝土			(30)	(29/32)	(35/39)	(43/47)	(35)	(35)	(42)	(41/45)	(49/55)	(60/66)	(49)	(40)	(15)	包含
楼梯	(非抗震)	C25	普通混凝土			(34)	(33/36)	(40/44)	(48/53)	(40)	(40)	(48)	(46/50)	(56/62)	(67/74)	(56)	(56)	(25)	包含
构造柱	(非抗震)	C25	普通混凝土			(36)	(35/38)	(42/46)	(50/56)	(42)	(40)	(50)	(49/53)	(59/64)	(70/78)	(56)	(56)	(25)	构造
圈梁/过梁	(三级抗震)	C25	普通混凝土			(36)	(35/38)	(42/46)	(50/56)	(42)	(40)	(50)	(49/53)	(59/64)	(70/78)	(56)	(56)	(25)	包含
砌体墙柱	(非抗震)	C15	普通混凝土	M10	水泥砂浆	(39)	(38/42)	(40/44)	(48/53)	(45)	(45)	(55)	(53/59)	(56/62)	(67/74)	(63)	(63)	(25)	包含
其它	(非抗震)	C15	普通混凝土	M10	水泥砂浆	(39)	(38/42)	(40/44)	(48/53)	(45)	(45)	(55)	(53/59)	(56/62)	(67/74)	(63)	(63)	(25)	包含
叠合板(预制底板)	(非抗震)	C30	普通混凝土			(30)	(29/32)	(35/39)	(43/47)	(35)	(35)	(42)	(41/45)	(49/55)	(60/66)	(49)	(40)	(15)	包含
支护桩	(非抗震)	C25	普通混凝土			(34)	(33/36)	(40/44)	(48/53)	(40)	(40)	(48)	(46/50)	(56/62)	(67/74)	(56)	(56)	(45)	支护
支撑梁	(非抗震)	C30	普通混凝土			(30)	(29/32)	(35/39)	(43/47)	(35)	(35)	(42)	(41/45)	(49/55)	(60/66)	(49)	(49)	(40)	支撑

基本锚固设置　复制到其他楼层　恢复默认值(D)　导入钢筋设置　导出钢筋设置

图 6-13　修改混凝土标号、保护层厚度

层高表嵌固部位标高下使用双细线注明；框架柱嵌固部位不在地下室顶板时，但仍需考虑地下室顶板对上部结构实际存在嵌固作用时，可在层高表地下室顶板标高下使用双虚线注明。

　　BIM 算量平台嵌固端设置：打开钢筋【计算设置】→【计算规则】→柱/墙柱→嵌固部位设置，根据图纸信息勾选嵌固部位，如图 6-14 所示。

图 6-14　嵌固端设置

五、建立轴网

　　点击【识别轴网】→提取轴线→提取标注→自动识别，如图 6-15 所示；也可采用新建轴网，输入下开间、上开间、左进深、右进深的方式建立轴网。

二维码6-2

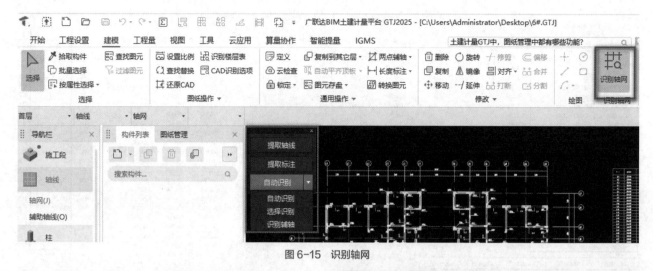

图 6-15　识别轴网

扫描二维码，自主学习现浇构件 BIM 建模算量。

二维码6-3　二维码6-4　二维码6-5　二维码6-6　二维码6-7

课题二　预制柱 BIM 建模算量

预制柱由底部坐浆、中间预制和顶部后浇三部分组成，如图 6-16 所示。

图 6-16　预制柱组成

　　底部坐浆单元在施工安装现场处理，坐浆已包含在定额中，不再另行计算。预制部分在工厂绑扎纵筋、预制部分箍筋，再浇筑预制部分混凝土，在现场后安装时需要套筒注浆，套用预制柱安装、套筒注浆定额。

　　后浇部分现场支模，绑扎箍筋再浇筑混凝土后浇，套用后浇混凝土模板、后浇混凝土浇捣、后浇混凝土钢筋定额。

　　通过预制柱构件深化图提取 BIM 计量建模所需信息，如图 6-17 所示。

一、新建构件

　　左侧导航栏，点击【装配式】→ "预制柱" 构件，点击【构件列表】→新建【矩形预制柱】，根据构件详图输入坐浆高度和预制高度；后浇高度通过柱高、预制高度和坐浆高度自动计算；为计算后浇区箍筋，钢筋输入与现浇柱一致，如图 6-18 所示。

二维码6-8

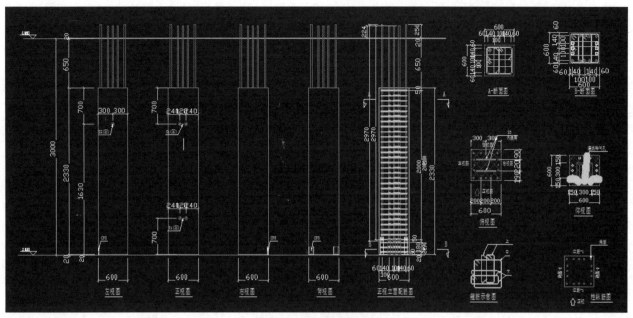

图 6-17 预制柱构件深化图

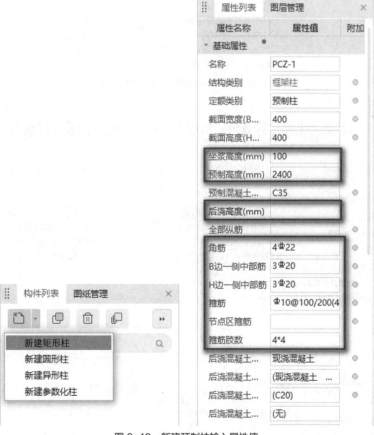

图 6-18 新建预制柱输入属性值

（1）预制部分体积：当需要依据构件深化图给定的构件体积结算时填写，若填写上则软件可按属性计算预制构件体积。

（2）预制部分重量：一般不需要填写，当后续需要按重量查找过滤预制构件时可填写，其值对于工程量没有任何影响。

（3）预制钢筋：若填写则报表可统计构件钢筋含量，统计预制构件里的钢筋信息时，按照深化图纸钢筋明细表录入。

二、绘制柱构件

（1）方式一：根据构件详图输入坐浆高度、预制高度，输入钢筋、截面编辑等属性，然后点式绘制，不可与现浇柱重叠布置。

（2）方式二：分割定位预制柱图纸，同 BIM 土建算量，点击【建模】，左侧导航栏选择【装配式】预制柱，在菜单栏点击【识别预制柱】进行 CAD 识别。

三、调整计算规则

（1）预制柱后浇部分土建计算规则，按照原有柱规则设置，如图 6-19 所示。

图 6-19　预制柱后浇部分土建计算规则设置

（2）预制柱预制、坐浆部分土建计算规则：新增自身计算规则和扣减计算规则，如图 6-20 所示。

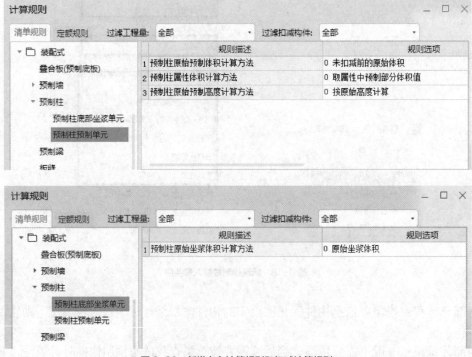

图 6-20　新增自身计算规则和扣减计算规则

（3）预制柱的后浇部分作为客体：用原有"柱"的规则。

（4）预制柱的预制和坐浆部分作为客体：通过该主体构件与"预制柱预制单元"的规则控制，如图 6-21 所示。

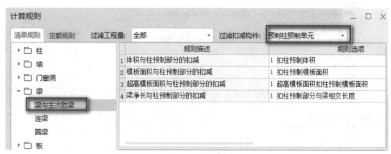

图 6-21 预制柱的预制和坐浆部分规则

预制柱关联钢筋计算规则，需要明确预制柱与下层框架柱节点的连接方式，包括现浇柱纵筋伸入预制柱套筒连接和现浇柱纵筋在柱顶锚固两种，根据连接方式设置计算规则，如图 6-22 所示。

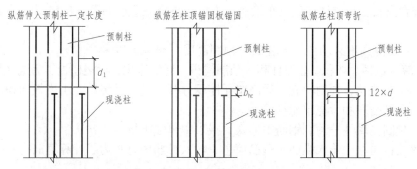

图 6-22 预制柱与下层框架柱节点的连接方式

预制柱预留钢筋与上层框架柱节点连接采用现浇柱纵筋与预制柱预留钢筋连接的方式，根据连接方式设置计算规则，如图 6-23 所示。

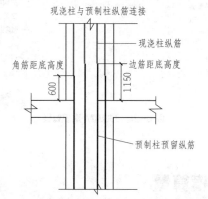

图 6-23 预制柱预留钢筋与上层框架柱节点连接方式

四、查看工程量

点击【工程量】，点击【汇总计算】，查看土建计算结果，打开【查看工程量计算式】，选择要查看的构件，即可对预制柱工程出量，如图 6-24 所示。

图 6-24　查看预制柱工程量计算式

五、预制柱建模算量小结

预制柱建模算量操作流程为：新建构件→绘制柱构件→调改土建、钢筋计算规则→查看土建、钢筋工程量→套做法→查看报表。预制柱通过点布绘制，不可与现浇柱重叠布置。BIM 计量方案如图 6-25 所示，包括：

（1）一遍成模：后浇高度自动计算 = 柱高 − 预制高度 − 坐浆高度。

（2）工程量计算：包括总体积、坐浆体积、预制体积、后浇体积、后浇模板、后浇区箍筋、预制钢筋。

① 土建计算：坐浆单元、预制单元、后浇单元体积分开出量，后浇单元出模板面积。

② 钢筋计算：预制钢筋和后浇单元箍筋。

③ 预制钢筋：预制柱属性→预制钢筋中输入，报表中单独出量。

④ 后浇部分箍筋：属性中输入纵筋、箍筋信息（输入纵筋信息是为了计算箍筋）。

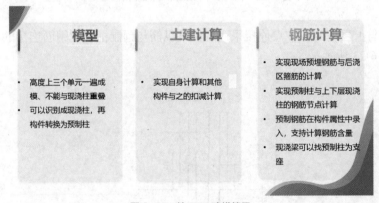

图 6-25　柱 BIM 建模算量

课题三　叠合梁 BIM 建模算量

叠合梁由预制部分和后浇混凝土两部分组成，如图 6-26 所示。

预制部分在工厂绑扎下部钢筋、侧面钢筋、预制部分箍筋，再浇筑预制部分混凝土。现场安装时需要进行套筒注浆，套取安装定额。后浇部分现场支模，绑扎钢筋再浇筑混凝土，需套用后浇混凝土模板、后浇混凝土浇捣、后浇混凝土钢筋定额。

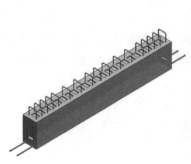

图 6-26　叠合梁

叠合梁平面分布图中有以下两种形式，如图 6-27 所示：

（1）整跨叠合梁，叠合梁预制部分两端搭在支座图元上 10mm 左右。

（2）跨中叠合梁，在距离支座 1m 左右的位置开始使用现浇。

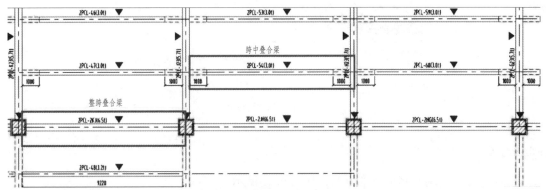

图 6-27　叠合梁平面分布图的两种形式

通过叠合梁构件深化图提取 BIM 计量建模所需信息，如图 6-28 所示。

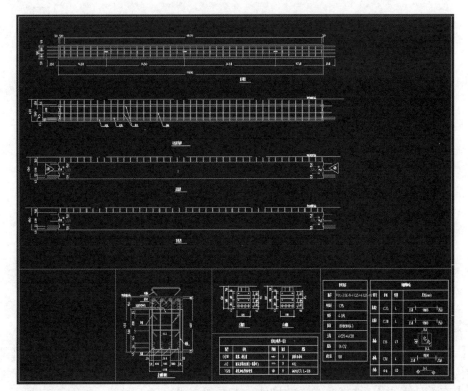

图 6-28　叠合梁构件深化图

一、新建构件

左侧导航栏，点击【装配式】→"预制梁"构件，点击【构件列表】→新建【矩形预制梁】，新建构件属性栏中的预制梁"底标高"默认与顶梁底平齐，通常情况下不需要修改预制梁底标高，如图6-29所示。

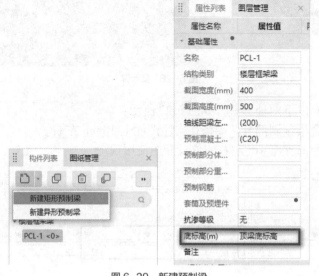

二维码6-9

图6-29 新建预制梁

二、绘制梁构件

通过"直线"命令绘制预制梁三维模型，如图6-30所示。

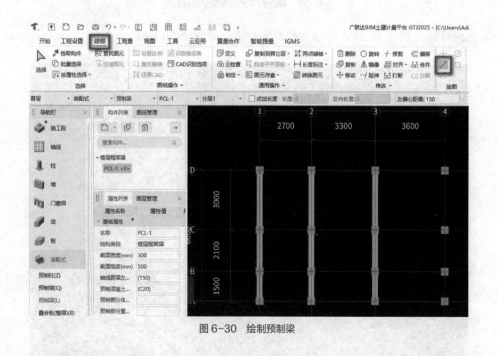

图6-30 绘制预制梁

三、叠合梁土建计算规则

（1）点击【工程量】，再点击【汇总计算】，出现土建计算结果，打开【查看工程量】与【查看计算式】，选择要查看的构件，可查看预制梁土建工程量，如图6-31所示。

（2）打开【查看计算式】，选择要查看的构件，查看现浇梁土建工程量，如图6-32所示。

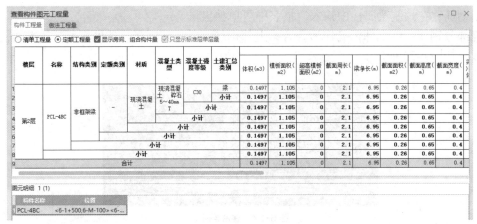

图 6-31 查看预制梁土建工程量

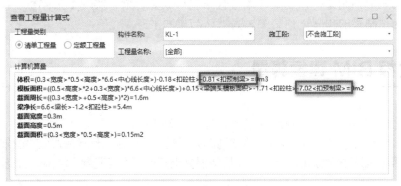

图 6-32 查看现浇梁土建工程量

四、叠合梁钢筋计算规则

（1）点击【工程量】，再点击【汇总计算】，可得钢筋计算结果，打开【查看钢筋量】与【编辑钢筋】，选择要查看的现浇梁，查看钢筋工程量与钢筋翻样。

（2）打开【查看钢筋量】与【编辑钢筋】，选择要查看的预制梁，通过预制梁属性中输入预制钢筋，编辑钢筋中查看预制钢筋量，如图 6-33 所示。

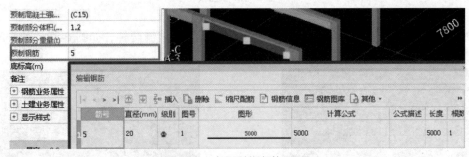

图 6-33 查看预制梁钢筋工程量

五、叠合梁建模算量小结

叠合梁 BIM 计量操作流程为：新建构件→绘制梁构件→调改土建、钢筋计算规则→查看土建、钢筋工程量。叠合梁通过直线绘制，可与梁重叠布置，默认与梁底平齐。

BIM 计量方案包括：

（1）土建计算：重叠布置，体积、模板面积自动扣减。

（2）预制钢筋：在预制梁属性中输入，报表中可单独出量。

（3）后浇部分钢筋：梁上部钢筋作为叠合梁上部钢筋，梁下部钢筋、侧面钢筋、箍筋可通过钢筋设置选择是否扣减，如图 6-34 所示。

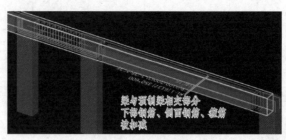

图 6-34　叠合梁钢筋

（4）支持常见的矩形预制梁，预制梁与梁重叠布置形成叠合梁，实现了梁体积、模板等与预制梁的扣减，实现了梁钢筋与预制梁的扣减，预制梁标高默认与梁底平齐。

课题四　叠合板 BIM 建模算量

叠合板由预制底板和后浇混凝土两部分组成，如图 6-35 所示。

预制底板在工厂绑扎底筋、桁架筋，再浇筑预制部分混凝土，运输到现场后吊装，套取预制构件安装定额。后浇部分现场支模、绑扎面筋再浇筑混凝土，套用后浇混凝土模板、后浇混凝土浇捣、后浇混凝土钢筋定额。

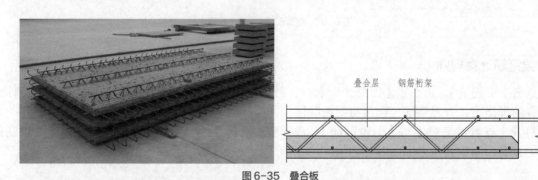

图 6-35　叠合板

叠合板平面布置图中板缝分为预制底板密拼和预制底板后浇接缝两种，如图 6-36、图 6-37 所示。

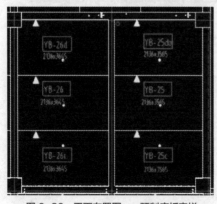

图 6-36　平面布置图——预制底板密拼

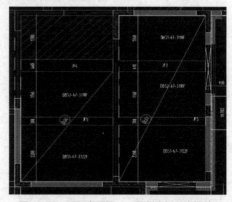

图 6-37　平面布置图——预制底板后浇接缝

（1）密拼接缝：拼缝的附加通长筋、板底连接筋由现场绑扎再浇筑混凝土，该部分钢筋需套用后浇混凝土钢筋定额，如图 6-38 所示。

（2）后浇带接缝：接缝的顺缝底筋在现场支模、绑扎再浇筑混凝土，该部分钢筋需套用后浇混凝土钢筋定额，如图 6-39 所示。

（3）后浇带接缝混凝土：该部分混凝土套用后浇混凝土模板、后浇混凝土浇捣（叠合板拼缝）定额。

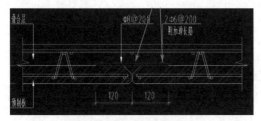

图 6-38　叠合板密拼接缝

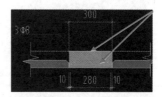

图 6-39　叠合板后浇带接缝

通过叠合板构件深化图提取 BIM 计量建模所需信息，如图 6-40 所示。

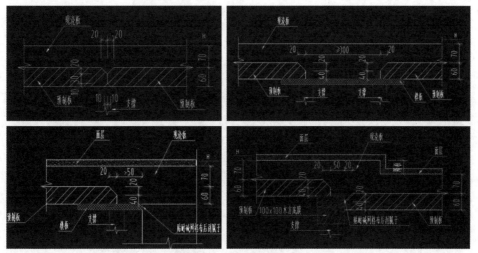

图 6-40　叠合板构件深化图

一、新建构件

1. 新建叠合板（整厚）

左侧导航栏，点击【装配式】→"叠合板（整厚）"构件，点击【构件列表】→新建【叠合板（整厚）】，属性列表："厚度"输入整厚。例如：预制层厚 60，后浇层厚 70，则厚度输入 130，如图 6-41 所示。

图 6-41　新建叠合板（整厚）

二维码6-10

二维码6-11

叠合板（整厚）计算规则：与"现浇板"计算规则一致。新增预制底板、预制梁、预制柱、预制墙的扣减关系，如图 6-42 所示。

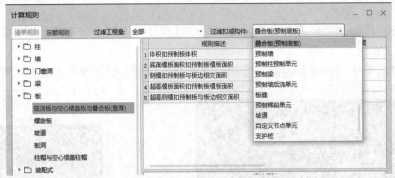

图 6-42　叠合板（整厚）计算规则设置

2. 新建叠合板（预制底板）

　　点击左侧导航栏，打开【装配式】→"叠合板（预制底板）"构件，点击【构件列表】，新建【叠合板（预制底板）】，属性定义：矩形预制底板用长度、宽度定义；异形预制底板用"俯视图"定义，也可以通过自定义中提取 CAD 图实现，如图 6-43 所示。预制底板标高默认与叠合板（整厚）底平齐，通常不需要修改。

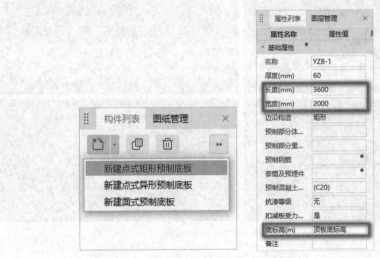

图 6-43　新建叠合板（预制底板）

　　预制底板边沿构造，可以设定常见矩形样式，也可根据工程实际自定义修改某边，如图 6-44 所示。

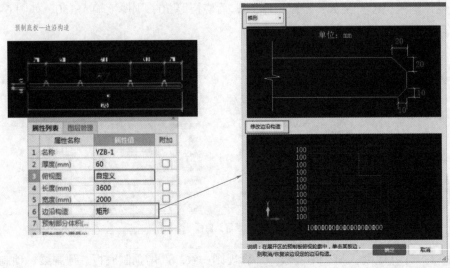

图 6-44　预制底板边沿构造设置

二、绘制板构件

"叠合板（整厚）"构件的定义及绘制方式与"现浇板"一样；"叠合板（整厚）"与"叠合板（预制底板）"模型绘制上并没有前后顺序的要求。装配式工程某一层往往同时存在叠合板和纯现浇板，可以通过构件转化完成。

"叠合板（预制底板）"构件的定义及绘制方式与"现浇板"一样，可以通过"点"绘制，软件自动确认板支座；也可以通过 CAD 识别，提取边线→提取标注→自动识别，如图 6-45 所示。

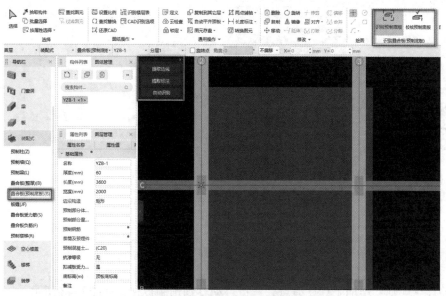

图 6-45　预制底板 CAD 识别绘制

绘制"板洞"会将叠合板和预制板都扣穿。预制底板只允许和整厚板重叠布置，不能与现浇板重叠布置。

三、叠合板计算规则

叠合板具有单独的计算规则，单独出量，如图 6-46 所示。

图 6-46　叠合板计算规则

四、叠合板钢筋布置

叠合板钢筋定义及绘制方式与现浇板"板受力筋""板负筋"一致，如图 6-47 所示。装配式混凝土案例工程中，一层的现浇板钢筋均可用"叠合板受力筋""叠合板负筋"布置，"叠合板受力筋""叠合板负筋"与现浇"板受力筋""板负筋"可实现构件转化。

二维码6-12

图 6-47　叠合板钢筋定义

叠合板钢筋计算规则：增加了计算节点，弯折自动算到预制板顶，如图 6-48 所示。

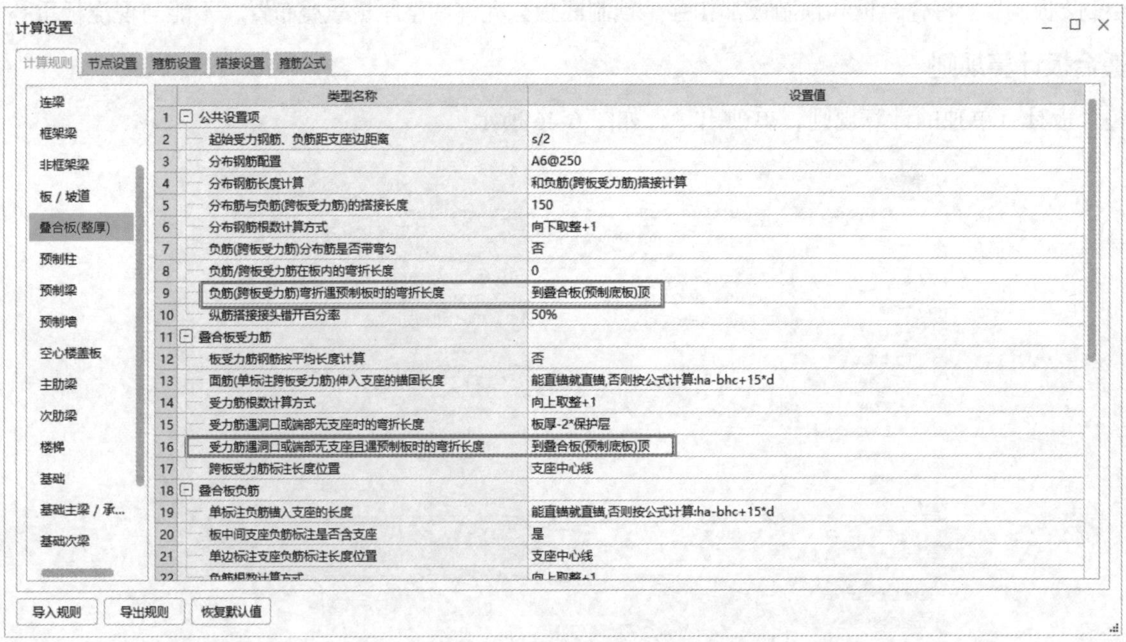

图 6-48　叠合板钢筋计算规则

叠合板桁架钢筋由一根上弦钢筋、两根下弦钢筋和两侧腹杆钢筋，经电阻焊接成截面为倒"V"字形的钢筋焊接骨架，是叠合板构件中预制的一种钢筋样式，如图 6-49 所示。桁架钢筋常用规格代号，如图 6-50 所示，叠合板作为装配式项目最常见构件，基本上都要计算桁架筋。

现阶段桁架筋算量方式为，企业内部有桁架筋比重表，计算桁架筋的长度录入 Excel 或 GTJ 软件中计算；企业内部没有桁架筋比重表，手动计算钢筋的长度分别乘以对应规格的钢筋比重，汇总录入。桁架筋形状特殊，手算过程复杂，并且容易出错、手算后再次核对也非常麻烦。

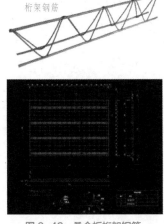

图 6-49 叠合板桁架钢筋

钢筋桁架规格代号					
桁架规格代号	上弦钢筋公称直径 /mm	下弦钢筋公称直径 /mm	腹杆钢筋公称直径 /mm	桁架设计高度 /mm	桁架每延米理论重量/(kg/m)
A80	8	8	6	80	1.76
A90	8	8	6	90	1.79
A100	8	8	6	100	1.82
B80	10	8	6	80	1.98
B90	10	8	6	90	2.01
B100	10	8	6	100	2.04

图 6-50 桁架钢筋规格代号

桁架筋 BIM 计量软件处理方法：新增桁架筋比重设置，内置 22 种常见的桁架筋规格比重参数；可根据图纸要求，修改上、下弦和腹杆钢筋直径、高度、宽度等参数，自动计算比重，如图 6-51 所示。

桁架规格代号	上弦钢筋公称直径(mm)	下弦钢筋公称直径(mm)	腹杆钢筋公称直径(mm)	桁架设计高度(mm)	桁架设计宽度(mm)	节点间距(mm)	腹杆上下伸出长度(mm)	桁架每延米理论重量(kg/m)
A70	Φ8	Φ8	Φ6	70	80	200	0	(1.737)
A75	Φ8	Φ8	Φ6	75	80	200	0	(1.75)
A80	Φ8	Φ8	Φ6	80	80	200	0	(1.763)
A85	Φ8	Φ8	Φ6	85	80	200	0	(1.777)
A90	Φ8	Φ8	Φ6	90	80	200	0	(1.791)
A95	Φ8	Φ8	Φ6	95	80	200	0	(1.806)
A100	Φ8	Φ8	Φ6	100	80	200	0	(1.822)
A105	Φ8	Φ8	Φ6	105	80	200	0	(1.837)
A110	Φ8	Φ8	Φ6	110	80	200	0	(1.853)
A120	Φ8	Φ8	Φ6	120	80	200	0	(1.886)
A130	Φ8	Φ8	Φ6	130	80	200	0	(1.92)
A140	Φ8	Φ8	Φ6	140	80	200	0	(1.956)
B70	Φ10	Φ8	Φ6	70	80	200	0	(1.959)
B75	Φ10	Φ8	Φ6	75	80	200	0	(1.971)
B80	Φ10	Φ8	Φ6	80	80	200	0	(1.985)
B85	Φ10	Φ8	Φ6	85	80	200	0	(1.999)

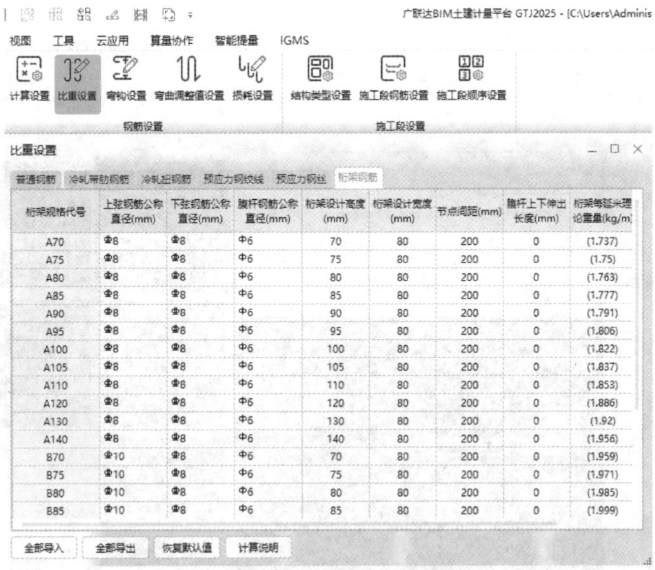

图 6-51 桁架筋比重设置

桁架筋新增钢筋图号“11. 桁架钢筋”，包括三种桁架钢筋图号，即一种桁架钢筋和两种腹杆钢筋，可根据深化图纸上的桁架钢筋表格，选择对应图号，自动计算钢筋长度，如图 6-52 所示。

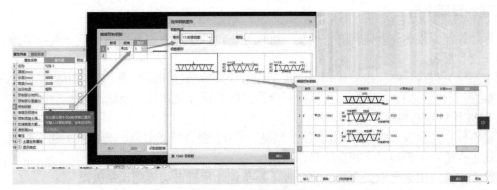

图 6-52 桁架筋新增钢筋图号

桁架筋报表出量：根据项目图纸，在叠合板（预制底板）中输入桁架筋信息，汇总计算即可在装配式报表中查量；报表展示将桁架钢筋拆分成上、下弦钢筋和腹杆钢筋，按照级别直径的方式归类汇总，如图 6-53 所示。

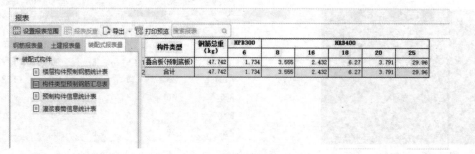

图 6-53 桁架筋报表出量

五、板缝

预制底板之间快速生成板缝，导航栏选择【装配式】→板缝→点击【自动生成板缝】，弹出如图 6-54 所示对话框，设置板缝形式与参数，选择生成方式，选择楼层，点击【确定】。

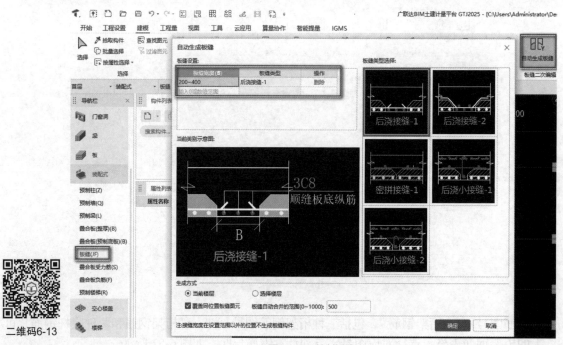

二维码6-13

图 6-54 绘制板缝

六、叠合板建模算量小结

叠合板算量操作流程为：新建构件→绘制三维模型→调改土建、钢筋计算规则→查看土建、钢筋工程量→套做法→查看报表。

叠合板（整厚）包含预制底板，体积、模板工程量计算等通过扣减实现；异形预制底板边沿构造灵活设置；可以布置板洞、天棚；面筋弯折到预制板顶；预制底板标高默认与板底平齐。

叠合板 BIM 计量方案包括：

（1）新建构件：叠合板（整厚）、叠合板（预制底板）、叠合板受力筋、叠合板负筋、板缝。

（2）土建工程量：重叠布置，相交处自动扣减。

（3）钢筋工程量：用叠合板受力筋、叠合板负筋布置，弯折自动算到预制板顶。

（4）板缝：必须布置在叠合板（整厚）或现浇板上。

课题五　预制墙 BIM 建模算量

预制墙模型拆解如图 6-55 所示。

预制墙连接包括水平连接、竖向连接和水平钢筋连接，如图 6-56 所示。

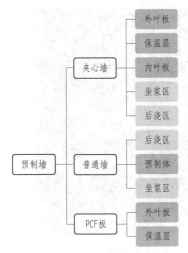

图 6-55　预制墙模型拆解

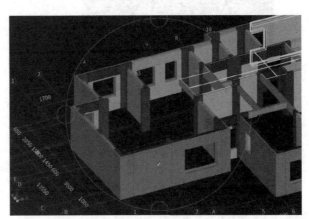

图 6-56　预制墙连接

1. 预制墙水平连接

预制部分在工厂预制，在现场后安装时需要套筒注浆，需套用构件安装、套筒注浆定额。

后浇 PC 墙现场绑扎钢筋、支模再浇筑混凝土，需套用后浇混凝土模板、后浇混凝土、后浇混凝土钢筋定额；超过一定长度的现浇墙现场绑扎钢筋、支模再浇筑混凝土需套用现浇混凝土墙定额对应子目。

2. 预制墙竖向连接

（1）预制墙与预制墙竖向连接

预制部分在工厂预制，在现场后安装时需要套筒注浆，如图 6-57 所示，需套用预制墙安装、套筒注浆定额。顶部后浇现场支模，绑扎钢筋再浇筑混凝土，需套用后浇混凝土模板、后浇混凝土浇捣、后浇混凝土钢筋定额。

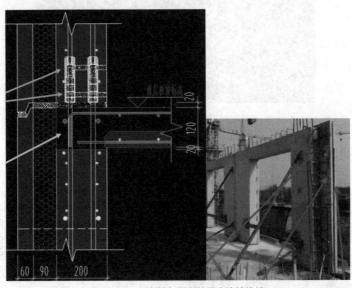

图 6-57　预制墙与预制墙竖向连接构造

（2）现浇墙与预制墙连接

在现浇剪力墙中预埋竖向连接钢筋，伸入顶部预制墙的套筒中，如图 6-58 所示，需套用后浇钢筋定额。

（3）预制墙顶部叠合连梁

叠合连梁的底筋、侧面筋、箍筋已经提前预制在预制墙中，剪力墙中上部钢筋留待现场绑扎，如图 6-59 所示，需套用后浇钢筋定额。

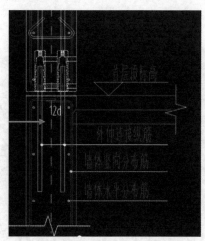

图 6-58　现浇墙与预制墙连接

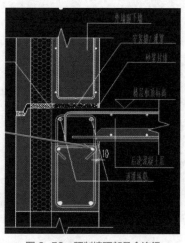

图 6-59　预制墙顶部叠合连梁

3. 预制墙水平钢筋连接

预制墙中伸出的水平钢筋连接，如图 6-60 所示，包含在预制墙成品中，已经由构件厂加工好，后浇 PC 墙柱纵筋、箍筋现场绑扎，套用钢筋定额子目。

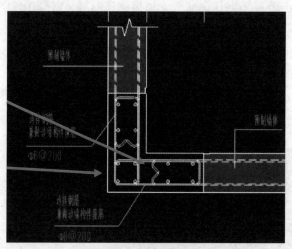

图 6-60　预制墙水平钢筋连接

通过预制墙构件深化图提取 BIM 计量建模所需信息，如图 6-61 所示。

一、新建构件

点击左侧导航栏，打开【装配式】→"预制墙"构件，点击【构件列表】，新建【矩形预制墙】或新建【参数化预制墙】，定义属性，输入相关属性信息。

二、绘制墙构件

预制墙模型包括实心墙、夹心保温墙、PCF 板，绘制方式有：

二维码6-14　　二维码6-15

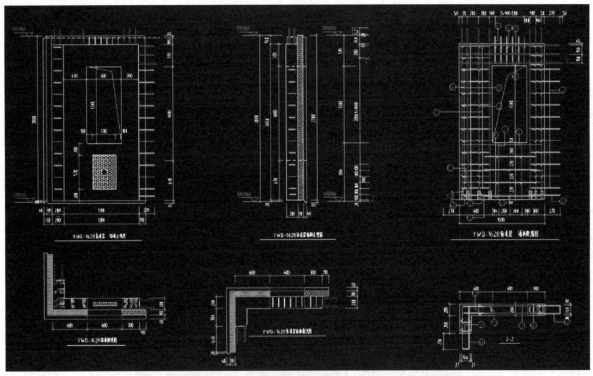

图 6-61　预制墙构件深化图

（1）直线　普通预制墙，绘制到柱边，软件已将预制墙边的柱子加入封闭区域判断条件中，常用参数图可"另存为模板"，反复使用。

（2）CAD 识别　参数化预制墙（普通墙板、夹心保温墙、PCF 板），如图 6-62 所示。

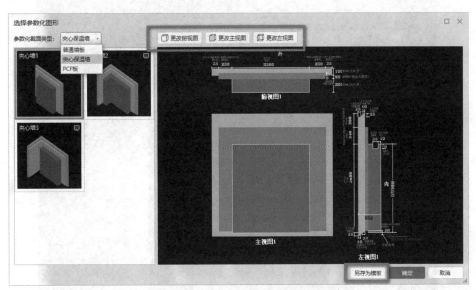

图 6-62　参数化预制墙

① 普通墙板建模，实现一次建模形成底部坐浆、中间预制、顶部后浇，如图 6-63 所示；支持的形状：左视图，平齐和顶部带凹形的；俯视图，一字形和 L 形，如图 6-64 所示。

② 夹心保温墙建模，实现一次建模形成底部坐浆、中间内叶板、保温层、外叶板、顶部后浇，如图 6-65 所示；支持的形状：左视图，平齐和顶部带凹形的；俯视图，一字形、L 形、外 L 形，如图 6-66 所示。

图 6-63 普通墙板

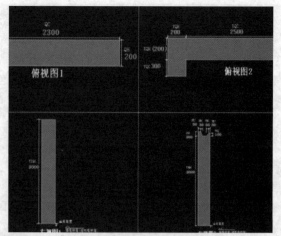

图 6-64 普通墙板支持形状

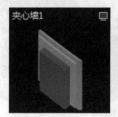  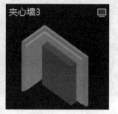

图 6-65 夹心保温墙

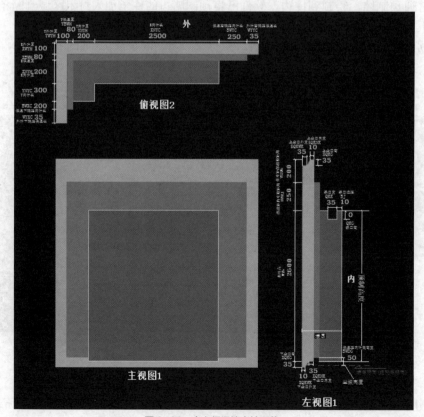

图 6-66 夹心保温墙支持形状

③ PCF 板建模，实现一次建模形成保温层、外叶板，如图 6-67 所示；支持的形状：一字形、L 形，如图 6-68 所示。

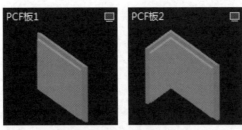

图 6-67 PCF 板

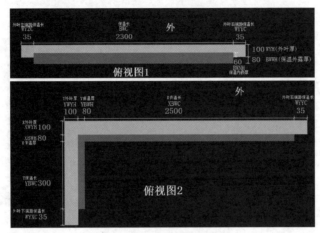

图 6-68 PCF 板支持形状

（3）注意事项

① 内叶板厚度，为俯视投影最大的厚度，包含顶部叠合梁凸出墙面的宽度，如图 6-69 所示。如墙厚 200，叠合梁凸出墙面 100，则俯视图中内叶板厚输入 300。

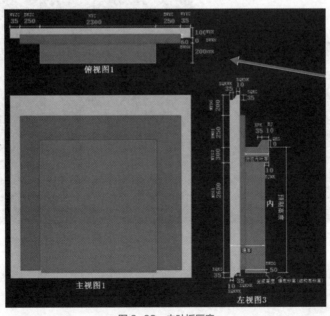

图 6-69 内叶板厚度

② 预制墙上的洞口，绘制门窗洞实现预制墙上开洞。

③ 预制墙上装修，采用 BIM 土建装修构件布置即可。装修构件不支持在柱子上布置，但预制墙之间的柱子的装修面积会以柱外露的形式加到墙面面积中，如图 6-70 所示。

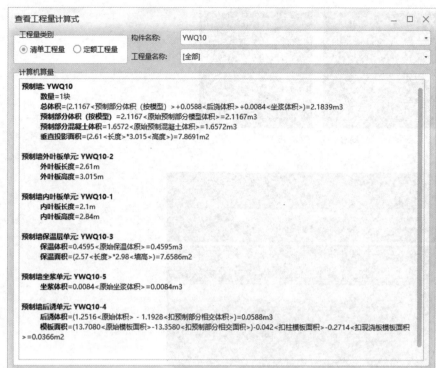

图 6-70　预制墙面积计算

　　④ 过梁，预制墙上窗台采用过梁构件布置即可。软件通过计算规则将过梁体积并入预制墙预制部分体积中计算，如图 6-71 所示。

　　⑤ 预制女儿墙，通过调整预制墙的一些参数，常见的预制女儿墙建模都可以实现，如图 6-72 所示。

图 6-71　预制墙上过梁

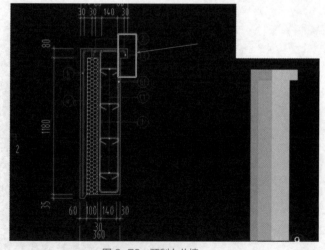

图 6-72　预制女儿墙

　　⑥ 插入点和翻转：预制墙默认插入点位置不合适，需要用户按【F4】调整。预制墙支持【F3】和【Shift】+【F3】上下左右翻转，如图 6-73 所示。

三、调改、查看计算规则

1. PC 预制墙工程量

　　预制墙由 5 个单元组成，子单元各自出量，总量在预制墙中，如图 6-74 所示；预制墙钢筋计算规则的影响：钢筋扣减梁和连梁，如图 6-75 所示。

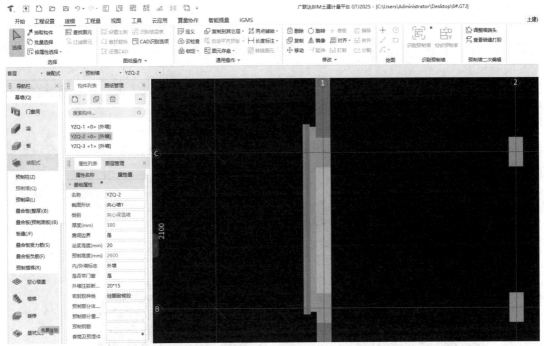

图 6-73 预制墙插入和翻转

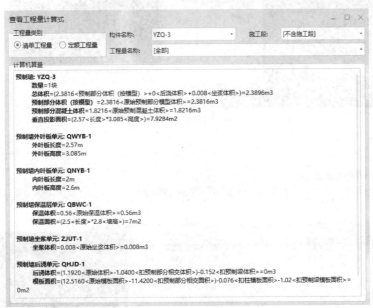

图 6-74 预制墙组成单元

图 6-75 预制墙钢筋计算规则

2. 连接钢筋工程量

（1）预制墙底预埋钢筋的计算

在钢筋业务属性"现场预埋钢筋"中输入连接筋的根数、级别、直径；在节点设置中设定预埋的长度和伸入预制墙的长度。

当伸入预制体的长度为 d_1 时，钢筋根据直径不同选择计算设置中的设定值；现浇墙垂直筋的弯折长度，直接取现浇墙的楼层变截面节点中的弯折长度，如图 6-76 所示。

（2）预制墙与现浇墙连接钢筋的计算

软件增加节点设置实现剪力墙连接预制墙的钢筋计算，如图 6-77 所示；软件增加节点设置实现剪力墙柱连接预制墙的钢筋计算，如图 6-78 所示。

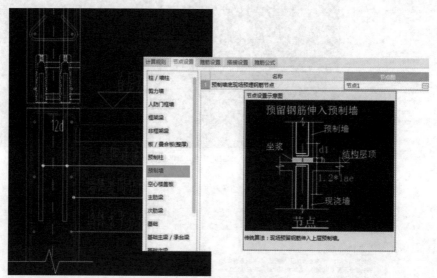

图 6-76　预制墙底预埋钢筋设置

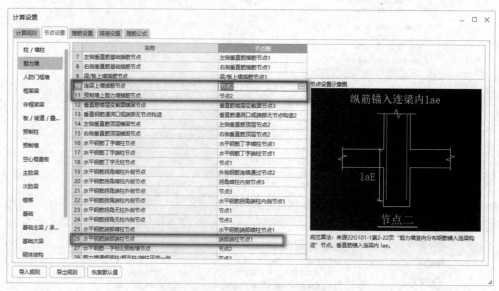

图 6-77　剪力墙连接预制墙的钢筋计算

四、预制墙建模算量小结

预制墙 BIM 计量操作流程为：新建构件→绘制墙构件→调改（土建、钢筋）计算规则→查看（土建、钢筋）计算规则→套做法→查看报表。

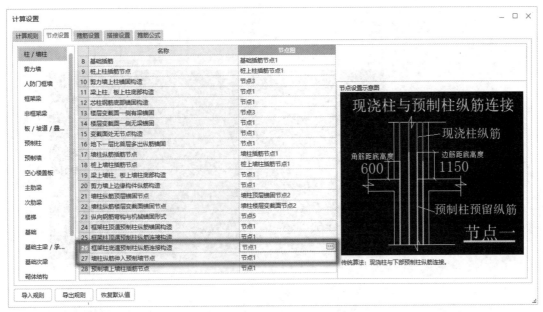

图 6-78 剪力墙柱连接预制墙的钢筋计算

支持常见的、较规则的预制墙；门窗装修房间等布置；校验与剪力墙等重叠绘制；剪力墙可以转换为矩形预制墙；参数化预制墙支持用户保存模板，下次使用；对坐浆体积、预制体积、后浇体积、后浇模板工程量计算；实现预制墙与剪力墙钢筋节点计算；实现预制墙与墙柱纵筋节点计算；实现梁、连梁与预制墙钢筋的扣减计算。

预制墙 BIM 计量方案，如表 6-1。

表 6-1 预制墙 BIM 软件计量

构件	实现的业务	计算的工程量
矩形预制墙、参数化预制墙	预制墙	预制体积、预制混凝土体积、垂直投影面积、保温体积/面积、坐浆体积、后浇体积、后浇模板
剪力墙/暗柱	竖向接缝	混凝土、模板、钢筋
门窗洞	预制墙上的洞口	门窗个数，扣减预制体积
连梁	叠合连梁	混凝土、模板、钢筋
暗梁	墙顶水平后浇带	钢筋

课题六　门窗 BIM 建模算量

一、定义、绘制门窗构件

同 BIM 土建算量，通过识别门窗表、识别门窗洞将门窗构件快速建立，定义门窗属性时注意窗离地高度的正确输入，如图 6-79 所示；识别门窗洞，提取门窗线→提取门窗洞标识→自动识别，如图 6-80 所示。

二、调整立樘距离

立樘距离：门框中心线与墙中心线的距离，默认为"0"，当门窗属性立樘距离不为"0"时，输入门窗立樘距离，如图 6-81 所示。

当立樘距离为"0"时：

$$窗侧壁工程量=窗周长×（墙厚-框厚）/2$$
$$门侧壁工程量=门三边长度×（墙厚-框厚）/2$$

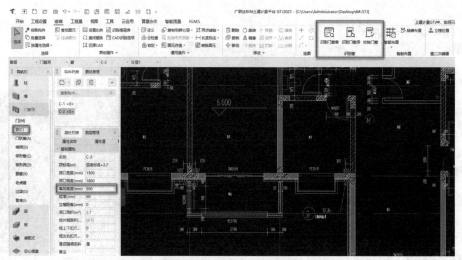

图 6-79　定义门窗属性

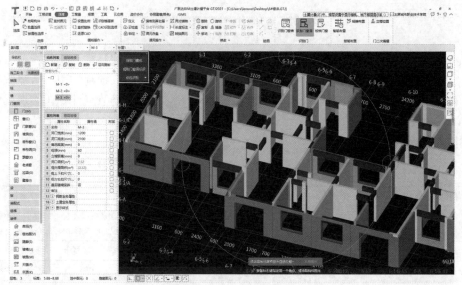

图 6-80　识别门窗洞

图 6-81　输入立樘距离

从墙的起点往终点看，墙体分左右侧。门窗框往左偏立梃距离为负，往右偏为正，当门窗立梃距离不为"0"时：

$$窗一边侧壁工程量=窗周长×［（墙厚-框厚）/2-立梃距离尺寸］$$

$$窗另一边侧壁工程量=窗周长×［（墙厚-框厚）/2+立梃距离尺寸］$$

墙面块料面积默认计算门窗洞口侧壁面积，墙面抹灰面积默认不计算门窗洞口侧壁面积（若需要修改可在计算规则中调整）。

三、绘制飘窗

目前，软件不支持预制成品飘窗绘制，通过导航栏【门窗洞】→飘窗，构件列表【新建参数化飘窗】，选择与工程实际相对应的参数图，修改飘窗参数与钢筋信息，如图 6-82 所示，计算结果转化为预制飘窗工程量。

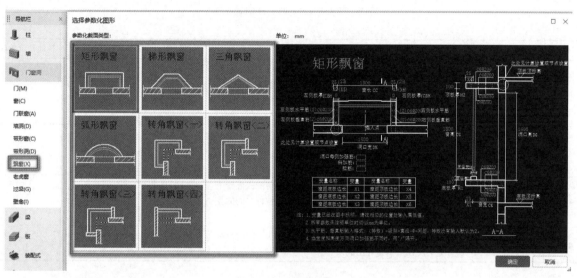

图 6-82 飘窗参数输入

四、门窗工程建模算量小结

门窗工程计量流程为：分析图纸→识别门窗表、定义门窗构件→识别门窗洞→校核门窗→绘制门窗构件。

门窗工程同 BIM 土建计量剪力墙或砌体墙上设置门窗，根据工程实际输入立梃距离、飘窗参数值，工程量包括图形量、洞口面积。

课题七 其他构件 BIM 建模算量

GTJ2025 计量平台，除主体构件实现建模算量外，装饰装修、土石方、基坑支护、基础、楼梯、屋面、防水等构件均可以通过新建构件属性，建模绘制、汇总计算构件工程量，软件操作同 BIM 土建计量，不再赘述。

PC 楼梯、PC 阳台板、PC 空调板等预制零星构件，目前软件不支持构件直接输入算量，但可以通过现浇构件建模算量转为预制构件工程量，套取预制构件相应定额。

二维码6-16　　二维码6-17

 单元评价

本单元以广联达 BIM 土建计量平台为例，通过智能识别 CAD 图纸、新建预制构件等方式建立装配式混凝土 BIM 土建计量模型，流程如图 6-83 所示，为后续解决土建专业估概算、招投标预算、施工进度变

更、竣工结算全过程各阶段的算量、提量、检查、审核全流程业务服务。

图 6-83　装配式混凝土 BIM 算量流程

序号	评价指标	评价内容	分值 / 分	学生评价（60%）	教师评价（40%）
1	理论知识	装配式 BIM 算量原理；分析某装配式混凝土住宅楼工程的图纸并进行 BIM 计量的有效信息提取；运用 BIM 算量软件进行装配预制墙、柱、梁、板、楼梯、阳台等构件的建模、列项算量、清单编制、调价汇总等	20		
2	任务实施	识读某装配式混凝土住宅楼工程项目图纸案例进行实战演练，运用 BIM 算量软件进行墙、柱、梁、板、楼梯、阳台等预制构件及其后浇段的 BIM 计量	40		
3	课后拓展	运用行业内较为常见的 BIM 计量平台完成某装配式混凝土住宅楼工程项目预制构件的 BIM 算量，比较软件之间的算量结果差异并作出简要分析	20		
4	答辩汇报	撰写单元学习总结报告（包括但不局限于收获、问题及解决方案）及 BIM 算量导出成果展示	20		

单元考核

一、单项选择

1. GTJ2025 中工程信息中的清单规则、定额规则、清单库和（　　　），只能浏览，不能修改。
    A. 定额库　　　　　　　　　　　　B. 工程类别
    C. 建筑种类　　　　　　　　　　　D. 建筑标高

2. 采用点画法绘制预制柱，柱属性中（　　　）可自动计算。
    A. 坐浆高度　　　　　　　　　　　B. 预制高度
    C. 后浇高度　　　　　　　　　　　D. 柱截面

3. GTJ2025 中钢筋级别 A、B、C，分别代表（　　　）钢筋级别。
    A. 一级、三级、二级　　　　　　　B. 二级、三级、一级
    C. 一级、二级、三级　　　　　　　D. 无法判断

4. 关于预制柱土建图元出量，（　　　）工程量计算式不能直接查看。
    A. 坐浆体积　　　　　　　　　　　B. 预制体积
    C. 后浇体积　　　　　　　　　　　D. 后浇高度

5. 梁后浇钢筋中，梁上部钢筋作为叠合梁上部钢筋，梁下部钢筋、侧面钢筋、（　　　）可通过钢筋设置选择是否扣减。
    A. 梁上部钢筋　　　　　　　　　　B. 箍筋
    C. 拉筋　　　　　　　　　　　　　D. 预制钢筋

6. GTJ2025 中，预制墙参数化模型不包括（　　　）。

A. 普通预制墙　　　　　　　　　B. 夹心保温墙
C. PCF 板　　　　　　　　　　　D. 墙柱

二、判断题

1. 叠合梁可采用点画法来绘制图元。（　　　）
2. GTJ2025 中，只有套做法后才能出量。（　　　）
3. 绘制门窗洞口时，必须在绘制完墙的情况下在墙上面绘制门窗洞口。（　　　）
4. 房间装修时墙体必须是封闭的，可以通过手动拉伸或闭合对墙做封闭处理。（　　　）
5. 叠合板缝，必须布置在叠合板（整厚）或现浇板上。（　　　）

三、实训题

完成本书装配式混凝土住宅楼工程案例 1 ～ 3 层现浇构件、装配式混凝土构件等 BIM 计量，提交分部分项与措施项目工程量清单，具体任务如下。

（1）新建工程；
（2）工程设置；
（3）图纸管理；
（4）新建楼层；
（5）新建轴网；
（6）预制柱构件 BIM 建模算量；
（7）预制墙构件 BIM 建模算量；
（8）叠合梁构件 BIM 建模算量；
（9）叠合板构件 BIM 建模算量；
（10）楼梯、装饰装修及其他构件 BIM 建模算量；
（11）措施项目工程计量。

学习单元七　装配式混凝土工程BIM计价与数字管理

📖 课前导学

素质目标	党的二十大报告提出"加快建设制造强国、质量强国、航天强国、交通强国、网络强国、数字中国"。国家高度重视发展数字经济，工程造价数字转型必然成为企业竞争的重点领域
知识目标	掌握装配式混凝土工程BIM计价，了解"1+X"职业技能标准，熟练使用计价平台，掌握分部分项、措施项目招标工程量清单、招标控制价与投标报价的编制方法； 全面了解数字新成本平台，学习工程项目市场计价内容，掌握企业清单编制流程，掌握成本精细化管理思路，掌握造价及成本数据库搭建方法
技能目标	能熟练使用BIM工程计价软件，新建工程项目，选取清单库、定额库；分部分项工程编制，检查与整理，计价换算；措施项目编制；其他项目编制；人材机调价，计取费用；导出相应报表及文档，完成计价报告
重点难点	企业清单编制流程、成本精细化管理思路、造价及成本数据库搭建方法。使用数字新成本平台，采用市场计价方式完成装配式混凝土工程招标文件、投标文件的编制及回标分析流程

二维码7-1

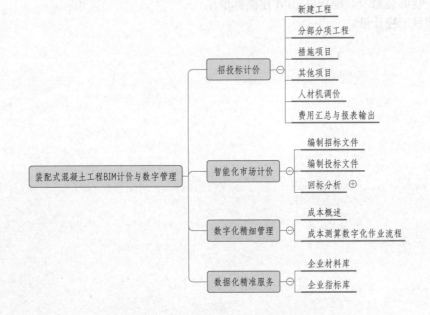

市场计价，数字管理、数据服务

　　住建部《工程造价改革工作》方案（建办标〔2020〕38号）推行一目标：清单计量、市场询价、自主报价、竞争定价；五任务：改进工程计量和计价规则、完善工程计价依据发布机制、加强工程造价数据积累、强化建设单位造价管控责任、转变工程造价管理机构职能，犹如一颗炸弹，炸得建筑业，甚至是造价咨询行业沸腾不已，定额逐渐取消，如何计价与结算，对自己的执业生涯有什么影响？通过讨论，激励学生勤奋好学，勇于创新，树立正确的职业道德和工作作风。

 应知应会

课题一　招投标计价

一、新建工程

1. 新建招标项目

一个完整项目工程分为项目、单项和单位工程，主界面中选择【新建预算】，选择地区。

（1）根据自身工程性质，选择计价模式，点击【招标项目】；输入项目名称（装配式混凝土住宅楼）、项目编码（001）；选择地区标准（山西13清单计价规范）、定额标准（山西省2018序列定额）、计税方式［增值税（一般计税方法）］，点击【立即新建】，如图7-1所示。

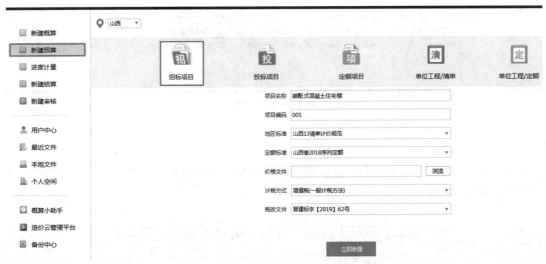

图7-1　新建招标项目

（2）修改单项与单位工程名称（6#楼，建筑工程），根据工程实际在建设项目中可输入项目信息，如"建筑面积"，便于统计单方造价；调整各单位工程"取费设置"，可如图7-2所示。

图7-2　修改单项、单位工程名称

2. 熟悉编制界面

招投标主界面主要由项目结构树、菜单栏、工具栏、导航栏、项目编辑区、属性区等几部分组成，左侧项目结构树点击单位工程（建筑工程），进入编辑界面，如图 7-3 所示。

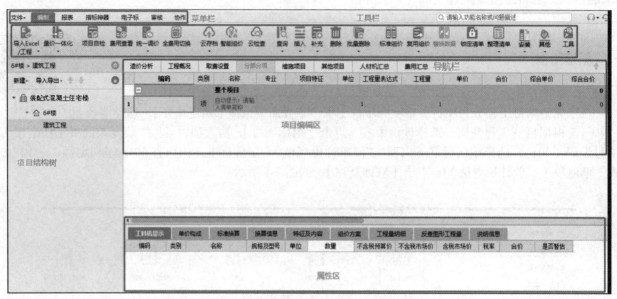

图 7-3　编制界面

3. 复核与填写工程概况

工程新建完成，需要复核单位工程信息，填写工程特征、编制依据等，在导出电子标书时，红字字体信息为必填项，如图 7-4 所示。

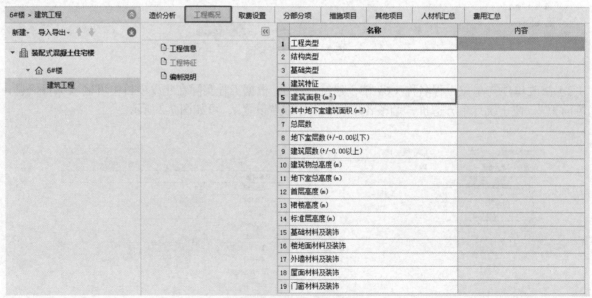

图 7-4　工程概况

4. 取费设置

根据项目实际情况，修改取费设置，包括费用条件，选择绿色文明工地标准等级，组织措施费费率，并确认安全文明施工费、临时设施费、环境保护费三项不可竞争费率正确，如图 7-5 所示。

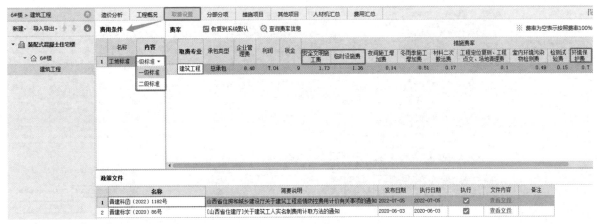

图 7-5 取费设置

二、分部分项工程

招标控制价编制时，分部分项工程需要编制工程量清单、描述项目特征、填写工程量、套用相应定额子目。

二维码7-3

1. 清单、定额子目输入

查询输入（以清单输入为例，定额输入方法相同）。点击【工具栏】的【查询】，选择【查询清单】【查询定额】，按照章节查询清单及定额子目，然后双击或点击【插入】，预制构件主材按定额规定输入 2400 元 $/m^3$，完成输入，如图 7-6 所示。

二维码7-4

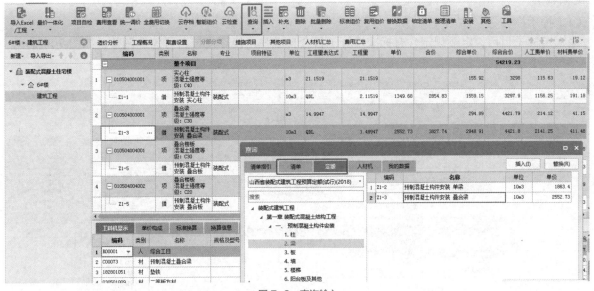

图 7-6 查询输入

2. 项目特征描述

选中某条清单项，点击属性区的【特征及内容】，根据工程实际选择或输入项目特征值。选择完成后，软件会自动同步到清单项的项目特征框。

如果软件带出的特征值描述中类目与实际不符，可双击清单行中【项目特征】框，在弹出的文本的编制框内，输入需要写入的项目特征，软件同样自动同步到清单项的项目特征框，如图 7-7 所示。

3. 工程量输入

清单的工程量，一般是通过算量软件计算或手算，但提量时需要将多个部位的工程量加在一起，并将

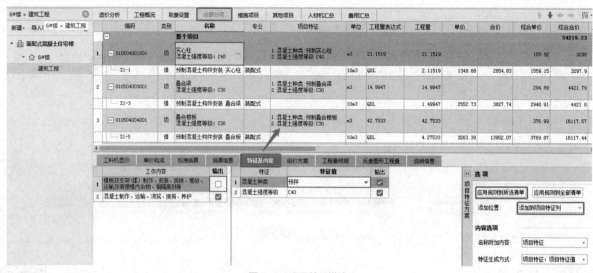

图 7-7　项目特征描述

计算过程作为底稿保留在清单项中。

（1）工程量表达式

选中一清单行，点击【工程量表达式】，输入各工程量，进行算术计算。

（2）工程量明细

有些工程量不是通过算量软件计算，而是手工算量，因此希望能将计算手稿保存在软件中，方便查看和核对。

二维码7-5

4. 定额换算

（1）提示换算

输入定额子目后，定额规定含有标准换算子目会自动弹出换算窗口，可勾选调整，如图 7-8 所示。

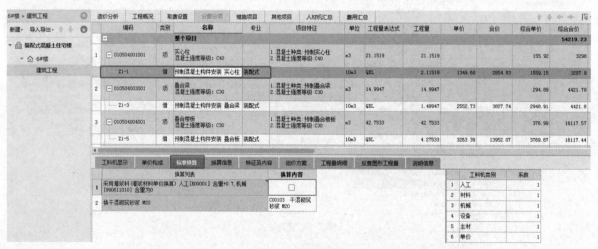

图 7-8　提示换算

（2）配合比换算

选择要换算的定额子目，如混凝土强度换算，属性窗口点击【标准换算】，点开配合比框后的小三角，按图纸要求选择相应配合比进行换算，如图 7-9 所示。

（3）系数换算

点击定额子目行，属性窗口点击【标准换算】，定额规定含有标准换算子目会自动弹出换算窗口，勾选调整；或在定额编码上，输入"空格 R（C/J）＊系数"，如人工乘以 1.3，则输入"空格 R*1.3"；或在右侧下方工料机系数表格中输入系数，完成换算后，可在【换算信息】中查看并删除，如图7-10所示。

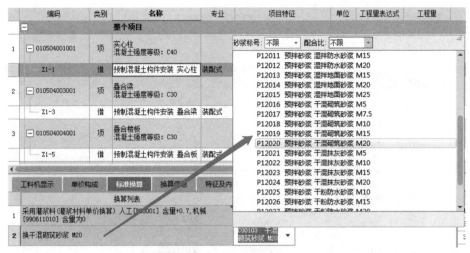

图7-9 配合比换算

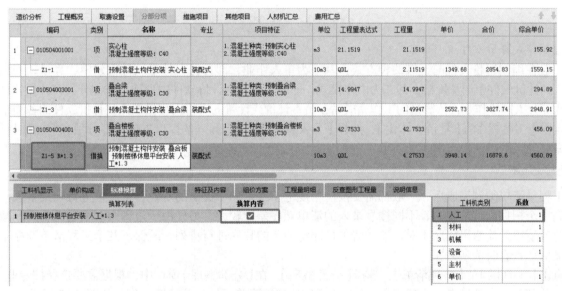

图7-10 系数换算

（4）批量换算

【工具栏】中点击【其他】→【批量换算】，在弹出的窗口中设置工料机系数，点击【确定】完成换算。

5. 数据导入

（1）导入 Excel 文件

在编制招标文件时，当前工程可能和以前的工程相似，而之前工程是通过其他方式编制的，这种情况下，可以通过把含清单（定额）的 Excel 报表导入软件，然后进行简单修改，完成当前工程招标文件的编制。

二维码7-6

单击【工具栏】的【导入 Excel】，选择【导入 Excel 招标文件】；选择需要导入的 Excel 报表，然后选择需要导入的 Excel 表中的数据表，再选择数据表需要导入的位置；确定每一列表头内容显示是否匹配，检查软件自动识别的分部行、清单行（子目行）是否正确，并对错误地方进行手动调整，可以使用过滤功能快速筛选某一类数据进行检查；检查调整后，点击【导入】，如图7-11所示。

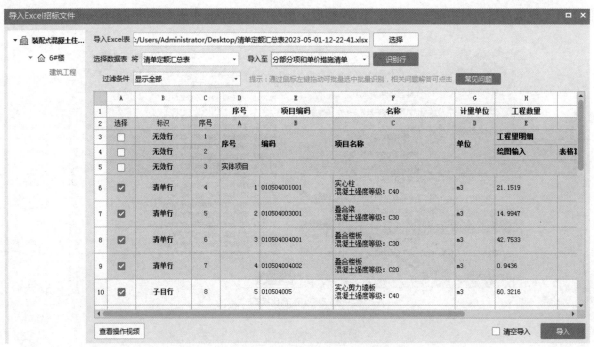

图 7-11　导入 Excel 文件

（2）导入算量文件

一般在编制造价文件时，有两种方式：其一为单人作业，即自己在计量软件中建模、算量、列项，然后导入到计价软件中调整价格；其二为协作模式，即一部分人在计价软件中列项，一部分人在计量软件中算量，两部分人同步作业，待算量的工作完成后，负责计价或计量的人将工程量填入到计价软件的各项中。

点击【工具栏】的【量价一体化】，选择【导入算量文件】，导入的窗口支持分部分项和措施项目导入，选择需要导入的做法，点击【导入】。

6. 工程整理

工程量清单编制完成后，一般都需要按清单规范（或定额）提供的专业、章、节进行归类整理。多人完成同一个招标文件编制时，不同楼号录入的清单顺序差异较大，另外由于过程中对编制内容的删减和增加，造成清单的流水码顺序不对，通过清单排序将清单的顺序进行排列，既保证几个工程清单顺序基本一致，又保证查看时清晰易懂。

点击【工具栏】的【整理清单】，选择【分部整理】；在【分部整理】窗口中，根据需要选择按专业、章、节进行分部整理，然后点击【确定】，软件即可自动完成清单项的分部整理工作，如图 7-12 所示。

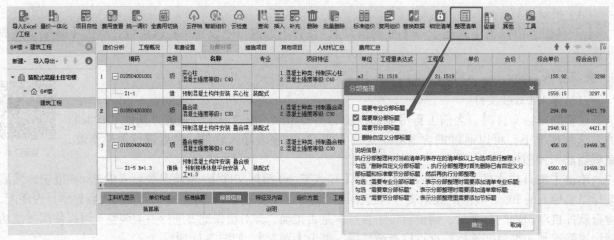

图 7-12　工程整理

三、措施项目

1. 载入、保存模板

对于工程的措施项目、其他项目，不同的工程会有一些相同或类似的模板，在编制过程中，可以把典型或经常用到的措施项目、其他项目、计价程序、费用汇总作为模板保存起来，遇到类似的项目时，可以直接通过【载入模板】调用，节省时间，实现快速报价。

（1）载入模板

【导航栏】选择【措施项目】，然后点击【工具栏】的【载入模板】，选择之前保存的相似工程措施模板，点击【确定】；根据实际情况，选择是否保留原有措施项目的组价内容，即完成载入。

二维码7-7

（2）保存模板

根据需要对措施项目内容进行修改，然后点击【工具栏】的【保存模板】；在【另存为】窗口中，选择模板保存的位置，根据需要给模板命名，然后点击【保存】，即完成措施模板 CSX 文件的保存。

2. 总价措施项目与单价措施项目

（1）清单规范中明确指出施工组织措施项目（总价措施项目）的计算规则为“计算基数 × 费率”，根据各省市实际情况查询选择费用代码作为取费基数。点击【计算基数】，在【费用代码】窗口中双击选择需要的费用代码，添加到计算基数中，如图 7-13 所示。

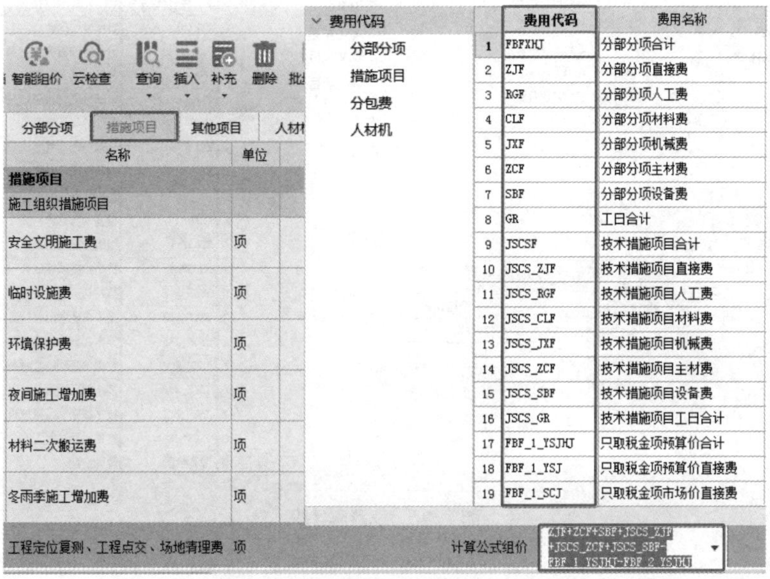

智能组价 云检查 查询 插入 补充 删除
分部分项 措施项目 其他项目 人材机
名称 单位
措施项目
施工组织措施项目
安全文明施工费 项
临时设施费 项
环境保护费 项
夜间施工增加费 项
材料二次搬运费 项
冬雨季施工增加费 项
工程定位复测、工程点交、场地清理费 项
费用代码
分部分项
措施项目
分包费
人材机
费用代码 费用名称
1 FBFXHJ 分部分项合计
2 ZJF 分部分项直接费
3 RGF 分部分项人工费
4 CLF 分部分项材料费
5 JXF 分部分项机械费
6 ZCF 分部分项主材费
7 SBF 分部分项设备费
8 GR 工日合计
9 JSCSF 技术措施项目合计
10 JSCS_ZJF 技术措施项目直接费
11 JSCS_RGF 技术措施项目人工费
12 JSCS_CLF 技术措施项目材料费
13 JSCS_JXF 技术措施项目机械费
14 JSCS_ZCF 技术措施项目主材费
15 JSCS_SBF 技术措施项目设备费
16 JSCS_GR 技术措施项目工日合计
17 FBF_1_YSJHJ 只取税金项预算价合计
18 FBF_1_YSJ 只取税金项预算价直接费
19 FBF_1_SCJ 只取税金项市场价直接费
计算公式组价
图 7-13 计算基数

（2）费率查询：在【措施项目】界面选中需要修改的清单项，点击【费率】，软件会自动弹出汇率查询框，可根据需要查询相应的费率值。

提示：

组织措施费以“计算基数 × 费率”计算，根据各省市定额规定不同，先确定组价方式，再进行计算基数和费率选择，软件中默认设置为费用定额规定内容，如无特殊情况无需调整。

（3）技术措施项目（单价措施项目），如模板、脚手架、垂直运输等计算均为“综合单价 × 数量”，操作同分部分项工程项目。

四、其他项目

1. 金额明确

其他项目在招标文件中已明确金额，【导航栏】切换至【其他项目】，左侧结构树定位至具体项目，如暂列金额，输入名称、单位、金额（专业工程暂估价、计日工、总承包服务费、签证索赔与此相同），如图 7-14 所示。

二维码7-8

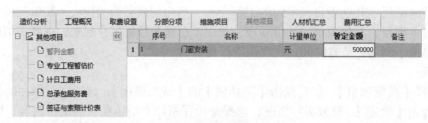

图 7-14　暂列金额明确

2. 以费率计取

其他项目在招标文件中未明确金额，要求按"计算基数×费率"计算时，【导航栏】切换至【其他项目】，左侧结构树定位【其他项目】，打开计算基数，按要求选择费用代码，填写费率，如图 7-15 所示。

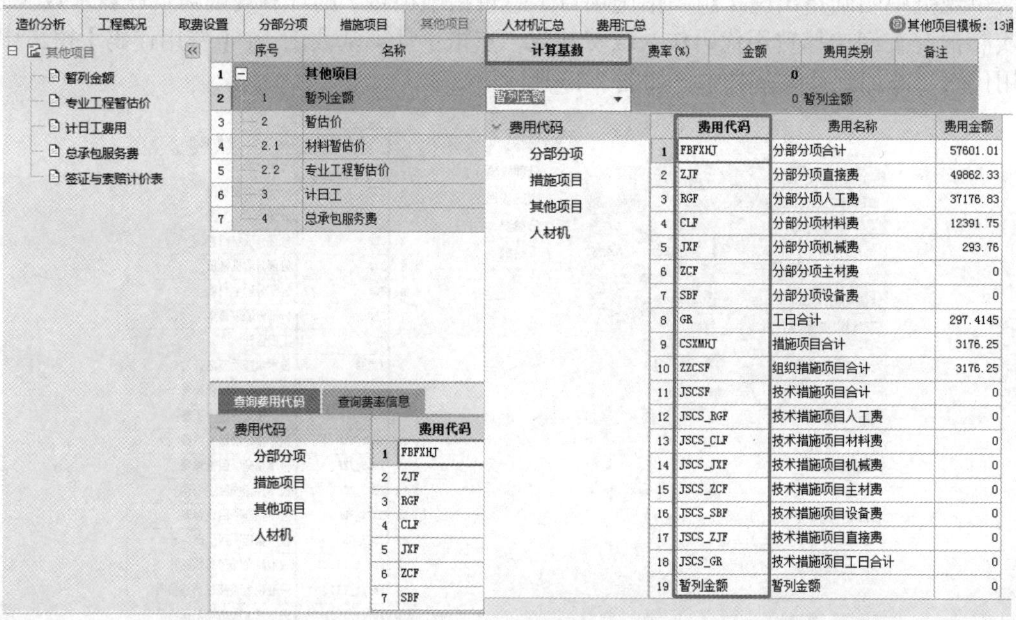

图 7-15　以费率计取

提示:

暂估价中的【材料暂估价】，在【其他项目】界面能看到总体金额，但需要在【分部分项】→【工料机显示】或【人材机汇总】中单独设置。

五、人材机调价

分部分项、措施项目、其他项目编制完成，因工程施工周期长，在施工期间人工、材料、机具均受市场价格影响，需进行人材机调价，切换【人材机汇总】，载入调价文件，或者自己手动修改人材机市场价，完成调价工作。

二维码7-9

1. 批量载价

点击【工具栏】的【载价】，选择【批量载价】；在弹出的窗口中，根据工程实际选择需要载入的某一期信息价、市场价或专业测定价，或者【点击下载】所需信息价，如图 7-16 所示；在【载价结果预览】窗口，可以看到待载价格和信息价，根据实际情况也可以手动更改待载价格，完成后点击【下一步】完成载价，如图 7-17 所示。

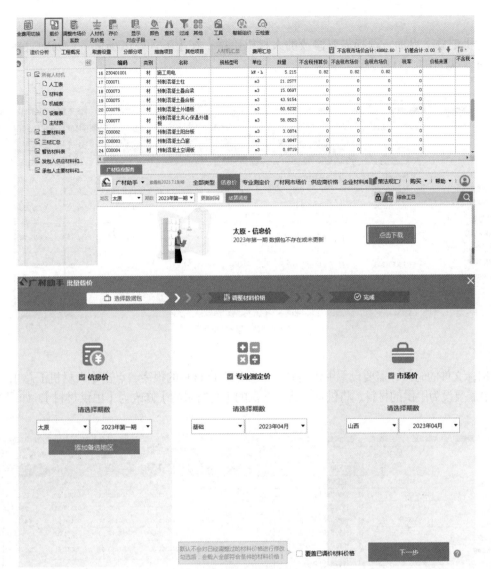

图 7-16　批量载价

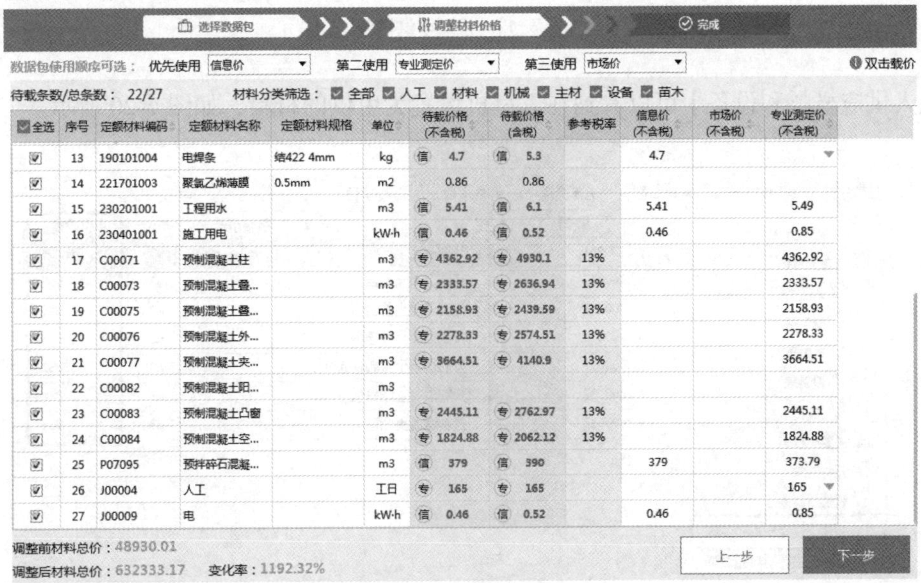

图 7-17　批量载价完成

2. 手动调价

在【人材机汇总】界面，选择需要修改的人材机价格，在【不含税市场价】一列中直接输入市场价，如图 7-18 所示，调价的人材机会产生价差。

	编码	类别	名称	规格型号	单位	数量	不含税预算价	不含税市场价	含税市场价
1	R0001	人	综合工日		工日	297.4145	125	140	140
2	013801010	材	预埋铁件		kg	124.0521	3.81	4.25	4.8
3	030501009	材	二等板方材		m3	0.4443	1549.73	1452.98	1641.87
4	031101007	材	垫木		m3	0.1966	1549.73	1480.92	1673.44
5	130601009	材	岩棉板	50mm	m3	0.2263	194.02	258.62	292.24
6	131101015	材	PE棒		m	387.8895	1.63	13.6	15.37

图 7-18　手动调价

3. 甲供材料

在编制招标文件的时候，需要设置甲供材料，单独出甲供材料的报表。点击【人材机汇总】，在项目所有人材机中选中需要设为甲供的材料，将供货方式由默认的【自行采购】修改为【甲供材料】，如图 7-19 所示。

	编码	类别	名称	规格型号	单位	不含税市场价合计	含税市场价合计	价差	价差合计	供货方式
15	230201001	材	工程用水		m3	24.03	27.1	0.45	2	自行采购
16	230401001	材	施工用电		kW·h	2.4	2.71	-0.36	-1.88	自行采购
17	C00071	材	预制混凝土柱		m3	92745.64	104802.59	4362.92	92745.64	甲供材料
18	C00073	材	预制混凝土叠合梁		m3	35166.2	39737.89	2333.57	35166.2	甲供材料
19	C00075	材	预制混凝土叠合板		m3	94810.27	107135.57	2158.93	94810.27	甲供材料
20	C00076	材	预制混凝土外墙板		m3	138119.66	156075.03	2278.33	138119.66	甲供材料
21	C00077	材	预制混凝土夹心保温外墙板		m3	208335.82	235419.69	3664.51	208335.82	甲供材料
22	C00082	材	预制混凝土阳台板		m3	0	0	0	0	甲供材料
23	C00083	材	预制混凝土凸窗		m3	2407.7	2720.7	2445.11	2407.7	甲供材料
24	C00084	材	预制混凝土空调板		m3	1591.11	1797.96	1824.88	1591.11	自行采购
25	QTC101	材	其他材料费		元	500.82	500.82	0	0	自行采购

图 7-19　设置甲供材料

在【发包人供应材料和设备】可以看到在人材机设置为甲供的材料，如图 7-20 所示。

图 7-20　查看甲供材料

4. 设置暂估材料

甲方或招标方给出暂估材料单价，投标方按暂估价进行组价，材料价格计入分部分项综合单价。点击导航栏【人材机汇总】，在结构树中选择【材料表】，选择需要暂估的材料，在【是否暂估】列打上勾，如图 7-21 所示。在【暂估材料表】中，可以看到设为暂估的材料，同时在分部分项相应清单【工料机显示】中自动关联【是否暂估】，如图 7-22 所示。

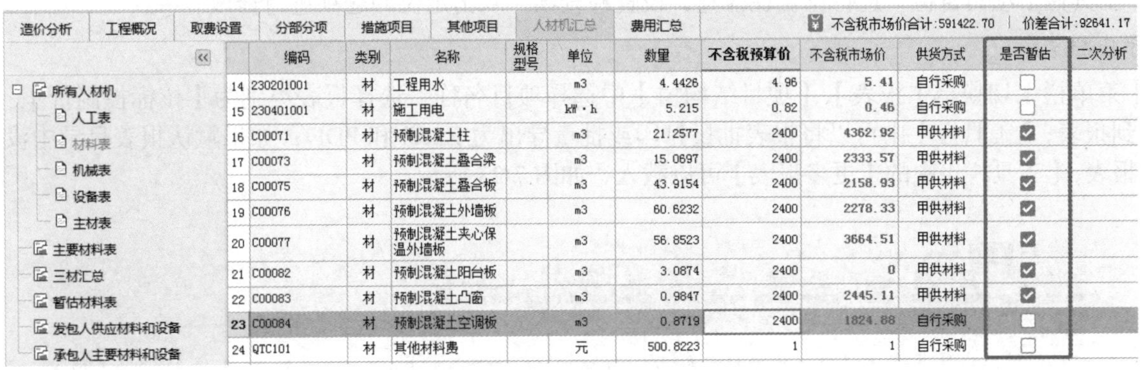

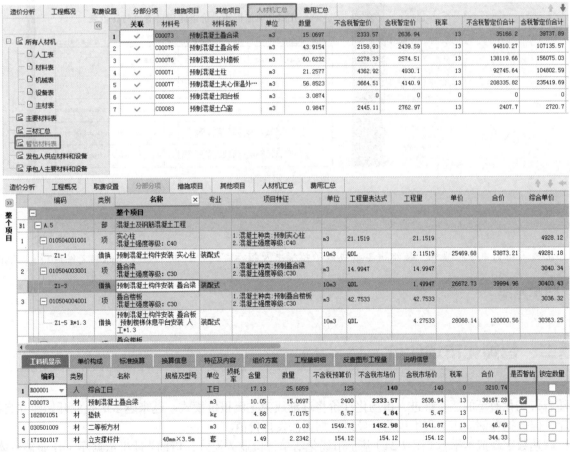

	编码	类别	名称	规格型号	单位	数量	不含税预算价	不含税市场价	供货方式	是否暂估	二次分析
14	230201001	材	工程用水		m3	4.4426	4.96	5.41	自行采购	☐	
15	230401001	材	施工用电		kW·h	5.215	0.82	0.46	自行采购	☐	
16	C00071	材	预制混凝土柱		m3	21.2577	2400	4362.92	甲供材料	☑	
17	C00073	材	预制混凝土叠合梁		m3	15.0697	2400	2333.57	甲供材料	☑	
18	C00075	材	预制混凝土叠合板		m3	43.9154	2400	2158.93	甲供材料	☑	
19	C00076	材	预制混凝土外墙板		m3	60.6232	2400	2278.33	甲供材料	☑	
20	C00077	材	预制混凝土夹心保温外墙板		m3	56.8523	2400	3664.51	甲供材料	☑	
21	C00082	材	预制混凝土阳台板		m3	3.0874	2400	0	甲供材料	☑	
22	C00083	材	预制混凝土凸窗		m3	0.9847	2400	2445.11	甲供材料	☑	
23	C00084	材	预制混凝土空调板		m3	0.8719	2400	1824.88	自行采购	☐	
24	QTC101	材	其他材料费		元	500.8223	1	1	自行采购	☐	

图 7-21　设置暂估材料

	关联	材料号	材料名称	单位	数量	不含税暂定价	含税暂定价	税率	不含税暂定价合计	含税暂定价合计
1	✓	C00073	预制混凝土叠合梁	m3	15.0697	2333.57	2636.94	13	35166.2	39737.89
2	✓	C00075	预制混凝土叠合板	m3	43.9154	2158.93	2439.59	13	94810.27	107135.57
3	✓	C00076	预制混凝土外墙板	m3	60.6232	2278.33	2574.51	13	138119.66	156075.03
4	✓	C00071	预制混凝土柱	m3	21.2577	4362.92	4930.1	13	92745.64	104802.59
5	✓	C00077	预制混凝土夹心保温外…	m3	56.8523	3664.51	4140.9	13	208335.82	235419.69
6	✓	C00082	预制混凝土阳台板	m3	3.0874	0	0	0	0	0
7	✓	C00083	预制混凝土凸窗	m3	0.9847	2445.11	2762.97	13	2407.7	2720.7

	编码	类别	名称	专业	项目特征	单位	工程量表达式	工程量	单价	合价	综合单价
			整个项目								
B1	A.5	部	混凝土及钢筋混凝土工程								
1	010504001001	项	实心柱 混凝土强度等级：C40		1. 混凝土种类：预制实心柱 2. 混凝土强度等级：C40	m3	21.1519	21.1519			4928.12
	Z1-1	借换	预制混凝土构件安装 实心柱	装配式		10m3	QDL	2.11519	25469.68	53873.21	49281.18
2	010504003001	项	叠合梁 混凝土强度等级：C30		1. 混凝土种类：预制叠合梁 2. 混凝土强度等级：C30	m3	14.9947	14.9947			3040.34
	Z1-3	借换	预制混凝土构件安装 叠合梁	装配式		10m3	QDL	1.49947	26672.73	39994.96	30403.43
3	010504004001	项	叠合楼板 混凝土强度等级：C30		1. 混凝土种类：预制叠合楼板 2. 混凝土强度等级：C30	m3	42.7533	42.7533			3036.32
	Z1-5 R*1.3	借换	预制混凝土构件安装 叠合板 预制楼梯休息平台安装 人工*1.3	装配式		10m3	QDL	4.27533	28068.14	120000.56	30363.25
			叠合楼板								

	编码	类别	名称	规格及型号	单位	损耗率	含量	数量	不含税预算价	不含税市场价	含税市场价	税率	合价	是否暂估	锁定数量
1	R00001	人	综合工日		工日		17.13	25.6859	125	140	140	0	3210.74		☐
2	C00073	材	预制混凝土叠合梁		m3		10.05	15.0697	2400	2333.57	2636.94	13	36167.28	☑	☐
3	182801051	材	垫铁		kg		4.68	7.0175	6.57	4.84	5.47	13	46.1	☐	☐
4	030501009	材	二等板方材		m3		0.02	0.03	1549.73	1452.98	1641.87	13	46.49	☐	☐
5	171501017	材	立支撑杆件	48mm×3.5m	套		1.49	2.2342	154.12	154.12	154.12	0	344.33	☐	☐

图 7-22　显示暂估材料

六、费用汇总与报表输出

1. 费用模板的载入与保存

政府行政主管部门发布新的费用标准，应做成标准模板，在使用时，可以进行编制、存档、调用。【导航栏】选择【费用汇总】，点击【工具栏】的【载入模板】，然后根据工程实际情况，选择需要使用的费用模板，然后点击【确定】，即载入模板成功。

根据工程实际情况，对标准模板进行调整。选中需要插入数据行的位置，点击鼠标右键，选择【插入】；对插入行和相关影响行数据进行输入及调整，双击插入行各单元格，输入相应的内容；保存调整后模板，供下次调用；点击【工具栏】的【保存模板】，将费用模板保存在指定位置，供后期调用。

2. 项目自检

【工具栏】项目自检，进行符合性检查，设置检查项，双击定位问题项进行修改。

3. 导出报表

【菜单栏】切换至【报表】，【项目结构树】中选择项目名称，选择报表类别为【招标控制价】，可以查看到报表；【工具栏】中可以将报表批量打印或批量导出为 Excel 和 PDF；如果默认报表目录中没有需要的报表，【工具栏】中的【更多报表】可以载入，如图 7-23 所示。

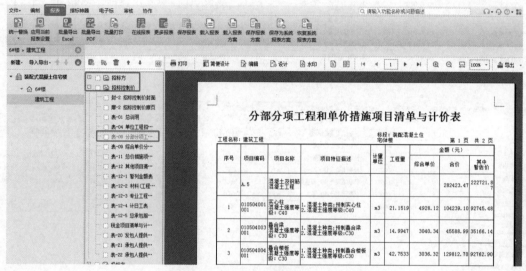

图 7-23　报表导出

拓展：

如工程项目为电子招投标，最终需要生成电子招标书及招标控制价，电子招投标标准文件后缀为"`.xml`"。

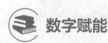 数字赋能

课题二　智能化市场计价

随着市场化改革的逐步推进，市场化计价将逐渐成为主流报价模式。越来越多的企业开始建立自己的数据库，但数据存储应用流程不规范，导致数据无法发挥价值。

广联达数字新成本平台（图 7-24）基于市场化清单计价业务模式，借助"计价依据库＋作业端一体化"的应用方案，通过智能化手段使数据积累与应用形成闭环，助力招标、投标、报价分析、成本测算高效一体化运行。

一、编制招标文件

1. 新建招标文件

数字新成本平台无须安装程序，可在网页端直接进入。平台提供了新建空白工程、按归

档文件新建、按模板新建三种新建方式，如图 7-25 所示。如果没有可参考的历史工程或模板，可以新建空白工程；按归档文件新建指的是将已经存储的企业清单工程复制为一个新的工程，并在原工程基础上进行修改；按模板新建指按照平台提供的模板新建，平台提供了几大业态的文件模板，模板内已设定项目结构、单价组成、常用分部分项清单、措施项目清单等内容，可按需修改。

图 7-24　数字新成本平台

图 7-25　新建招标文件

2. 编辑项目结构

一个项目工程可能由多个单位工程组成，还可能包含不同业态。在"项目组成"页面，通过"插入专业工程"进行单位工程的快速新建，快速搭建项目结构，还可以点击【插入业态】，根据工程项目的不同维度进行清单的列项，如图 7-26 所示。

图 7-26　编辑项目结构

3. 编制分部分项清单

（1）智能导入 Excel

对于有清单编制业务的企业，精装、园林、幕墙等专业工程一般都已形成可利用的 Excel 表格样式，可以直接通过"智能导入 Excel"的功能将文件导入平台，准确识别清单列项及价格，实现零成本转化，如图 7-27 所示；也可点击【插入】手动插入清单行后进行编辑。

（2）综合单价编制

编制综合单价时，可在综合单价列直接填写一笔综合单价；也可填写组成综合单价的人材机各项费用后自动计算，计算公式可在"单价组成"页面进行调整；如果需要编制综合单价分析表，可选中需要组价的特定清单，在该清单下的人材机组成窗口插入人工、材料、机械、主材、设备明细进行组价，如图 7-28 所示。

图 7-27　智能导入 Excel

图 7-28　编制综合单价

（3）设置主要工料

在分部分项清单的人材机组成中插入的材料会自动汇总到"工料清单"页面。如果已有主要工料的 Excel 表格，也可以将 Excel 中的信息直接复制粘贴在工料清单界面，在分部分项清单界面某条清单的人材机组成中点击【关联工料机】功能，选择已有工料机，设置含量（即每单位清单包含此项工料机的数量），工料汇总界面的数量会自动联动（工料数量 =∑ 所属清单工程量 × 设置工料含量），如图 7-29 所示。

图 7-29　设置工料

（4）调整材料价格

主要工料设置完成后，可在此页面进行价格调整，或根据实际情况调整材料供货方式——甲供材料、乙供材料、甲指乙供。平台关联广材助手，可以轻松调用信息价、专业测定价、市场价以及企业材料库中的价格（具体内容详见本学习单元课题四数据化精准服务），减少材料查找及调用的时间，实现轻松调价，如图 7-30 所示。

图 7-30　调整材料价格

4. 编制措施清单

措施项目费是指建筑安装工程施工前和施工过程中发生的技术、生活、安全、环境保护等费用。平台内置了常见措施类清单项，可根据项目实际情况进行增加、修改和删除，并填写措施项目对应的综合单价，如图 7-31 所示。

	编码	名称	项目特征/工作内容	单位	工程量	综合单价（税前）	增值税	综合单价（含税）	综合合价（税前）	综合合价（含税）
1	∨	整个项目							98937.6	107841.98
2	1	安装子目增加费		系统	1	20147.27	1813.25	21960.52	20147.27	21960.52
3	2	高层施工增加		项	1	55875.94	5028.83	60904.77	55875.94	60904.77
4	3	脚手架搭拆		项	1	6041.06	543.7	6584.76	6041.06	6584.76
5	4	安全文明施工		项	1	12819.56	1153.76	13973.32	12819.56	13973.32
6	5	夜间施工增加		项	1	1139.25	102.53	1241.78	1139.25	1241.78
7	6	非夜间施工增加		项	1	0	0	0	0	0
8	7	二次搬运		项	1	1687.35	151.86	1839.21	1687.35	1839.21
9	8	冬雨季施工增加		项	1	1227.17	110.45	1337.62	1227.17	1337.62

图 7-31　编制措施清单

5. 编制零星清单

零星清单是工程实施过程中可能发生的零星项目。招标方可根据招标工程具体情况进行插入，完成项目新增，如图 7-32 所示。

	编码	名称	项目特征/工作内容	单位	暂定工程量	综合单价（税前）	增值税	综合单价（含税）	备注
1	∨ 一	建筑垃圾外运							
2	1	建筑垃圾外运		m3		0		0	
3	∨ 二	签证记工							
4	1	签证人工	技工	工日		0		0	
5	2	签证人工	普工	工日		0		0	

图 7-32　编制零星清单

6. 生成招标文件

招标文件编制完成并检查无误后，点击【生成招标清单】功能。供方报价模式提供了"仅允许填报单价""允许填报单价及工程量""允许填报浮动率"三个选项，选择供方报价模式后一键生成招标清单，如图 7-33 所示。

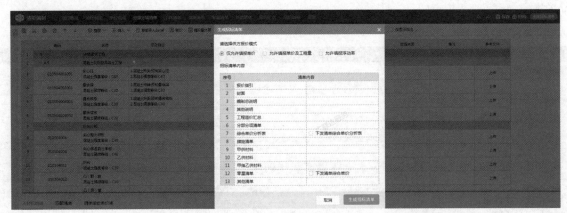

图 7-33　生成招标清单

如果招标过程中清单内容和价格发生调整，可在原文件中修改后重新点击【生成招标清单】功能进行招标清单更新，并将最新招标清单发送投标方。如果投标方也使用平台进行报价，会收到招标清单更新通知，并在更新位置进行标识，方便投标方进行检查调整。

招标清单以 Excel 格式进行保存，投标方可直接点击【报价指引】中的链接，进入平台进行报价，如图 7-34 所示。

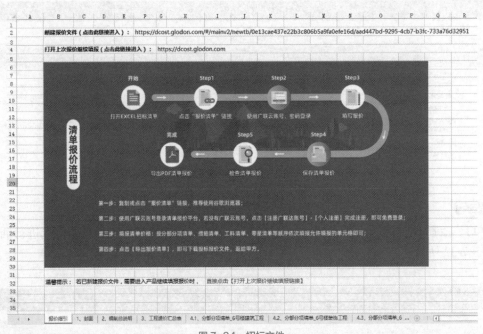

图 7-34　招标文件

二、编制投标文件

1. 新建投标文件

投标方打开招标方下发的表格后，点击招标清单中的报价链接，即可进入数字新成本平台，如图 7-35 所示。登录广联云账号进行报价文件编制，如没有广联云账号，使用手机号注册即可。

2. 编制投标报价

分别编制分部分项清单、措施清单、工料清单、零星清单部分报价，编制步骤同招标文件。编制完

二维码7-11

成、检查无误后，即可点击【导出报价清单】生成 PDF 投标报价文件，如图 7-36 所示。

图 7-35　登录平台

图 7-36　导出报价清单

三、回标分析

评标时，需要对投标文件（已标价工程量清单）进行整体核查。核查内容主要包括：是否篡改招标清单、是否存在计算问题、是否存在不平衡报价等。如果采用人工审查，需要将各家单位报价数据粘贴到一张表中，编辑公式分析各项清单的单价和总价差异烦琐易出错。

数字新成本平台提供"清单分析"，可将招标文件与投标文件导入平台，一键完成秒级清单分析，如图 7-37 所示。

二维码7-12

图 7-37　回标分析

1. 合理性分析

文件导入后，可灵活设置基准价，基准价可设置为招标控制价、投标单位报价最低价、平均价，选择设定的差异率区间，即可一键查看各投标单位报价与基准价的差异，并能精准定位到清单综合单价的人材机费用项的差异对比，如图 7-38 所示。

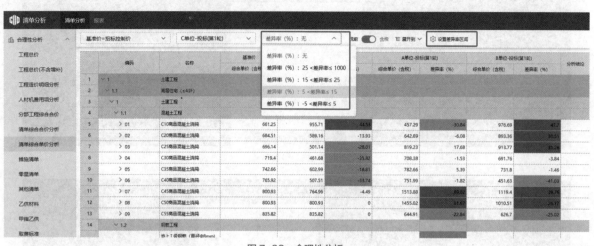

图 7-38　合理性分析

2. 符合性检查

增补清单检查：可查看各投标单位在招标方下发招标清单基础上增加的清单数量及清单明细，快速筛查增补清单。

相同清单一致性检查：可切换投标单位，检查不同投标单位报价一致或雷同的清单项，为围标、串标检查提供依据，如图 7-39 所示。

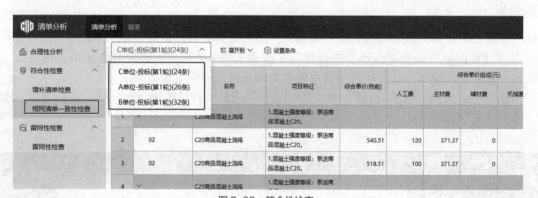

图 7-39　符合性检查

3. 雷同性检查

判断是否为同一账号编制，是否有围标、串标的可能。

课题三　数字化精细管理

近几年来建筑业的产值在持续增长，但是建筑企业利润总量增速却在放缓。与此同时，建筑企业数量仍在增加，这就意味着企业竞争不断加剧，生存难度加大，企业需要将重心聚焦在全成本精细化管控，以谋求利润。

一、成本概述

1. 成本的概念

成本是商品经济的价值范畴，是商品价值的组成部分。人们要进行生产经营活动，就必须耗费一定的资源，其耗费资源的货币表现及其对象称之为成本。

工程成本是为实施合同工程，为达到质量标准，必须消耗或使用的人工、材料、工程设备、施工机械台班及其管理等方面发生的费用和按规定缴纳的规费及税金。

2. 工程成本与投标报价的区别

（1）编制目的不同：编制投标报价的目的是中标，即拿到项目；编制工程成本的目的是测准成本，即拿到利润。

（2）费用测算口径不同：投标报价中的"价"主要来源于定额，工程成本中的"价"需要更多地考虑项目实际情况。如投标报价中人工按照综合工日计算，不考虑工种，而工程成本测算时人工需要划分工种，钢筋工、混凝土工、砌筑工等分别测算；投标报价中模板、脚手架等周转材料按照面积计算，而工程成本测算时需要拆分钢管、扣件等分别计算；投标报价中机械按照定额机械台班计算，工程成本测算时需要区分自有或租赁并考虑摊销进行计算。

3. 成本科目

成本科目是反映成本费用和支出的用于核算成本的发生和归集情况并提供成本相关会计信息的会计科目。每个企业对于成本费用的分析，一般有自己相对固定的分析维度，同时也有相对固定的成本科目。

4. 成本测算的类型

实际工作中工程成本可分为：标前成本、目标成本、动态成本及实际成本。

标前成本，指在投标报价之前编制的成本，一般由市场部、投标部或成本相关部门编制。标前成本的意义主要在于确定成本，为领导决策和投标报价提供依据，保障企业利益不受损失。

目标成本，指在中标后进行编制，作为后期成本控制目标的成本，一般由商务人员主责、项目团队协助编制。目标成本主要用于进行全面盈余分析及风险识别，为分包分供规划提供参考依据。

动态成本，也称变动成本，是指那些成本的总发生额在相关范围内随着业务量的变动而呈线性变动的成本。直接人工、直接材料都是典型的变动成本，在一定时间内它们的发生总额随着业务量的增减而呈正比例变动，但单位产品的耗费则保持不变，相关计算式如下。

$$动态成本 = 已结算合同成本 + 未结算合同成本 + 非合同性成本 + 待发生成本$$

实际成本，是建筑安装工程在施工过程中所发生的实际支出。工程实际成本包括实际耗用的人工费、材料费、机械使用费、其他直接费和管理费等五个成本项目。工程实际成本按工程完成程度，可分为已完工程实际成本和竣工工程实际成本。前者指已经完成预算定额所规定的全部工程内容，在本企业不需要再行加工的分部分项工程的工程实际成本；后者指已经全部竣工的工程实际成本。工程实际成本与预算成本相比较，可以确定工程成本的完成情况，考核施工的经济效果。

5. 成本测算的方式

由于企业成本管理水平的差异，每个企业成本测算精度要求也不同。一般来说，常见的编制方式有以下几种：

（1）经验测算。即按照经验数据估算，测算精度比较低。

（2）指标测算。一般依据项目管理模式确定分包方式，再粗略测算分包成本，间接成本按照企业投入标准指标乘以项目建筑面积测算，测算精度取决于企业指标精度。

（3）依据企业定额或历史数据测算。常见于模拟清单工程或基建类项目。

（4）按投标文件详细测算。基于投标文件，按成本口径拆分归集，测算直接成本，再依据项目施工组织测算间接成本。这种测算方式精度最高，测算流程也最复杂。

6. 成本测算现状

数据资产化难，数据散落在各部门员工手里，规范化积累难；作业过程无法快速调用积累数据，查找调用效率低。标准落地执行难，标准执行动作容易变形形同虚设；业务采用电子表格编制，表格无法串通业务流程，套表烦琐易出错，新人难上手，牵一发而动全身，成本管理重复统计工作多。

二、成本测算数字化作业流程

数字新成本平台成本测算模块基于施工企业精细化管理的诉求，通过"端·云·大数据"的产品形态，旨在解决施工企业成本管理难度大、数据积累难、测算效率低、过程成本数据统计难等业务问题，借助"计价依据库＋作业端一体化"的应用模式，助力企业实现数据标准化、作业高效化、应用智能化，达成成本精细化管理的目标。

1. 新建成本测算文件

数字新成本平台提供四种新建方式：导入云计价文件、导入标准接口文件、导入 Excel 计价文件、导入平台计价文件，如图 7-40 所示，可实现预算工程自动转成本，测算数据无缝对接。

二维码7-13

图 7-40　新建成本测算文件

2. 成本编制

编制成本明细时，平台提供三种方式。

（1）查询企业材料库及分包指导价。价格可跟随企业材料库及分包价格库中的价格动态更新，关联准确，提高查询效率，如图 7-41、图 7-42 所示。

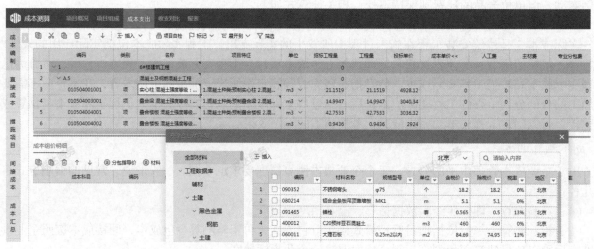

图 7-41　查询企业材料库

（2）手动输入。在清单行手动输入人工费、主材费、专业分包费等，如图 7-43 所示，成本单价自动汇总；手动添加组价明细，选择清单行，在"成本组价明细"中手动插入成本组价，如劳务费、材料费或专业分包费。

（3）关联收入材料。可将清单组价中定额工料机同步至成本组价明细，按需修改含量或价格即可。

图 7-42　查询分包指导价

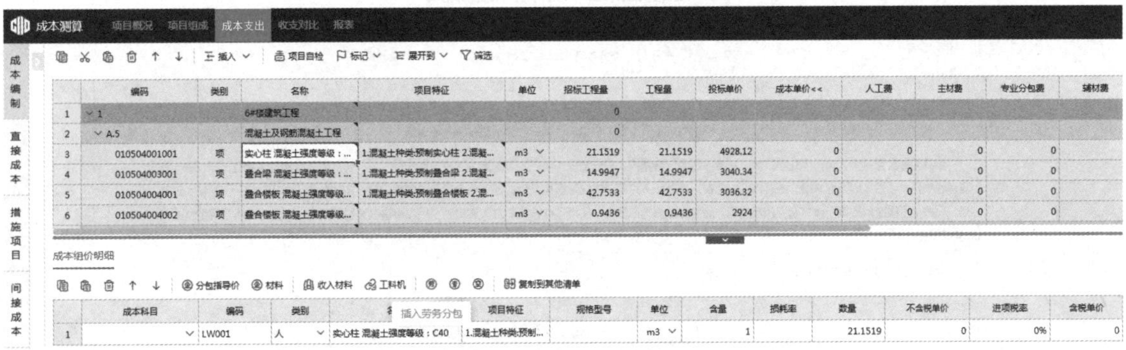

图 7-43　插入成本组价明细

3. 收支对比

成本编制完成后，可在"收支对比"界面查看收支对比情况，盈亏分析实时掌握。平台提供费用、清单、主材等多维度对比，帮助企业及成本管理人员把控盈亏情况，聚焦管控重点，如图 7-44 所示。

图 7-44　收支对比

课题四　数据化精准服务

2020 年 7 月 24 日，住房和城乡建设部办公厅发布《关于印发工程造价改革工作方案》（建办标

〔2020〕38号，以下简称38号文），如图7-45所示。

图7-45 建办标〔2020〕38号文

38号文提出，今后工程造价编制工作将逐渐从定额计价转变为市场化计价，鼓励企事业单位通过信息平台发布各自的人工、材料、机械台班市场价格信息，供市场主体选择，有效地激活良性市场竞争。另一方面，企业层面需要建立自己的企业定额、企业材料库、企业指标库作为新的计价依据，借助系统和工具更好地整理、积累、分析、应用好自己的数据，加强计价依据的动态管理。

一、企业材料库

在招投标及成本测算的过程中，需要涉及大量的询价工作，询价效率及准确率直接影响到招投标文件及成本测算文件的质量。数字新成本平台企业材料库模块面向建筑业，帮助企业积累数据资产，挖掘数据价值，合理优化标准成本，数据无缝流转至各成本作业端及管理系统，从而提升成本精细化管控能力，实现降本增效的价值收益。

1. 数据库搭建

通过外部数据和历史数据积累，帮助企业快速沉淀数据资产。传统数据库建设需耗费大量时间进行数据的加工入库，数字新成本平台可帮助员工在日常工作中自动完成数据积累，使得数据积累对于员工不再是累赘工作，解决企业建库积累的问题。

二维码7-14

（1）广材网收藏。广材网中的市场价可以直接保存在企业材料库中，发布的询价自动入库，避免重复询价，如图7-46所示。

（2）历史数据收藏。对于典型工程，可以通过广材助手将材料数据批量保存，形成企业材料成本标准，控制项目成本，如图7-47所示。

（3）导入Excel文件。如果企业的材料数据储存在Excel表格中，可以通过导入Excel、导入图片Excel、导入图片等功能进行数据导入，如图7-48所示，避免材料散落、数据丢失。

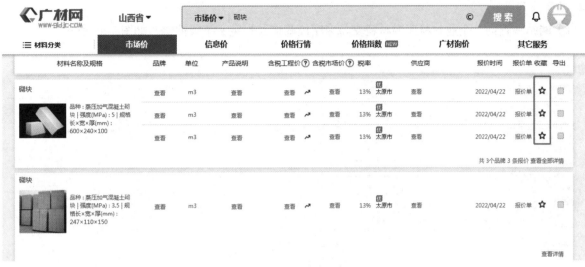

图7-46　广材网收藏

图7-47　历史数据收藏

图7-48　导入Excel文件

2. 数据库管理

（1）数据入库。材料数据存储完成后，管理员在平台内审核通过即可正式入库。为了保障后期使用的便捷性，可按照企业需求定制类别，如项目名称、地区、阶段等。数据分库管理，精准把控材料价格水平，提升报价效率，提升企业竞争力。

（2）数据保鲜。可将同材料不同时期、不同工程阶段价格进行对比分析并形成趋势图，预判价格走势。数据库内材料可实时关联市场价、信息价，随时关注价格变化情况，为数据资产保鲜。

3. 数据库应用

（1）网站端查询。企业材料库内材料支持多字段筛选及自定义字段搜索，如图 7-49 所示。

图 7-49　网站端查询

（2）计价端载价。在招投标或成本编制过程中，可直接查询企业材料库或批量载价，提升调价效率及准确率，如图 7-50 所示。

图 7-50　计价端载价

（3）数据库共享。企业材料库中的数据可以实时共享给同事，随时随地查询价格，避免重复询价，提升工作效率。

二、企业指标库

二维码7-15

1. 企业指标库概述

（1）企业指标库的概念

指标是衡量目标的参数，即预期达到的指数、规格、标准，一般用数据表示。企业指标库是企业在某一时间、地域，一定计量单位的造价水平或工料机消耗量的数值。通过快速积累企业指标数据资产，有效形成成本指标数据合理区间标准，对内可用于成本把控，对外可用于成本的报价参考。

（2）企业指标库的作用

假如有两个单体项目，建安成本都是 3000 万元，项目 A 建筑面积 10000m²，项目 B 建筑面积 15000m²，哪个项目成本更优?

按照每平方米建安成本计算，项目 A 的单方造价指标为 3000 元 /m^2，项目 B 的单方造价指标为 2000 元 /m^2，项目 B 成本更优。

指标的意义在于统一计算口径，便于项目之间的资源消耗量对比分析，企业指标库的建立一般会应用于以下几个阶段：

① 用于编制估算标准。按地区收集数据后，结合当下市场价格进行修正，形成估算标准。

② 用于编制模拟清单工程量。一边分析类似项目清单的含量系数，一边结合甲方发布的设计标准，修正并形成最终的编制标准，依据清单系数及当下项目建筑面积计算模拟清单工程量。

③ 用于质量内控及审核。一般会将两个项目同科目数据分析后进行对比，针对异常数据的清单及人材机等进行详细分析。

（3）企业指标库应用现状

数据存储难。企业在进行指标测算时，由于缺乏统一标准，所有文件存储格式、测算口径不一致，数据易丢失；缺乏统一的管理工具，导致数据存储工作量大。

数据治理难。企业内部积累的指标数据无法满足全部业务，需要借鉴外部、行业、第三方指标数据作为参考。

数据应用难。工程造价文件的编制过程中，如果需要历史数据对标时，需要依据项目业态、地区、建筑面积、层高等信息逐个查找，效率低。

2. 企业指标库数字化作业流程

数字新成本平台，通过“端 · 云 · 大数据”的技术手段，帮助企业统一标准、完善制度流程、有效归集项目指标，赋能数据活力，发挥数据价值，如图 7-51 所示。

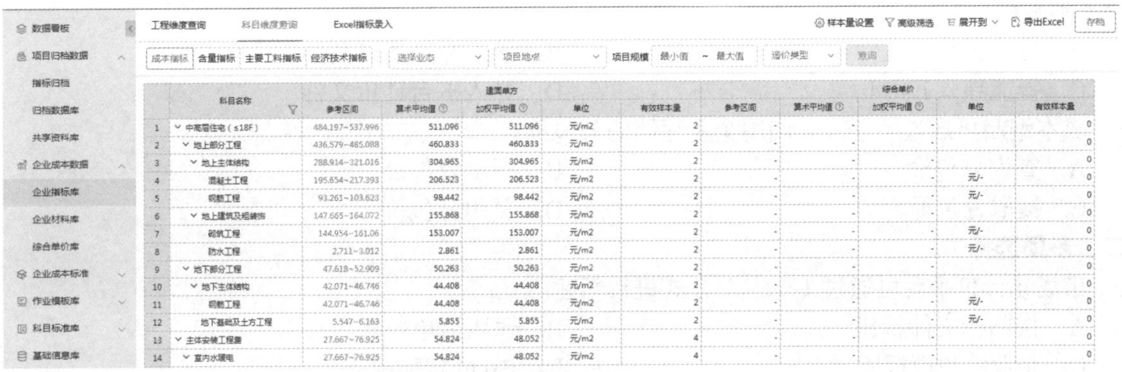

	科目名称	建面单方					综合单价				
		参考区间	算术平均值	加权平均值	单位	有效样本量	参考区间	算术平均值	加权平均值	单位	有效样本量
1	中高层住宅（≤18F）	484.197~537.996	511.096	511.096	元/m2	2	-	-	-		0
2	地上部分工程	436.579~485.088	460.833	460.833	元/m2	2	-	-	-		0
3	地上主体结构	288.914~321.016	304.965	304.965	元/m2	2	-	-	-		0
4	混凝土工程	195.654~217.393	206.523	206.523	元/m2	2	-	-	-	元/-	0
5	钢筋工程	93.261~103.623	98.442	98.442	元/m2	2	-	-	-	元/-	0
6	地上建筑及粗装饰	147.665~164.072	155.868	155.868	元/m2	2	-	-	-		0
7	砌筑工程	144.954~161.06	153.007	153.007	元/m2	2	-	-	-	元/-	0
8	防水工程	2.711~3.012	2.861	2.861	元/m2	2	-	-	-	元/-	0
9	地下部分工程	47.618~52.909	50.263	50.263	元/m2	2	-	-	-		0
10	地下主体结构	42.071~46.746	44.408	44.408	元/m2	2	-	-	-		0
11	钢筋工程	42.071~46.746	44.408	44.408	元/m2	2	-	-	-	元/-	0
12	地下基础及土方工程	5.547~6.163	5.855	5.855	元/m2	2	-	-	-	元/-	0
13	主体安装工程费	27.667~76.925	54.824	48.052	元/m2	4	-	-	-		0
14	室内水暖电	27.667~76.925	54.824	48.052	元/m2	4	-	-	-		0

图 7-51 数据中心

（1）零负担标准化快速建库，形成企业数据资产

平台内置先进的指标标准，可为企业指标标准搭建提供参考。指标分析模板支持企业定制，协助企业快速完成指标结构化入库，数据存储即完成清洗。

（2）数据高效共享流转，应用效率大幅提升

指标标准建立完成后，可将历史工程数据快速存储。指标神器支持导入计价文件、Excel 文件、电子标 XML 文件，可快速将工程数据转换为指标数据。数据存储并通过审核后，即存入企业指标库。企业指标数据存储在云端，可按需查找，防数据丢失。数据在企业内可以实时共享，员工登录账号后即可查询企业数据，实现指标数据在企业内的高效协同。

（3）行业数据打通，赋能数据活力

企业指标库除了可存储企业自有指标外，还打通了行业数据——指标网。指标网数据来源于全国各类实际项目，数据真实参考性强，丰富企业数据。

（4）专业数据应用，发挥数据价值降本增效

企业指标库中的数据可用来指导编制估算，提升估算编制能力；成本类指标在成本测算过程中也可发挥数据价值，提升企业成本测算能力；企业数据流转至各应用端，提升各类作业文件编制效率。

 **单元评价**

通过本单元的学习，掌握装配式混凝土结构工程 BIM 计价方式中招标文件、投标文件的编制方法及回标分析流程；了解成本相关概念、成本精细化测算的方式及业务现状，掌握数字新成本平台中成本测算实操步骤；了解数据库搭建的必要性，掌握企业数据库的存储、管理及应用方式。

序号	评价指标	评价内容	分值/分	学生评价（60%）	教师评价（40%）
1	理论知识	掌握装配式混凝土结构预制墙、柱、梁、板、楼梯、阳台等构件清单列项与组价；措施项目清单列项与计价；了解工程造价成本管控与市场计价	40		
2	任务实施	熟练识读装配式混凝土结构工程施工图；了解国家建筑业现状与发展方向；完成本课程的 BIM 招投标计价实训任务	50		
3	答辩汇报	撰写单元学习总结报告	10		

单元考核

一、单项选择

1. 如何将已有 Excel 文件快速转化为平台文件？（   ）
   A. 通过 Excel 智能导入功能一键导入   B. 只能手动输入
   C. 只能使用复制、粘贴功能   D. 无法转化

2. 若企业已经使用数字新成本平台编制好招标或投标清单文件，进行成本测算时，可采用（   ）方式导入到平台。
   A. 导入云计价文件   B. 导入标准接口文件
   C. 智能导入 Excel   D. 导入平台计价文件

3. 成本编制可通过（   ）调用企业存储的分包价。
   A. 查询分包价   B. 同步分包价
   C. 提取分包价   D. 复用分包价

二、多项选择

1. 市场化计价平台可通过（   ）方式进行新建。
   A. 按归档文件新建   B. 通用清单模板
   C. 企业清单模板库   D. Excel 智能导入
   E. Word 智能导入

2. 市场化计价进行回标分析时支持（   ）分析方式。
   A. 合理性分析   B. 符合性检查
   C. 雷同性检查   D. 清单分析
   E. 定额分析

3. 成本测算可以导入的文件格式有（   ）。
   A. GCCP6.0 云计价   B. Excel 文件
   C. XML 文件   D. PDF 文件
   E. Word 文件

4. 材料价格积累时可以导入（   ）格式。
   A. 导入 Excel   B. 导入图片 Excel
   C. 导入图片   D. 导入 PDF
   E. 导入 Word

5. 企业材料库数据积累可通过（   ）方式实现。
   A. 广材助手收藏   B. 市场价收藏

    C. 人工询价   D. Excel 导入

    E. 导入 PDF

6. 指标神器可导入的文件格式有（   ）。

    A. GBQ6.0   B. XML

    C. Excel   D. 图片

    E. Word

7. 指标积累的意义在于（   ）。

    A. 用于编制企业定额   B. 用于编制估算标准

    C. 用于指导工程结算   D. 用于质量内控及审核

    E. 用于指导预算文件编制

三、实训题

完成装配式混凝土住宅楼工程 1～3 层建筑、PC、装饰工程招标控制价，具体任务如下。

（1）新建工程；

（2）编制分部分项清单；

（3）编制措施清单；

（4）人材机调价；

（5）生成招标控制价。

参考文献

［1］袁建新，胡六星，傅丽芳，等. 装配式混凝土建筑计量与计价. 北京：清华大学出版社，2022.

［2］刘文锋，廖维张，胡昌斌. 智能建造概论. 北京：北京大学出版社，2021.

［3］肖明和，杨勇. 装配式混凝土结构识图与深化设计. 北京：北京理工大学出版社，2019.

［4］肖光明，项健. 装配式建筑工程计量与计价. 北京：机械工业出版社，2021.

［5］张建平，张宇帆. 装配式建筑计量与计价. 北京：中国建筑工业出版社，2019.

［6］蒋明慧，邓林. 颜有光. 装配式混凝土建筑构造与识图. 北京：北京理工大学出版社，2021.

［7］张波. 装配式混凝土结构工程. 北京：北京理工大学出版社，2016.

［8］官海. 装配式混凝土建筑施工技术. 北京：中国建筑工业出版社，2020.

［9］刘晓晨，王施施. 装配式建筑构件制作与安装实操. 北京：中国建筑工业出版社，2022.

［10］李娜，王伟. 装配式建筑工程计量与计价. 杭州：浙江大学出版社，2022.

［11］温艳芳，罗丽坤. 建筑工程计量计价. 北京：高等教育出版社，2020.

［12］GB/T 50500 建设工程工程量清单计价标准.

［13］GB/T 50854 房屋建筑与装饰工程工程量计算标准.

［14］山西省工程建设标准定额站. 山西省建设工程计价依据·装配式建筑工程预算定额. 太原：山西出版传媒集团，山西科学技术出版社，2018.

［15］山西省工程建设标准定额站. 山西省建设工程计价依据·装饰工程预算定额. 太原：山西出版传媒集团，山西科学技术出版社，2018.

［16］山西省工程建设标准定额站. 山西省建设工程计价依据·建设工程费用定额. 太原：山西出版传媒集团，山西科学技术出版社，2018.

［17］太原市工程建设标准定额站. 2018年太原市建设工程材料预算价格. 北京：中国建筑工业出版社，2019.

［18］15G107-1装配式混凝土结构表示方法及示例（剪力墙结构）.

［19］15G365-1预制混凝土剪力墙外墙板.

［20］15G365-2预制混凝土剪力墙内墙板.

［21］15G366-1桁架钢筋混凝土叠合板（60mm厚底板）.

［22］15G367-1预制钢筋混凝土板式楼梯.

［23］15G368-1预制钢筋混凝土阳台板、空调板及女儿墙.

［24］GB/T 51231—2016装配式混凝土建筑技术标准.

［25］JGJ 1—2014装配式混凝土建筑技术规程.

装配式混凝土住宅楼
工程案例施工图册

曹红梅　温艳芳　李和珊　主编

化学工业出版社

·北京·

目　　录

一、某装配式混凝土住宅楼建筑施工图

建筑设计说明

1. 本工程为某装配式混凝土住宅楼，取地上1～3层（不含地下及基础），均为住宅，层高3m。

2. 各层标注标高为建筑完成面标高，屋面标高为结构面标高。

3. 外墙为200mm厚钢筋混凝土墙、60mm厚热固性改性聚苯板保温层，三明治预制墙板内含60mm厚挤塑聚苯板；内墙为钢筋混凝土墙、预制墙、加气混凝土砌块墙；凸窗顶板与底板均采用100mm厚钢筋混凝土板、60mm厚热固性改性聚苯板保温层；户门采用双层钢板内夹25mm厚岩棉板。

4. 外门窗、推拉门均选用PA断桥铝合金中空玻璃（5mm+12mm+5mm），所有门窗向内开启，门窗表见表1。

表1 门窗表

类型	设计编号	洞口尺寸/mm×mm	备注
普通窗	C0615	600×1500	空气层为12mm厚的PA断桥铝合金门窗，带纱窗
	C0915	900×1500	空气层为12mm厚的PA断桥铝合金门窗
	C1315	1300×1500	空气层为12mm厚的PA断桥铝合金门窗，带纱窗
	C1415	1400×1500	空气层为12mm厚的PA断桥铝合金门窗，带纱窗
	C1422	1400×2200	空气层为12mm厚的PA断桥铝合金门窗，带纱窗
	C1215	1200×1500	空气层为12mm厚的PA断桥铝合金门窗，带纱窗
	C1209	1200×900	空气层为12mm厚的PA断桥铝合金门窗，带纱窗
	C1218	1200×1800	空气层为12mm厚的PA断桥铝合金门窗，带纱窗
	C1815	1800×1500	空气层为12mm厚的PA断桥铝合金门窗，带纱窗
	C1815′	1800×1500	空气层为12mm厚的PA断桥铝合金门窗，带纱窗，外窗耐火完整性不低于1.00h
	C2715	2700×1500	空气层为12mm厚的PA断桥铝合金门窗，带纱窗
	C1515	1500×1500	空气层为12mm厚的PA断桥铝合金门窗，带纱窗
阳台窗	YC0918	900×1800	空气层为12mm厚的PA断桥铝合金门窗，带纱窗
	YC1218	1200×1800	空气层为12mm厚的PA断桥铝合金门窗，带纱窗
	YC2718	2700×1280	空气层为12mm厚的PA断桥铝合金门窗，带纱窗
飘窗	PC1518	1500×1800	空气层为12mm厚的PA断桥铝合金门窗，带纱窗
	PC1818	1800×1800	空气层为12mm厚的PA断桥铝合金门窗，带纱窗
	PC2118	2100×1800	空气层为12mm厚的PA断桥铝合金门窗，带纱窗
	PC2718	2700×1800	空气层为12mm厚的PA断桥铝合金门窗，带纱窗
防火门	FM丙0619	600×1900	12J4-2，参GFM01-0820
	FM乙0921	900×2100	12J4-2，参GFM01-0921
	FM乙1021	1000×2100	12J4-2，参GFM01-1021
	FM乙1121	1100×2100	12J4-2，参GFM01-1021
	FM乙1821	1800×2100	12J4-2，参GFM01-1821

续表

类型	设计编号	洞口尺寸/mm×mm	备注
防火门	FM甲0921	900×2100	12J4-2，参GFM01-0921
	FM甲1021	1000×2100	12J4-2，参GFM01-1021
	FM甲1221	1200×2100	12J4-2，参GFM01-1221
	FM甲1521	1500×2100	12J4-2，参GFM01-1521
普通门	M0821′	800×2100	12J4-1，参PM-0921 木质夹板门
	M0821	800×2100	12J4-1，参PM-0921 木质夹板门
	M0921	900×2100	12J4-1，参PM-0921 木质夹板门
	M1021	1000×2100	12J4-1，参PM-1021 木质夹板门
	M1221	1200×2100	12J4-1，参PM-1221 木质夹板门
	M1521	1500×2100	12J4-1，参PM-1524 木质夹板门
推拉门	TM1824	1800×2400	12J4-1，参TM4-2124，空气层为12mm厚的PA断桥铝合金门窗，带纱窗
	TM2124	2100×2400	12J4-1，参TM4-2124，空气层为12mm厚的PA断桥铝合金门窗，带纱窗
	TM2424	2400×2400	12J4-1，参TM4-2124，空气层为12mm厚的PA断桥铝合金门窗，带纱窗
门连窗	MC2724	2700×2400	
	MC2824	2800×2400	
	MC4624	4600×2400	

5. 内外装修工程

（1）一般装修、油漆涂料，见表2。

（2）木材油漆：满刮腻子，打磨平整，刷底油一遍、清漆三遍。

（3）金属栏杆油漆：除锈后，刷防锈漆一遍，刮腻子，刷调和漆两遍。

（4）雨篷、室外台阶、散水、坡道等工程做法见"工程做法表"及各层平面图和有关详图。

表2 工程做法表

部位	工程做法	用于
楼面1 砂浆楼面	①30mm厚DS M15干混砂浆抹平压光； ②素水泥浆一道； ③钢筋混凝土楼板	用于楼梯间、室外连廊
楼面2 铺地砖楼面	①10mm厚地砖铺实拍平，稀水泥浆擦缝； ②20mm厚DS M15干混砂浆； ③素水泥浆一道； ④90mm厚C15细石混凝土； ⑤钢筋混凝土楼板	用于二层及以上前室，瓷砖为600mm×600mm浅色
楼面3 大理石楼面	①20mm厚大理石板，稀水泥浆或彩色水泥擦缝； ②30mm厚DS M15干混砂浆； ③素水泥浆一道； ④20mm厚DS M15干混砂浆找平层； ⑤50mm厚1:6水泥焦渣垫层； ⑥钢筋混凝土楼板	用于门厅、一层前室，大理石为800mm×800mm浅米色

续表

部位	工程做法	用于
楼面4 地砖楼面	①预留面层30mm厚（用户自理）； ②素水泥浆一道； ③50mm厚C5细石混凝土随打随抹（中间敷设散热管）； ④0.2mm厚真空镀铝聚酯薄膜； ⑤20mm厚挤塑聚苯乙烯泡沫塑料板； ⑥20mm厚DS M15干混砂浆找平层； ⑦素水泥浆一道； ⑧钢筋混凝土楼板	客厅、餐厅、厨房、卧室
楼面5 地砖楼面	①预留面层30mm厚（用户自理）； ②1.5mm厚合成高分子防水涂料； ③C20细石混凝土找坡不小于0.5%，坡向地漏，最厚处70mm； ④20mm厚DS M15干混砂浆找平层； ⑤素水泥浆一道； ⑥钢筋混凝土楼板	用于放洗衣机的阳台
楼面6 地砖楼面	①预留面层30mm厚（用户自理）； ②素水泥浆一道； ③最薄处50mm厚C5细石混凝土随打随抹（中间敷设散热管），找坡1%； ④0.2mm厚真空镀铝聚酯薄膜； ⑤20mm厚挤塑聚苯乙烯泡沫塑料板； ⑥1.5mm厚聚氨酯防水涂料防水层，四周沿墙翻高300mm高； ⑦20mm厚DS M15干混砂浆找平层； ⑧素水泥浆一道； ⑨钢筋混凝土楼板	住宅卫生间
内墙1 大理石墙面	①按大理石高度安装配套不锈钢挂件，大理石为800mm×800mm横向倒角； ②25～30mm厚石材板，用硅酮（聚硅氧烷）密封填缝	用于住宅门厅、一层前室
内墙2 瓷砖墙面	①刷专用界面剂一遍； ②9mm厚DP M15干混砂浆； ③素水泥浆一道； ④4mm厚DP M20干混砂浆加水重20%建筑胶黏结层； ⑤10mm厚陶瓷锦砖，白水泥擦缝（2400mm高）	用于二层及以上前室，瓷砖300mm×600mm浅色，横向倒角
内墙3 预留面层墙面	①刷专用界面剂一遍； ②9mm厚DP M15干混砂浆； ③8mm厚DW M15干混防水砂浆； ④素水泥浆一遍； ⑤面层用户自理	用于卫生间、厨房
内墙4 预留面层墙面	①基层表面清理干净，浇水润湿； ②3mm厚柔性耐水腻子两遍批刮，磨平； ③面层用户自理	用于住宅卧室、餐厅、客厅、阳台
内墙5 保温墙面	①基层墙体； ②涂刷配套界面砂浆； ③30mm厚玻化微珠保温砂浆； ④5mm厚抗裂砂浆面层，内层耐碱网格布一层； ⑤表面刷（喷）涂料两遍	非采暖空间与采暖空间隔墙

1

部位	工程做法	用于
内墙6 刮腻子墙面	①刷专用界面剂一遍; ②2mm厚柔性耐水腻子一遍	用于水暖电井、加压送风井
顶棚1 预留面层顶棚	①钢筋混凝土板底面清理干净; ②8mm厚DW M15干混防水砂浆分层抹平; ③素水泥浆一遍; ④面层用户自理	用于卫生间
顶棚2 砂浆顶棚	①钢筋混凝土板底面清理干净; ②5mm厚DP M15干混砂浆; ③3mm厚DP M20干混砂浆; ④2mm厚防霉腻子一道; ⑤表面刷(喷)涂料两遍	用于电梯机房、楼梯间、连廊、前室,用于电梯机房时去掉⑤
顶棚3 刮腻子顶棚	①钢筋混凝土板底面清理干净; ②3mm厚柔性腻子分遍刮平; ③面层用户自理	用于卧室、餐厅、客厅、厨房
顶棚4 板底保温顶棚	①钢筋混凝土板底面清理干净; ②30mm厚热固性改性聚苯板保温层,配套胶黏剂粘贴,锚栓固定; ③5mm厚抹面胶浆,中间压入一层耐碱玻璃纤维网布; ④刮柔性耐水腻子; ⑤喷或涂刷涂料两遍	用于一层阳台
顶棚5 纸面石膏板吊顶顶棚	①轻钢龙骨标准骨架:主龙骨中距1000mm,次龙骨中距450mm,横撑龙骨中距900mm; ②9.5mm厚900mm×2700mm纸面石膏板,自攻螺钉拧牢,孔眼用腻子填平; ③配套防潮涂料一遍	用于门厅
踢脚1(高120mm)地砖踢脚	①刷专用界面剂一遍; ②9mm厚DP M15干混砂浆; ③6mm厚DP M20干混砂浆; ④素水泥浆一道; ⑤3mm厚DP M20干混砂浆加水重20%建筑胶黏结层; ⑥7mm厚面砖,水泥浆擦缝或填缝剂填缝	随楼地面
踢脚2(高120mm)砂浆踢脚	①刷专用界面剂一遍; ②12mm厚DP M15干混砂浆; ③6mm厚DP M20干混砂浆抹面压光	随楼地面
油漆1 金属面	①清理金属面除锈; ②防锈漆一遍; ③刮腻子、磨光; ④调和漆两遍	体育器材室
油漆2 木材面	①木基层清理、除污、打磨; ②刮腻子、磨光; ③涂底油一遍; ④清漆三遍	卫生间
外墙1 涂料外墙面	①钢筋混凝土墙面(加气混凝土墙面); ②60mm厚热固性改性聚苯板保温层(A级),保膜一体板,铺以锚筋拉结; ③8mm厚干粉类聚合物水泥防水砂浆,中间压入一层耐碱玻璃纤维网布; ④刮柔性耐水腻子; ⑤喷或涂刷外墙涂料两遍	使用位置详立面,用于阳台时选用30mm厚保温板

部位	工程做法	用于
外墙2 预制外墙	①刷专用界面剂一遍; ②喷或涂刷外墙涂料两遍	使用位置详立面
台阶 大理石台阶	①20mm厚防滑大理石,水泥浆擦缝; ②30mm厚DS M15干混砂浆; ③素水泥结合层一道; ④60mm厚C15混凝土台阶; ⑤300mm厚3:7灰土; ⑥素土夯实	入口台阶
坡道 大理石台阶	①20mm厚防滑大理石,水泥浆擦缝; ②30mm厚DS M15干混砂浆; ③素水泥结合层一道; ④100mm厚C20混凝土,随捣随抹成麻面; ⑤300mm厚3:7灰土; ⑥素土夯实	无障碍坡道
散水 细石混凝土	①40mm厚C20混凝土,上撒1:1水泥砂子压实抛光; ②150mm厚3:7灰土,宽出面层60mm; ③素土夯实,向外坡5%	

6. 施工注意事项

(1)距楼地面2.0m的门窗洞口内侧阳角做20mm厚DP M20干混砂浆护角,两侧宽各50mm。

(2)卫生间楼地面均比相邻地面低20mm,卫生间以1%坡向地漏或排水口。

(3)所有楼梯的水平扶手长度大于0.5m时,栏杆高度为1050mm,栏杆垂直杆件间净距小于110mm。

(4)所有高度不足1100mm阳台栏板均应在室内加设护窗栏杆,栏杆上皮距可踏面为1100mm,阳台栏杆垂直杆件间距应小于110mm,所有窗台高度在住宅不足900mm的外窗均应在室内加设护窗栏杆,护窗栏杆垂直杆件净距小于110mm。

(5)凡两种材料的墙身交接处,在做墙面饰面前须加钉钢筋丝网防止裂缝,各边宽不小于150mm。

(6)窗台板台面采用大理石,预埋木件均刷防腐油,预埋铁件刷红丹防锈漆两道。

(7)空调板未注标高者均在层高处。

工业化设计说明

1. 构件加工

(1)预制混凝土柱、墙、梁、板、楼梯等根据工程要求进行深化和优化设计,由工厂标准化、模数化生产。

(2)预制混凝土外墙板外墙功能定位分为围护板和装饰板系统。

(3)复合夹心保温外墙板是由内外叶混凝土板和夹心的保温层通过非金属连接件组合而成,具有维护、保温、隔热、隔声、防水、装饰等功能。

(4)饰面混凝土外墙宜采用反打一次成型工艺制作,确保外墙板面层的装饰效果和制作质量满足设计要求。

(5)预制混凝土构件用模板的结构形式应根据工程特点和生产工艺进行设计,计算模板周转次数下的承载力和变形,保证模板在使用过程中的精度和尺寸偏差要求。

(6)新模板进场时或模板改制后应进行检查验收,每次浇筑混凝土前应核对模板及预埋件的关键尺寸,预留孔、预留洞不能遗漏,且应做可靠的固定措施。

2. 构件制作

(1)混凝土所用原材料、配合比设计、强度等级、耐久性和工作性应满足现行国家标准和工程设计要求。

(2)模板与混凝土接触面应清理并涂刷界面剂,严禁采用影响结构性能或面层装饰效果的界面剂。

(3)在浇筑混凝土前,应进行钢筋和预埋件隐蔽工程验收,钢筋品牌、级别、规格、数量、保护层厚度、构件上的预埋件、插筋和预留洞的规格、位置和数量必须满足设计要求。

3. 施工安装

(1)预埋构件运输应根据工程实际条件制定专项运输方案,确定运输方式、运输路线、构件固定及保护措施等。

(2)外墙板码放场地应平整坚实,墙板立放时要采用专用的插放架存放。

(3)外墙板码放时要制定成品保护措施,对于装饰面层处,垫木外表面用塑料布包裹隔离,避免雨水及垫木污染板表面。

(4)墙板安装前应编制外墙板安装方案,确定墙板水平运输、垂直运输的吊装方式,进行设备造型及安装调试。

4. 构件安装

(1)预制混凝土构件按顺序分层或分段吊装,构件阴暗三维控制线就位,采取保证构件稳定的临时固定措施,根据水准点和轴线校正位置精确定位后,并将连接节点按设计要求固定。

(2)预埋构件起吊时应采用有足够安全储备的钢丝绳,钢丝绳与构件的水平夹角不宜小于45°,否则应采用成套吊具或经验算法确定。

(3)预埋构件安装就位固定后应对连接点进行检查验收,隐藏在构件内的连接节点必须在施工过程中及时做好隐蔽工程检查记录。

5. 板缝防水施工

(1)板缝防水施工前应将板缝内清洗干净,破损部位用专业修补硬化后,在板缝中填塞适当直径的背衬材料,严格控制背衬塞入板缝的厚度。

(2)采用符合设计要求的密封胶填缝时,应保证十字缝处300mm范围内水平缝和垂直缝一次完成,要保证胶缝厚度尺寸、板缝粘接质量及胶缝外观质量符合要求。

(3)板防水施工72h内保持板缝处于干燥状态,禁止冬季低温或雨天进行板缝防水施工。

6. 安装质量验收

(1)预制混凝土构件施工安装尺寸允许偏差符合国家质量验收规范。

(2)预制混凝土构件工程验收时应提交如下资料:工程设计单位确认的深化设计施工图,设计变更文件,预制混凝土工程安装所用各种材料、连接件的产品合格证、性能检测报告、进场验收记录和复验报告,预制混凝土构件出厂合格证,预制混凝土构件连接构造节点,防水、防火、防雷节点的隐蔽工程验收记录,其它质量保证资料。

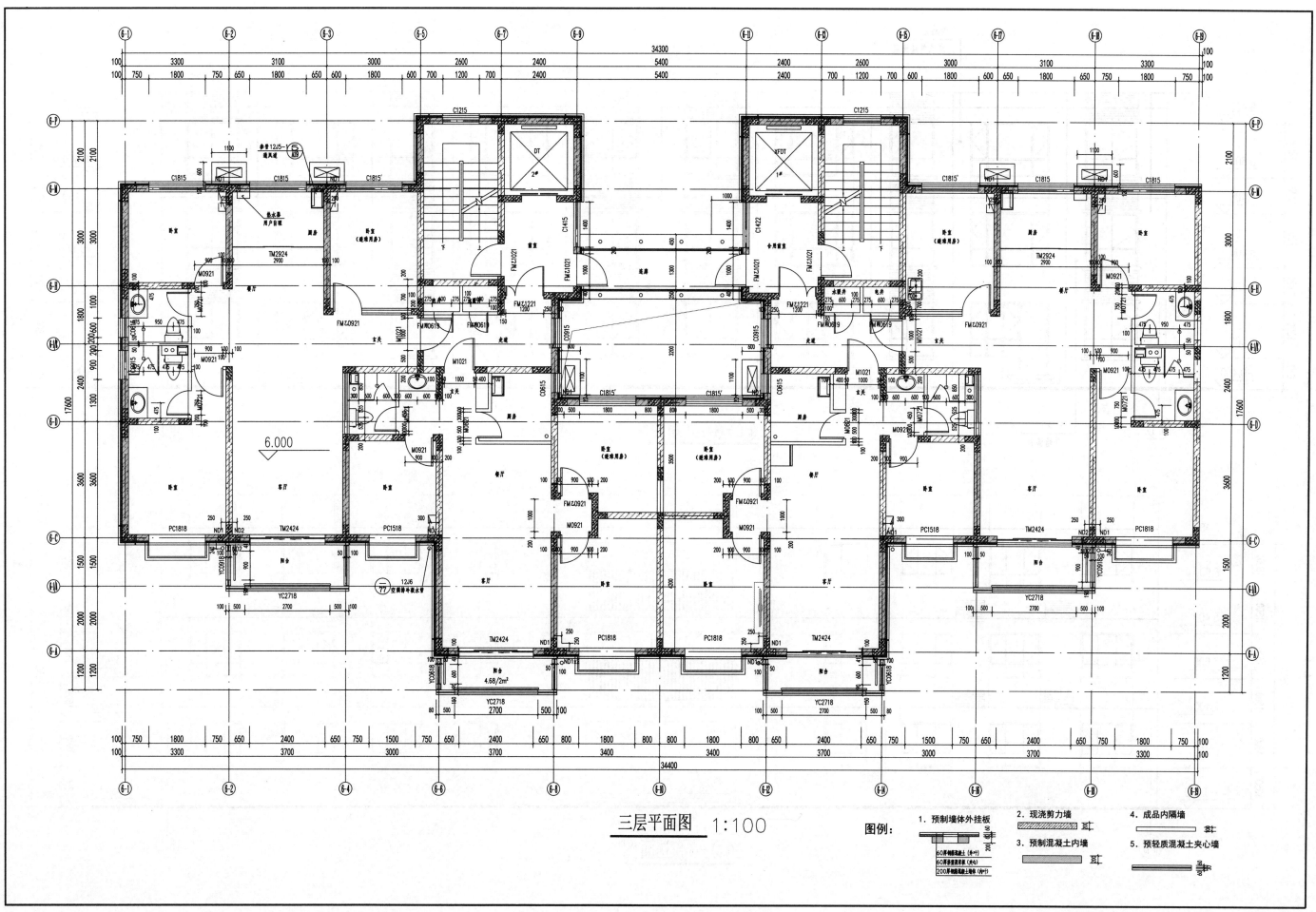

三层平面图 1:100

图例：

1. 预制墙体外挂板
2. 现浇剪力墙
3. 预制混凝土内墙
4. 成品内隔墙
5. 预轻质混凝土夹心墙

5

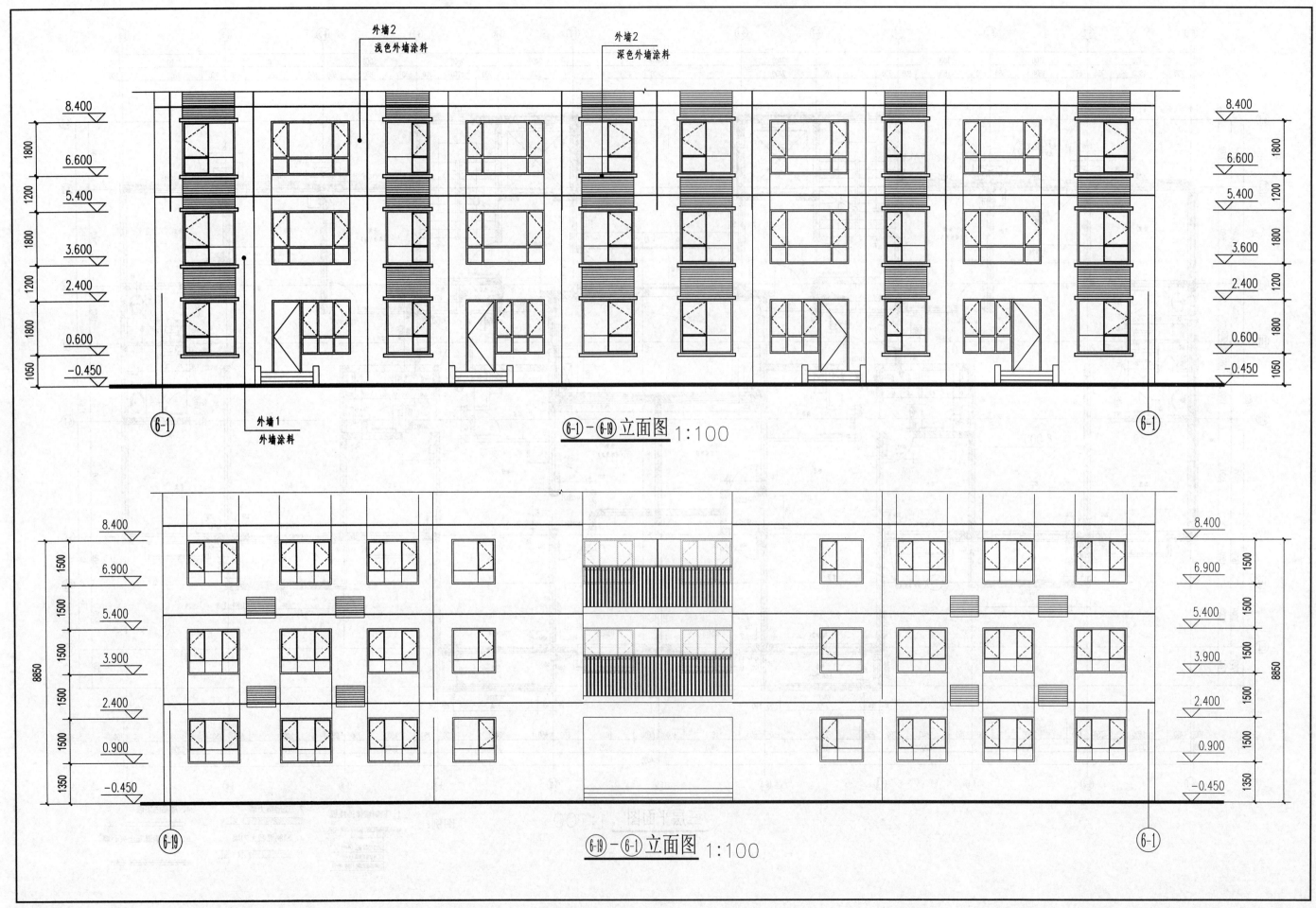

外墙2
浅色外墙涂料

外墙2
深色外墙涂料

8.400

1800

6.600

1200

5.400

1800

3.600

1200

2.400

1800

0.600

1050

-0.450

8.400

1800

6.600

1200

5.400

1800

3.600

1200

2.400

1800

0.600

1050

-0.450

⑥-1

外墙1
外墙涂料

⑥-1

⑥-1 — ⑥-19 立面图 1:100

8.400

1500

6.900

1500

5.400

1500

3.900

1500

2.400

1500

0.900

1350

-0.450

8850

8.400

1500

6.900

1500

5.400

1500

3.900

1500

2.400

1500

0.900

1350

-0.450

8850

⑥-19

⑥-1

⑥-19 — ⑥-1 立面图 1:100

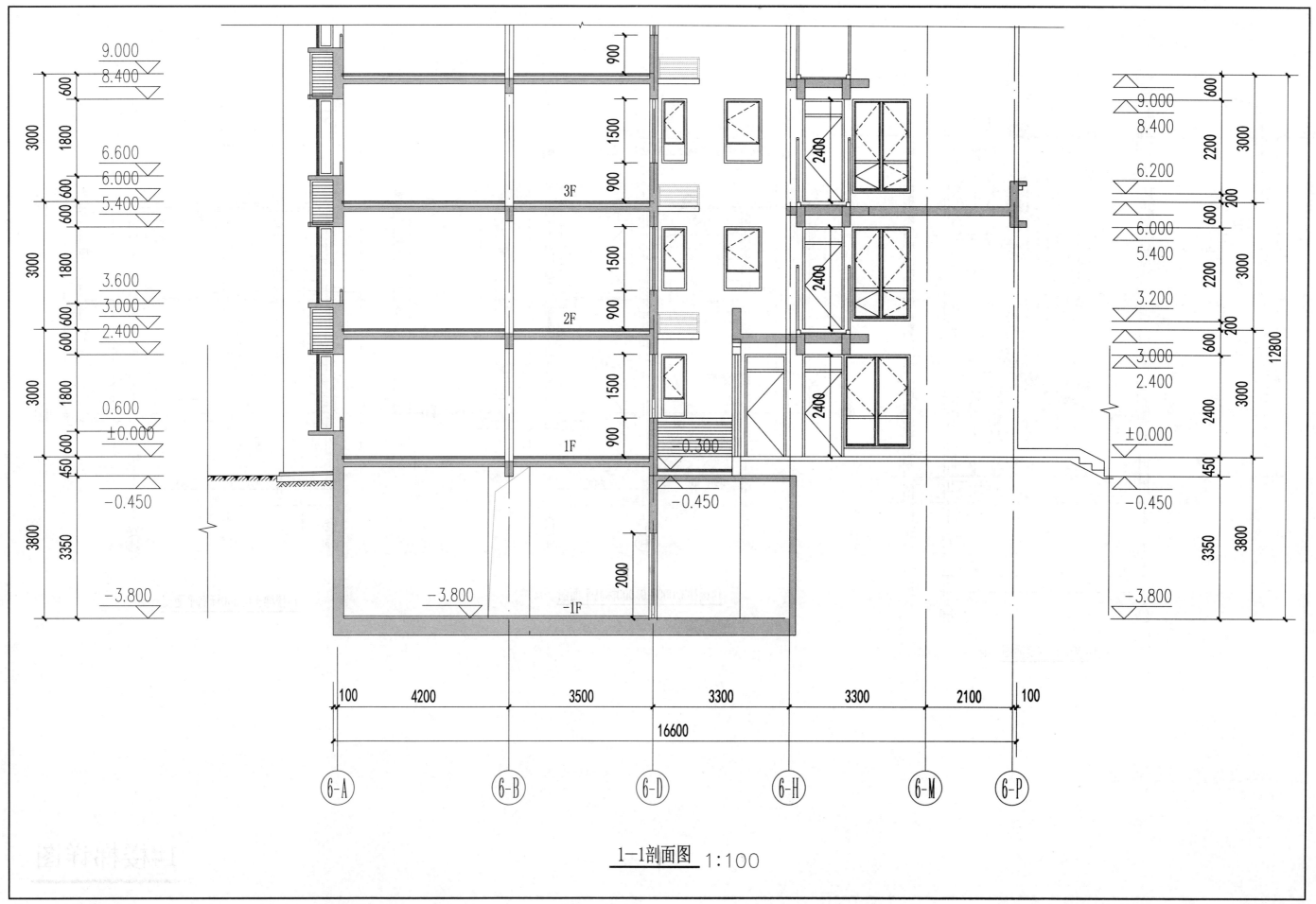

9.000
8.400
600
3000
1800
6.600
6.000
600 600
5.400
3000
1800
3.600
3.000
600 600
2.400
3000
1800
0.600
±0.000
600
450 600
−0.450
3800
3350
−3.800

900
1500
900
3F
1500
2F
900
1500
1F
900
0.300
−0.450
2000
−3.800
−1F

2400
2400
2400

△
9.000
8.400
600
3000
2200
6.200
6.000
200
600
5.400
3000
2200
3.200
3.000
200
600
2.400
3000
2400
±0.000
450
−0.450
12800
3800
3350
−3.800

100 | 4200 | 3500 | 3300 | 3300 | 2100 | 100
16600

⑥-A ⑥-B ⑥-D ⑥-H ⑥-M ⑥-P

<u>1—1剖面图</u> 1:100

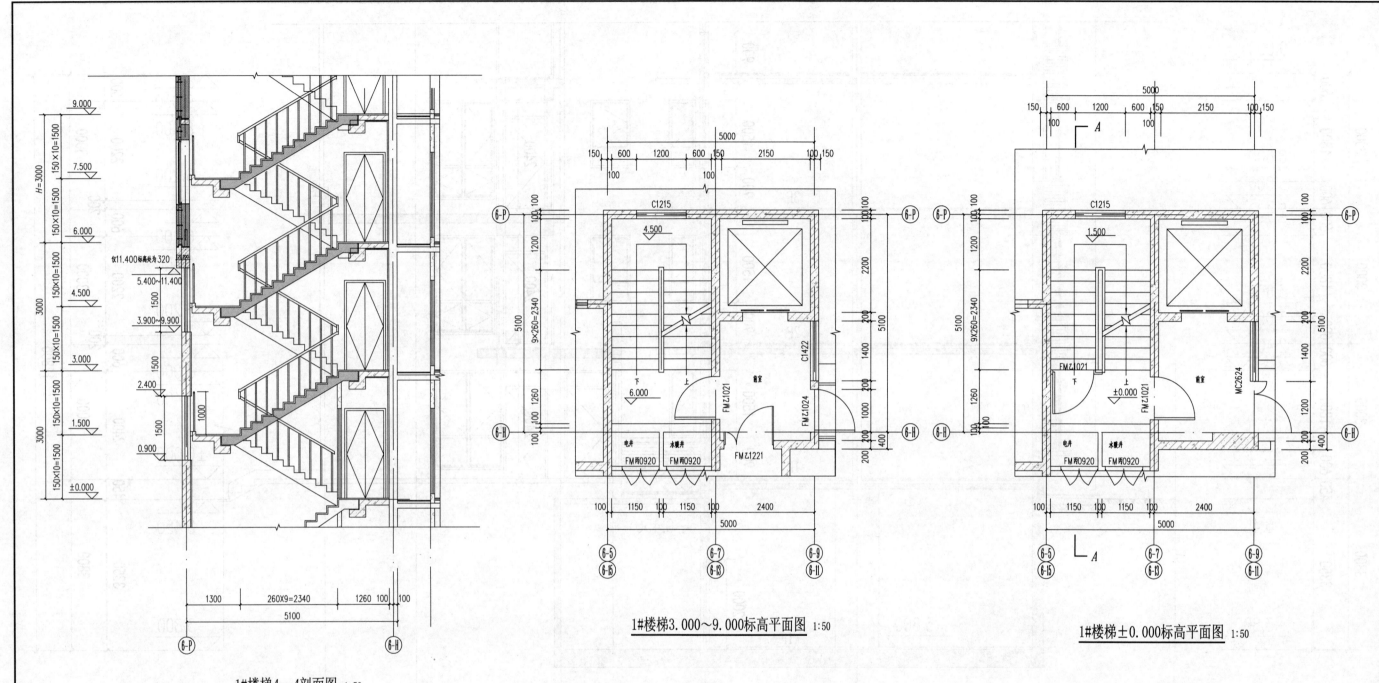

1#楼梯A—A剖面图 1:50

1#楼梯3.000～9.000标高平面图 1:50

1#楼梯±0.000标高平面图 1:50

1#楼梯详图

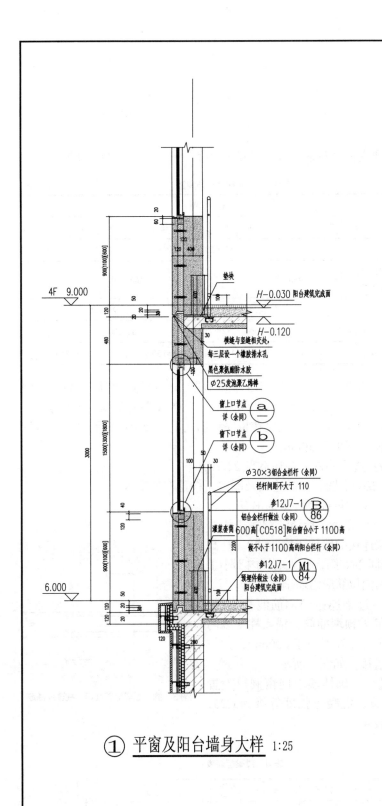

① 平窗及阳台墙身大样 1:25

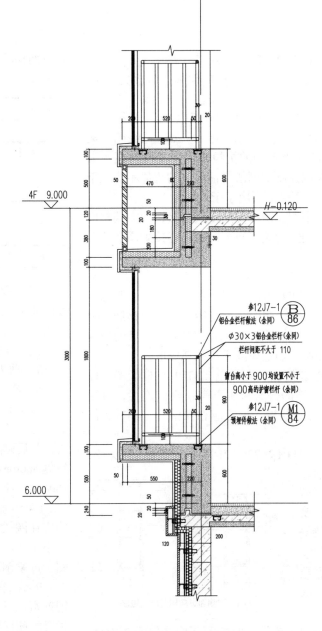

② 凸窗墙身大样 1:25

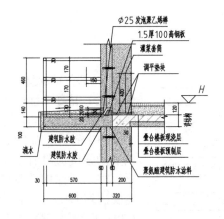

③ 预制墙体与全预制空调板连接节点 1:25

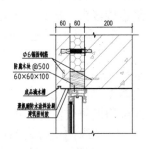

ⓐ 窗上口节点 1:10

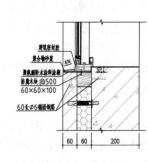

ⓑ 窗下口节点 1:10

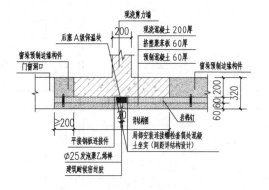

ⓒ 预制墙体与现浇剪力墙连接节点 1:25

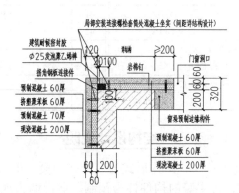

ⓓ 预制墙体阳角连接节点 1:25

工业化建筑节点大样

9

二、某装配式混凝土住宅楼结构施工图

结构设计说明

1. 本工程地上三层，结构形式为装配式混凝土框架-剪力墙结构，一层为全现浇结构，二层竖向构件柱为预制、剪力墙为现浇结构、水平构件（梁、板）为叠合构件，三层剪力墙预制+现浇、水平构件为叠合板，预制柱、剪力墙的竖向钢筋连接采用套筒灌浆连接技术，现浇剪力墙与预制柱、剪力墙通过现浇节点连接为整体，预制墙板之间通过现浇带连接为整体，阳台板、空调板、楼梯板采用预制构件。

2. 建筑物室内地面标高±0.000相当于绝对标高为801.60m，室内外高差0.45m。

3. 建筑结构安全等级为二级，建筑抗震设防类别为丙类，抗震设防烈度为8度，抗震等级为三级，耐火等级为一级，设计使用年限为50年。

4. 混凝土结构环境类别：室内干燥环境为一类，卫生间、浴室等室内潮湿环境、冰冻线以下与无侵蚀的水或土壤直接接触的环境为二a类，雨篷、挑檐、室外装饰构件等露天构件为二b类。

5. 主要结构材料

（1）砌体材料采用DM M7.5干混砂浆砌筑A5.0加气混凝土砌块，采用100mm厚成品内隔墙，容重应不大于6.5kg/m³，预制夹芯保温剪力墙外墙板、预制填充墙板的拉结件，应采用符合国家现行标准的FRP（纤维增强复合材料），部分预制墙板采用填充轻质材料（聚苯板），其容重不小于12kg/m³。

（2）混凝土强度等级：剪力墙、框架柱为C40；框架梁、楼板为C30；楼梯、圈梁、过梁、构造柱为C25。

（3）钢筋采用HPB300级钢（φ，Ⅰ级钢）；HRB400级钢（Φ，Ⅲ级钢），钢筋的强度应具有不小于95%的保证率，抗震等级为一、二、三级的框架梁、柱、斜撑构件及楼梯板中的纵向受力钢筋的抗拉强度实测值与屈服强度实测值的比不应小于1.25；钢筋屈服强度实测值与标准值的比值不应大于1.30，且钢筋在最大拉力下的总伸长率实测值不应小于9%。

（4）现浇结构纵向钢筋机械连接采用直螺纹钢筋连接套筒，剪力墙相接的暗柱纵向钢筋接头等级为Ⅰ级；预制剪力墙墙板纵向钢筋连接采用套筒灌浆连接接头，接头等级为Ⅰ级。

6. 钢筋混凝土构造要求

（1）受力钢筋混凝土保护层厚度：防水混凝土梁、板、柱、墙、基础迎水面50mm，受力钢筋保护层厚度不小于钢筋的公称直径，最外层钢筋保护层厚度详见22G101，预制混凝土构件节点缝隙或金属承重构件节点的外露部位均设防火保护，采用水泥砂浆抹面，勾缝厚度不小于20mm。

（2）纵向受拉钢筋最小锚固长度及搭接长度详见22G101；框架梁、柱及剪力墙端柱、暗柱直径≥20mm钢筋的接头采用直螺纹机械连接，直径<20mm的纵筋可采用绑扎搭接，受力钢筋接头位置应相互错开，其接头位置按22G101的规定。

（3）框架梁、柱的构造要求详见国标图集22G101及本工程梁、柱详图，在主次梁相交处的主梁上设置附加箍筋，附加数量除图中注明外均为次梁两侧各三组箍筋，间距50mm，十字交叉梁在交叉处每根梁均设三组箍筋，箍筋肢数、直径同梁箍筋，梁图中有吊筋处，附吊筋外在次梁两侧各设三组箍筋，梁侧面纵向构造筋和拉筋要求如图1所示；未注明部分详图集22G101。

图1 梁侧面纵向构造筋和拉筋

（4）楼、屋面梁一端垂直于剪力墙（或梁）时的配筋构造如图2所示，与22G101配合使用。

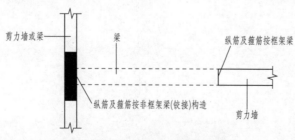

图2 梁一端与墙（梁）垂直时配筋构造

（5）楼板、屋面板构造要求：双向板钢筋的放置，短向钢筋置于板底下层，长向钢筋置于板底上层；当钢筋长度不足时，梁、板顶部钢筋应在跨中搭接，梁、板底部钢筋应在支座处搭接；各板角负筋，纵横两向必须重叠设置成网格状；现浇板分布钢筋直径与间距，除图中注明外，如表3所示。

表3 板分布筋直径与间距 单位：mm

受力钢筋直径	受力钢筋间距													
	70	75	80	85	90	95	100	110	120	130	140	150	160	170~200
6~8	Φ6@250													
10	Φ6@150 或 Φ8@250							Φ6@200				Φ6@250		
12	Φ8@200						Φ8@250					Φ6@200		
14	Φ8@150					Φ8@200					Φ8@250			Φ6@200
16	Φ10@150				Φ10@200				Φ10@250 或 Φ8@150				Φ8@250	

（6）管道井内钢筋在预留洞口处不得截断，待管道安装后用高一级强度膨胀混凝土浇筑，逐层封堵，板内负筋锚入梁内及混凝土墙内不小于L_a；板内埋设管线时，所铺设管线应放在板底钢筋之上、板上部钢筋之下，且管线的混凝土保护层不小于30mm。

7. 剪力墙及边缘构件钢筋构造见22G101。

8. 砌体与混凝土墙、柱的连接及圈梁、构造柱的要求

（1）砌体施工质量控制等级为B级。

（2）应先砌填充墙，后浇筑混凝土构造柱，与后砌隔墙连接的墙柱（构造柱），柱高每隔500mm预埋2Φ6筋，锚入墙柱内不小于180mm，伸入墙内拉筋应沿墙全长贯通。

（3）与圈、过梁连接的钢筋混凝土柱、墙应在圈梁纵筋处预埋插筋，锚入柱、墙内不小于35d，伸出柱外不小于700mm，并与圈、过梁钢筋搭接，如图3所示。

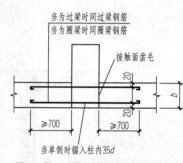

图3 圈、过梁纵筋在墙、柱预埋插筋

9. 门窗过梁：砌体墙上门窗洞口设置钢筋混凝土过梁，混凝土强度等级为C25，过梁配筋详见表4。

表4 过梁配筋表

L(洞宽)/mm	截面形式	h/mm	a(支撑长度)/mm	①	②	③
≤1000	A	120	360	2Φ10	1Φ8	Φ8@150
1000<L≤1500	A	120	360	3Φ10	1Φ8	Φ8@150
1500<L≤1800	B	150	360	2Φ12	2Φ8	Φ8@150
1800<L≤2400	B	180	360	3Φ12	2Φ8	Φ8@150
2400<L≤3300	B	240	360	3Φ14	2Φ10	Φ8@150
3300<L≤3900	B	270	360	3Φ14	2Φ10	Φ8@150

10. 门窗框要求：轻质墙体门窗洞口边除施工注明外，均按有关标准和图集规定设置钢筋混凝土抱框柱，混凝土强度等级为 C20，如图 4 所示。

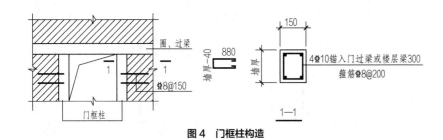

图 4 门框柱构造

11. 楼梯间及人流通道采用砌体墙时，楼梯间及走道一侧墙面须采取以下措施：

（1）墙面挂 Φ4@300 绑扎或焊接钢筋网，钢筋网四周应采用锚筋等与楼板、梁、柱或墙体可靠连接；钢筋网采用 Φ8@600L 形锚筋梅花布置固定于墙体上；钢筋网的横向钢筋遇有门窗洞口时，应将钢筋弯入洞口侧边锚固。

（2）墙面抹灰采用 DP M15 干混砂浆抹 35mm 厚，钢筋网外保护层厚度为 15mm。

装配式混凝土结构设计说明

1. 主要结构材料

（1）预制混凝土中对水泥、骨料、矿物掺合料、外加剂、配合比、强度等级等按深化设计说明要求。

（2）预制混凝土剪力墙的混凝土 28d 标准养护的抗压强度实测值不得高于设计值 20%，预制构件出厂时，抗压强度实测值不得低于设计要求的 75%。

2. 钢筋、钢材和连接材料

（1）预制构件中使用的钢筋、钢材、预埋件及连接材料性能详见结构深化设计说明的规定。

（2）灌浆料采用灌浆套筒配套浆料，且满足《钢筋连接用套筒灌浆料》（JG/T 408—2019）的有关规定；预制结构采用钢筋套筒灌浆连接时，灌浆套筒进厂时应根据《钢筋套筒灌浆连接应用技术规程》第 7.0.6 条的规定进行检验；预制梁钢筋连接用机械接头需满足《钢筋机械连接技术规程》（JGJ 107—2016）的相关规定。

（3）预制构件吊环采用未经冷加工的 HPB300 级钢筋制作，吊装用风埋式螺母或吊杆的材料应符合国家现行相关标准的规定。

（4）预制夹心保温剪力墙外墙板的拉结件，采用符合国家现行标准 FRP（纤维增强复合材料）或不锈钢产品。

（5）部分预制墙板采用填充轻质材料的做法，轻质材料选用聚苯板，容重不小于 12kg/m³。

3. 主要预制构件设计准则

（1）预制梁与后浇叠合层之间的结合面应设置粗糙面，预制梁端设置键槽且设置粗糙面，键槽的尺寸和数量满足《装配式混凝土结构技术规程》（JGJ 1—2014）第 7.2.2 条规定。粗糙面的面积不小于结合面的 80%，预制梁端的粗糙面凹凸深度不小于 5mm。

（2）抗震等级为一、二级的叠合框架梁箍筋加密区采用整体封闭箍；采

用组合封闭箍的形式时，开口箍筋上方做 135° 弯钩，非抗震设计时，弯钩平直段长度不小于 5d；抗震设计时，平直段长度不小于 10d。如图 5 所示。

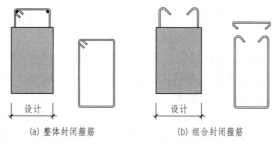

图 5 叠合梁箍筋形式

（3）预制板与后浇混凝土叠合层之间结合面设置粗糙面，粗糙面的面积不宜小于结合面的 80%，预制板的粗糙面凹凸深度不小于 4mm。

（4）叠合板端支座处，板底纵向受力钢筋宜从板端伸出并锚入支承梁或墙的后浇混凝土中，锚固长度不小于 5d 或 100mm，且伸过支座中心线；当板底分布筋不伸入支座时，宜在紧邻预制板顶面的后浇混凝土叠合层中设置附加钢筋，附加钢筋截面面积不宜小于预制板内的同向分布钢筋面积，间距不宜大于 600mm，在板的后浇混凝土叠合层内锚固长度不应小于 15d，在支座内锚固长度不应小于 15d，且伸过支座中心线。

（5）单向叠合板板侧分离式接缝宜配置附加拼缝钢筋，接缝处紧邻预制板顶面宜设置垂直于板缝的附加拼缝钢筋，附加拼缝钢筋伸入两侧后浇混凝土叠合层的锚固长度小应小于 15d，宜为 1.2La；附加钢筋截面面积不宜小于预制板内的同向钢筋面积，钢筋直径不宜小于 6mm，间距不宜大于 250mm。

（6）桁架钢筋混凝土叠合板，桁架钢筋应沿主要受力方向布置，桁架钢筋距板边不应大于 300mm，间距不宜大于 600mm；桁架钢筋弦杆钢筋直径不宜小于 8mm，腹杆钢筋直径不应小于 4mm；桁架钢筋弦杆混凝土保护层小应小于 15mm。

（7）预制楼梯应满足《装配式混凝土结构连接节点构造》（G310-1 ~ 2）。

（8）预制剪力墙相关构造要求：预制剪力墙开有边长小于 800mm 的洞口，且在结构整体计算中不考虑其影响时，应沿洞口周边配置补强钢筋，补强钢筋直径不小于 12mm，截面面积不小于同方向被洞口截断的钢筋面积，该钢筋自孔洞边算起伸入墙内的长度，非抗震设计时不应小于 La，抗震设计时不应小于 LaE。

4. 预制构件现场存放规定

（1）预制构件进场后，应按品种、规格、吊装顺序分别设置堆垛，存放堆垛宜设置在吊装机械工作范围内；预制异形构件堆放应根据施工现场实际情况按施工方案执行。

（2）预制墙板宜采用堆放架插放或靠放，堆放架应具有足够的承载力和刚度；预制墙板外饰面不宜作为支撑面，对构件薄弱部位应采取保护措施。

（3）预制叠合板、柱、梁宜采用叠放方式，预制叠合板叠合层数不宜大于 6 层，预制柱、梁叠放层数不宜大于 2 层，底层及层间应设置支垫，支垫应平整且应上下对齐，支垫地基应坚实，构件不得直接放置在地面上。

5. 预制构件吊装规定

（1）预制构件吊装应编制施工方案，超吊时绳索与构件水平面的夹角不宜小于 60°，且不应小于 45°；预制构件吊装应采用慢起、快升、缓放的操作方式，预制墙板就位宜采用由上而下插入式安装形式；预制构件吊装过

程不宜偏斜和摇摆，严禁吊装构件长时间悬挂空中；预制构件吊装时，构件上应设置缆风绳控制构件转动，保证构件就位平稳；预制构件吊装应及时设置临时固定措施，临时固定措施应按施工方案设置，并在安放稳固后松开吊具；预制楼板起吊时，吊点不应少于 4 点。

（2）预制构件在吊装、安装就位和连接施工中的误差控制参见表 5。

表 5 吊装、安装就位和连接施工误差控制表

检查项目	误差控制标准	检查项目	误差控制标准
地下现浇结构顶面标高	± 2mm	预制墙板水平 / 竖向缝宽度	± 2mm
首层至屋顶层层高	± 3mm	阳台板进入墙体宽度	0 ～ 3mm
预制墙板中心线偏移	± 2mm	楼层处外露钢筋位置偏移	± 2mm
预制墙板垂直度（2m 靠尺）	1/1500 且 ≤ 2mm	建筑物全高垂直度	H/2000
同一轴线相邻楼板 / 墙板高差	± 3mm		5 ～ -2mm

（3）未做特殊说明时，PC 吊装须使用型钢扁担，现场吊装螺栓必须使用高强螺栓，如图 6 所示。

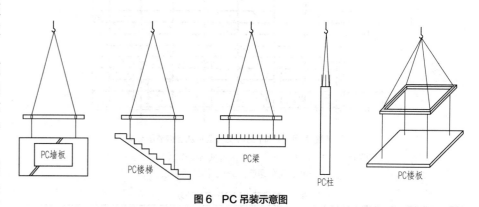

图 6 PC 吊装示意图

（4）所有吊具材质、规格、强度必须满足国标要求；吊具须专人管理并做使用记录，每次使用前应检查损坏情况；吊点连接位置必须按图纸标注使用"吊装用"金属连接件。

6. 预制构件施工规定

（1）预制构件进场时，必须进行外观检查，并核收加工厂全部的质量检查文件。

（2）施工单位应对预制构件的存储、吊装、安装就位和连接浇筑混凝土等工序制定详细的施工方案；应对预制墙板连接的关键工序（如墙板定位、钢筋连接、灌浆等）进行必要的试验。

（3）操作人员应接受必要的培训，考核通过方可上岗；对灌浆工艺应制定切实可行的检查方法，并专人在现场值守检查与记录。

（4）按"楼板埋件分布图"，在预制构件首层现浇地坪上准确预埋 PC 板安装用、下端固定用金属连接件，套筒插筋必须按图纸标注位置准确预埋。

（5）墙、柱构件安装前，应清洁结合面，构造底部应设置可调整接缝厚度和底部标高的垫块；构件连接就位后浇混凝土及灌浆料的强度达到设计要求后，方可拆除临时固定措施。

7. 钢筋套筒灌浆连接说明

（1）钢筋套筒灌浆连接接头采用的灌浆料应符合现行行业标准《钢筋连

接用套筒灌浆料》（JG/T 408—2019）规定；连接用焊接材料、螺栓和铆钉等固件的材料应符合国家现行标准《钢结构设计标准》（GB 50017—2017）、《钢结构焊接规范》（GB 50661—2011）和《钢筋焊接及验收规程》（JGJ 18—2012）等的规定。

（2）纵向钢筋采用套筒灌浆连接时，接头应满足行业标准《钢筋机械连接技术规程》（JGJ 107—2016）中 Ⅰ 级接头的性能，并应符合国家现行有关标准的规定；预制剪力墙中钢筋接头处套筒外侧钢筋的混凝土保护层厚度不应小于 15mm，预制柱中钢筋接头处套筒外侧箍筋的混凝土保护层厚度不应小于 20mm；当采用套筒灌浆连接时，自套筒底部到套筒顶部并向上延伸 300mm 范围内，预制剪力墙的水平分布筋加密，如图 7 所示。加密区水平分布筋最大间距及最小直径应符合表 6 的规定，套筒上端第一道水平分布筋距离套筒顶部不应大于 50mm。

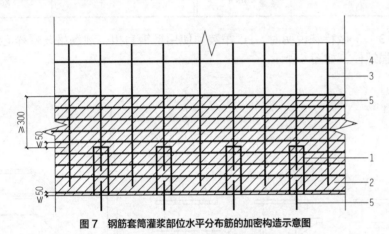

图 7 钢筋套筒灌浆部位水平分布筋的加密构造示意图

1—灌浆套筒；2—水平分布钢筋加密区域（阴影区域）；3—竖向钢筋；4—水平分布钢筋；5—套筒连接钢筋

表 6 加密区水平分布筋的要求

抗震等级	最大间距/mm	最小直径/mm
一、二级	100	8
三、四级	150	8

（3）本工程采用灌浆套筒，钢筋锚固深度不小于插入钢筋公称直径的 8 倍。

（4）预制结构构件采用钢筋套筒灌浆连接时，灌浆套筒进场时应依据《钢筋套筒灌浆连接应用技术规程》第 7.0.4 条的规定进行检验；钢筋套筒灌浆前，应在现场模拟构件连接接头的灌浆方式，每种规格钢筋应制作不少于 3 个套筒灌浆连接接头，进行灌浆质量及接头抗拉强度的检验，经检验合格后方可进行灌浆作业。

（5）采用钢筋套筒灌浆连接的预制构件就位前，应检查套筒、预留孔的规格、位置、数量和深度；检查被连接钢筋的规格、数量、位置和长度；连接钢筋偏离套筒或孔洞中心线不宜超过 3mm。

（6）墙、柱构件钢筋套筒灌浆连接接头灌浆前，应对接缝周围进行封堵，封堵措施应符合结合面受载力设计要求：砂浆流动度 130～170mm，抗压强度 30MPa（1 天），厚度不宜大于 20mm。

（7）部分预制墙板采用轻质材料的做法，轻质材料选用聚苯板，容重不小于 12kg/m³。

（8）钢筋套筒灌浆连接接头、钢筋浆锚搭接连接接头应按检验批划分要求及时灌浆，其中钢筋套筒连接用灌浆料采用 TJ 灌浆料，钢筋套筒灌浆连接用灌浆料强度应满足设计要求。

（9）灌浆施工时，环境温度不应低于 5℃，当连接部位养护温度低于 10℃时，应采取加热保温措施；灌浆操作全过程应有专职检验人员负责旁站并及时形成施工质量检查记录；按产品使用说明书的要求计量灌浆料和水的用量，并搅拌均匀，每次拌制的灌浆料拌合物应进行流动性检测，灌浆料拌合物应在制备后 30min 内用完；灌浆作业应采用压浆从下口灌注，当浆料从上口流出后及时封堵，必要时可分仓进行灌浆。

8. 预制构件节点详图与节点构造

预制构件深化设计及现场施工均参考构件细部节点详图、预制构件与后浇段细部节点构造。

（1）预制混凝土夹心保温外墙板节点，如图 8 所示。

（2）预制外墙后浇段连接节点，如图 9 所示。

（3）叠合楼板后浇段连接节点，如图 10 所示。

（4）现浇层与装配层过渡插筋，如图 11 所示。

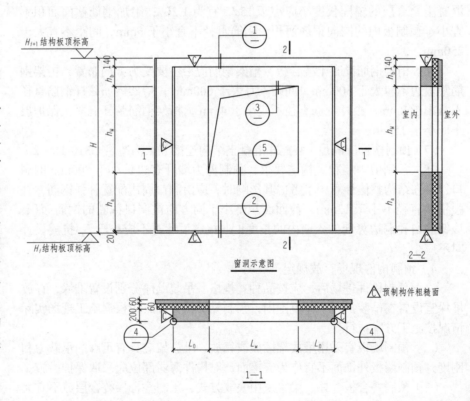

窗洞示意图

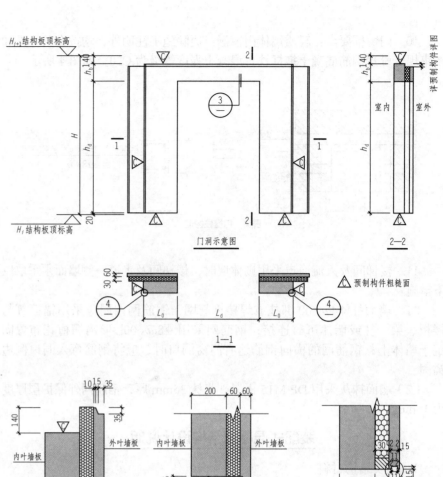

门洞示意图

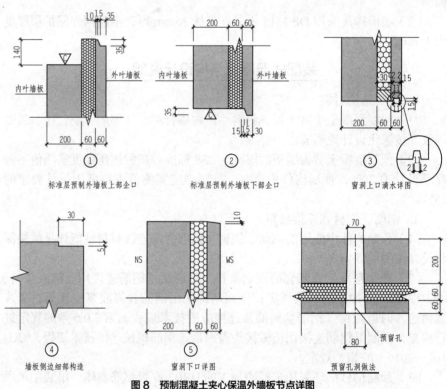

标准层预制外墙板上部企口 ① 标准层预制外墙板下部企口 ② 窗洞上口滴水详图 ③

墙板侧边细部构造 ④ 窗洞下口详图 ⑤ 预留孔洞做法

图 8 预制混凝土夹心保温外墙板节点详图

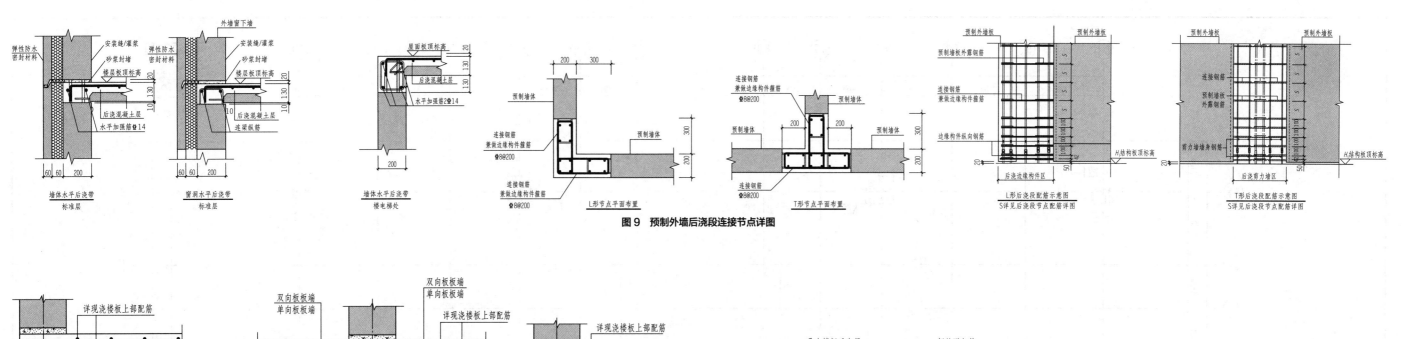

图9 预制外墙后浇段连接节点详图

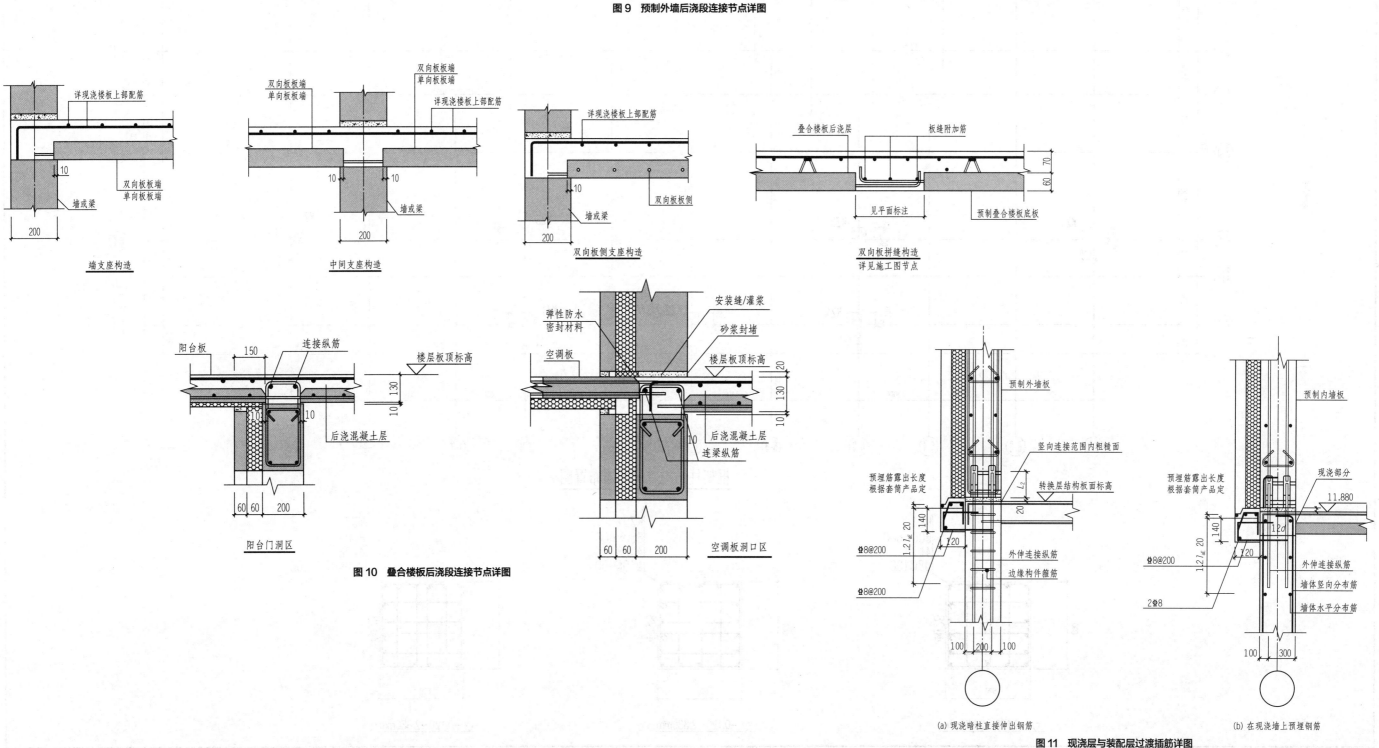

图10 叠合楼板后浇段连接节点详图

图11 现浇层与装配层过渡插筋详图

13

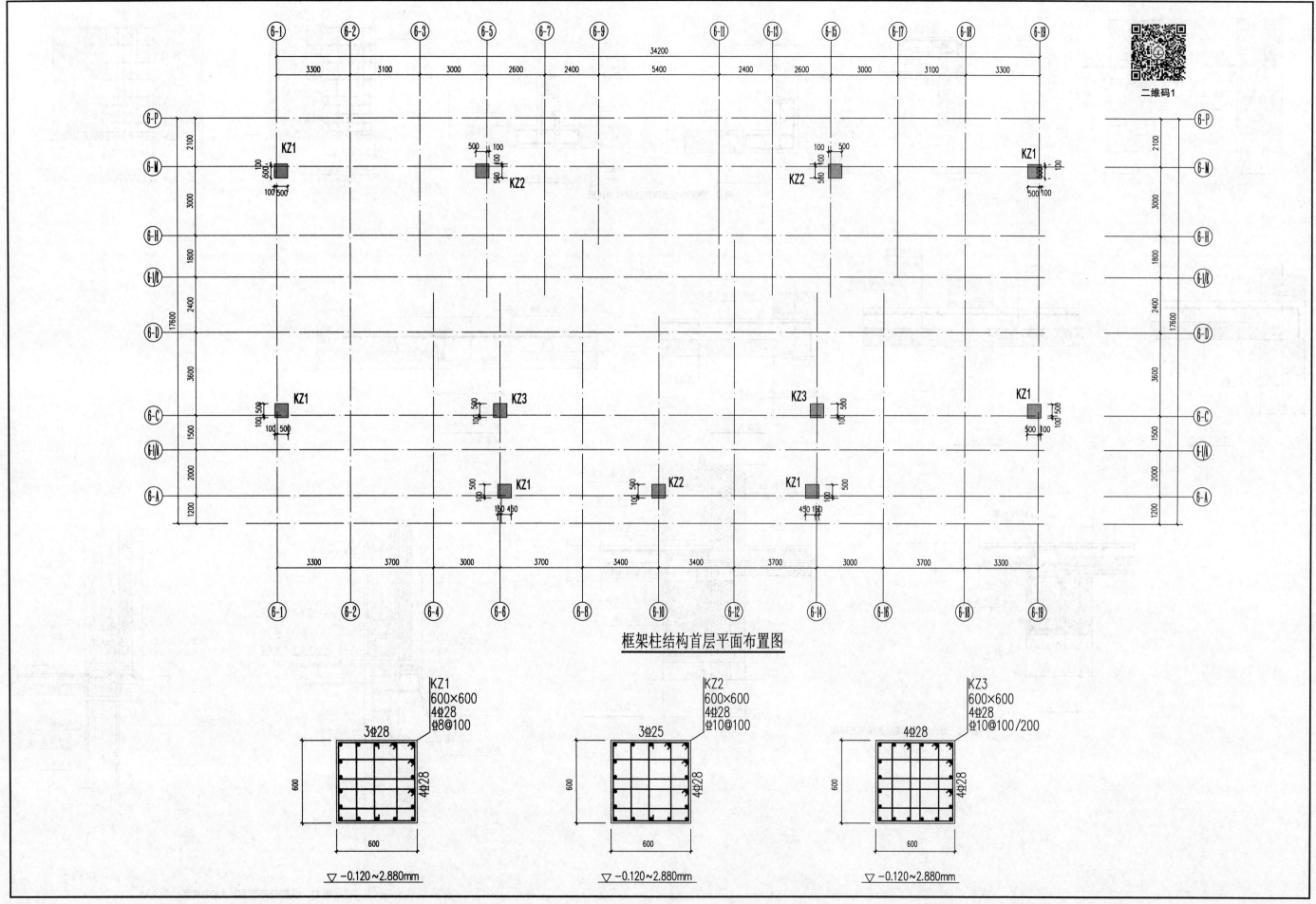

框架柱结构首层平面布置图

KZ1
600×600
4⊈28
⊈8@100
3⊈28
4⊈28
▽ −0.120~2.880mm

KZ2
600×600
4⊈28
⊈10@100
3⊈25
4⊈28
▽ −0.120~2.880mm

KZ3
600×600
4⊈28
⊈10@100/200
4⊈28
4⊈28
▽ −0.120~2.880mm

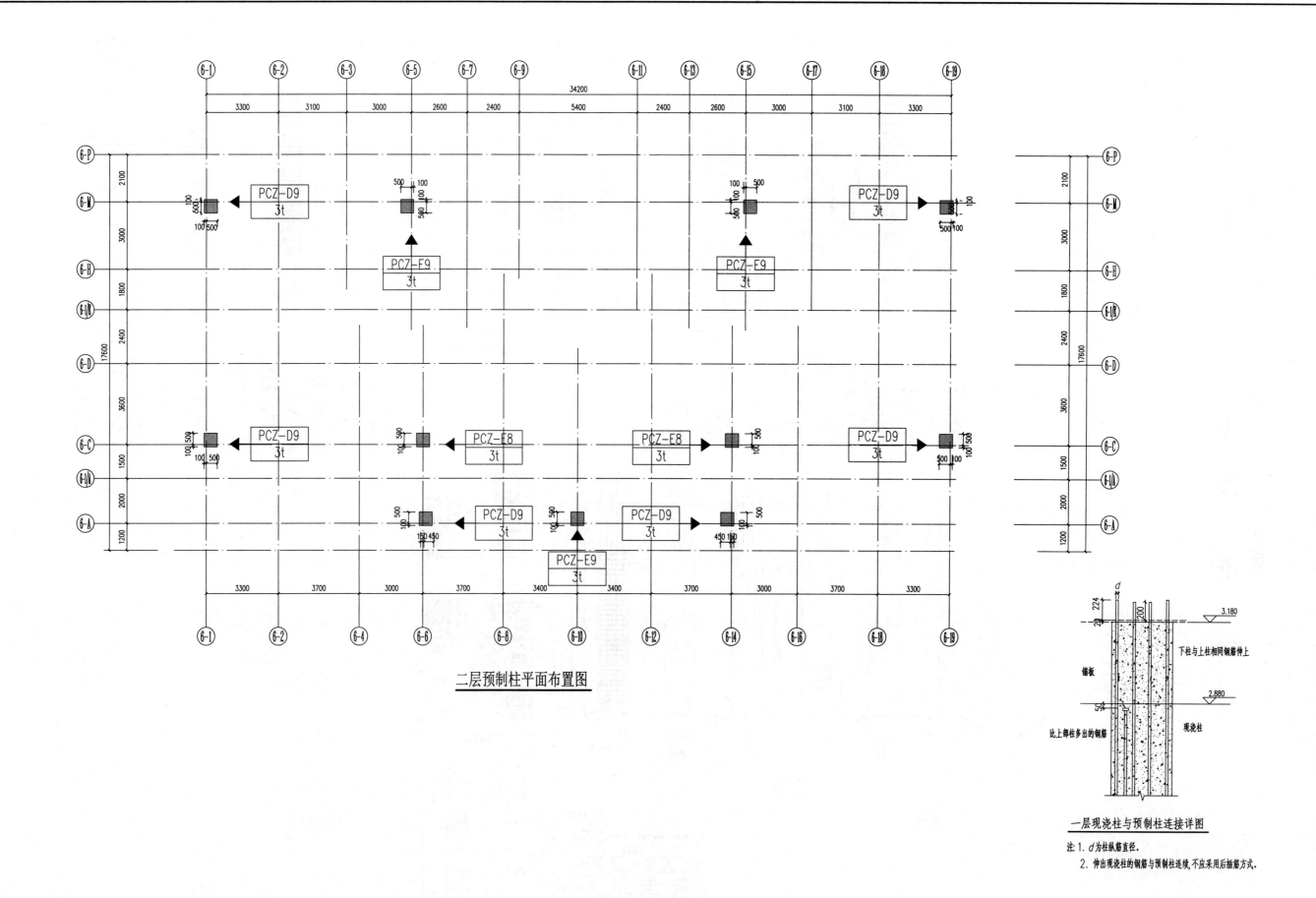

二层预制柱平面布置图

一层现浇柱与预制柱连接详图

注:1. d为柱纵筋直径.
2. 伸出现浇柱的钢筋与预制柱连续,不应采用后插筋方式.

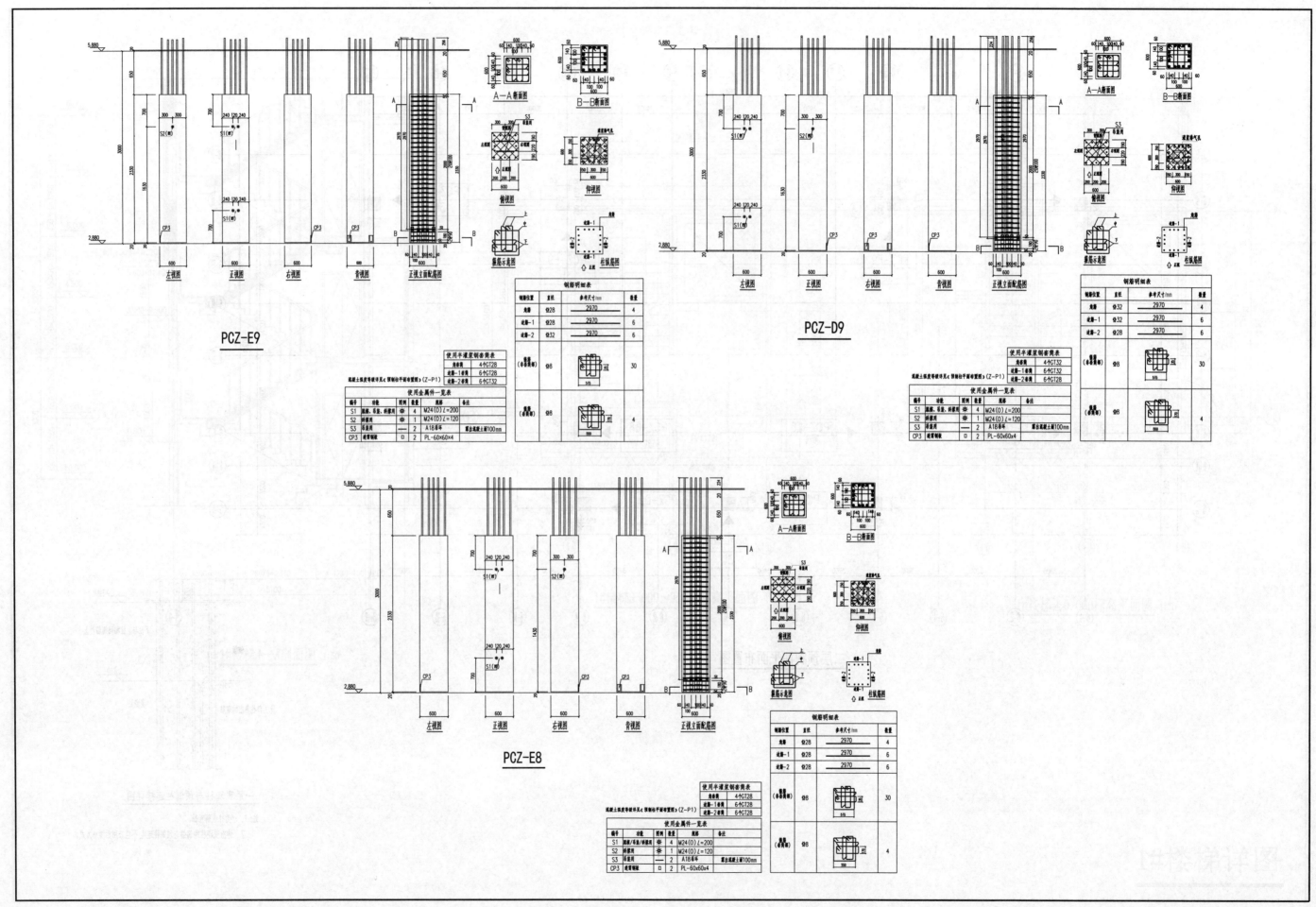

PCZ-E9

PCZ-D9

PCZ-E8

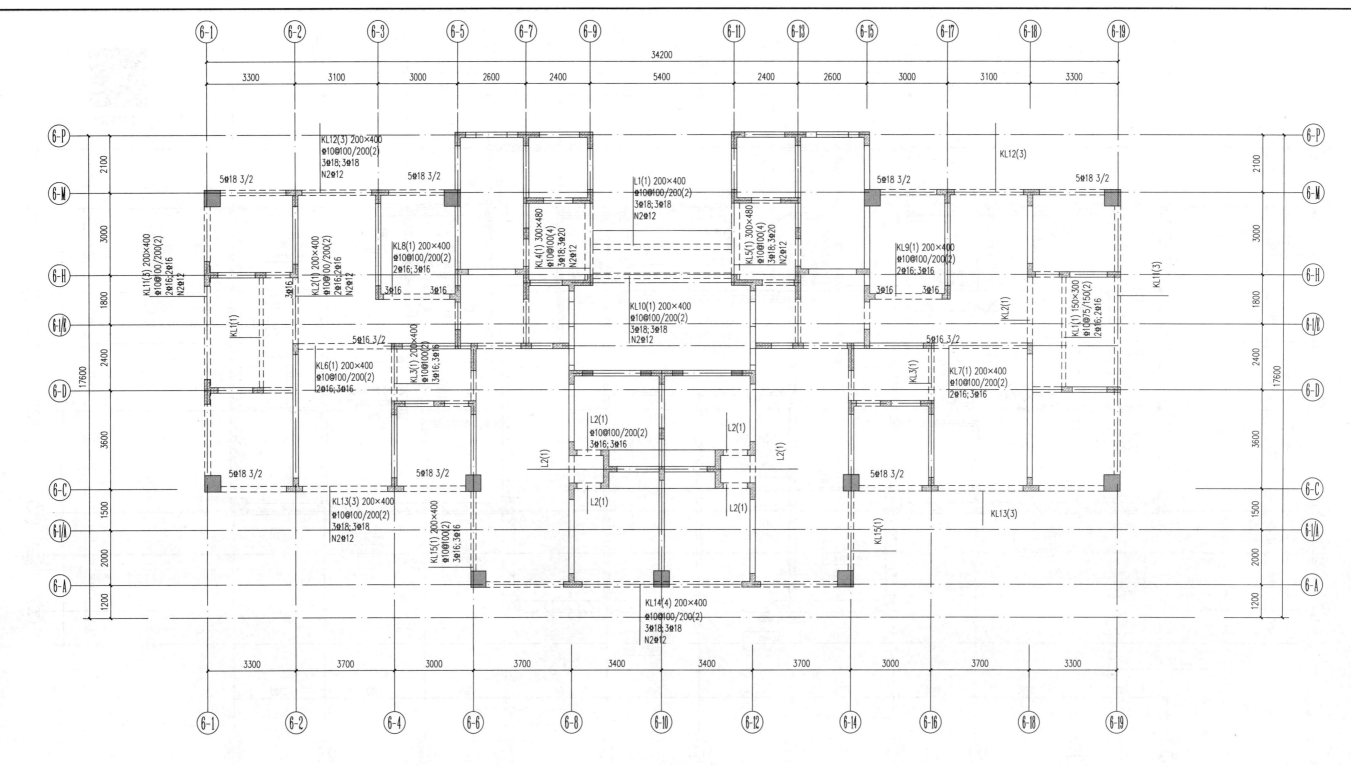

一层顶梁配筋图

说明:

1.本图配合22G101-1通用图使用,本图未详尽构造事宜,应按照相应规范规程处理。

2.除注明外,梁顶标高同其所在跨的板面标高。

3.梁纵筋锚固长度不能满足要求时,采用图集G310-1~2第14页的机械锚固做法。

4.未注明梁均轴线居中或与柱、墙一边平齐。

5.未注明梁均为LL1,配筋同L2。

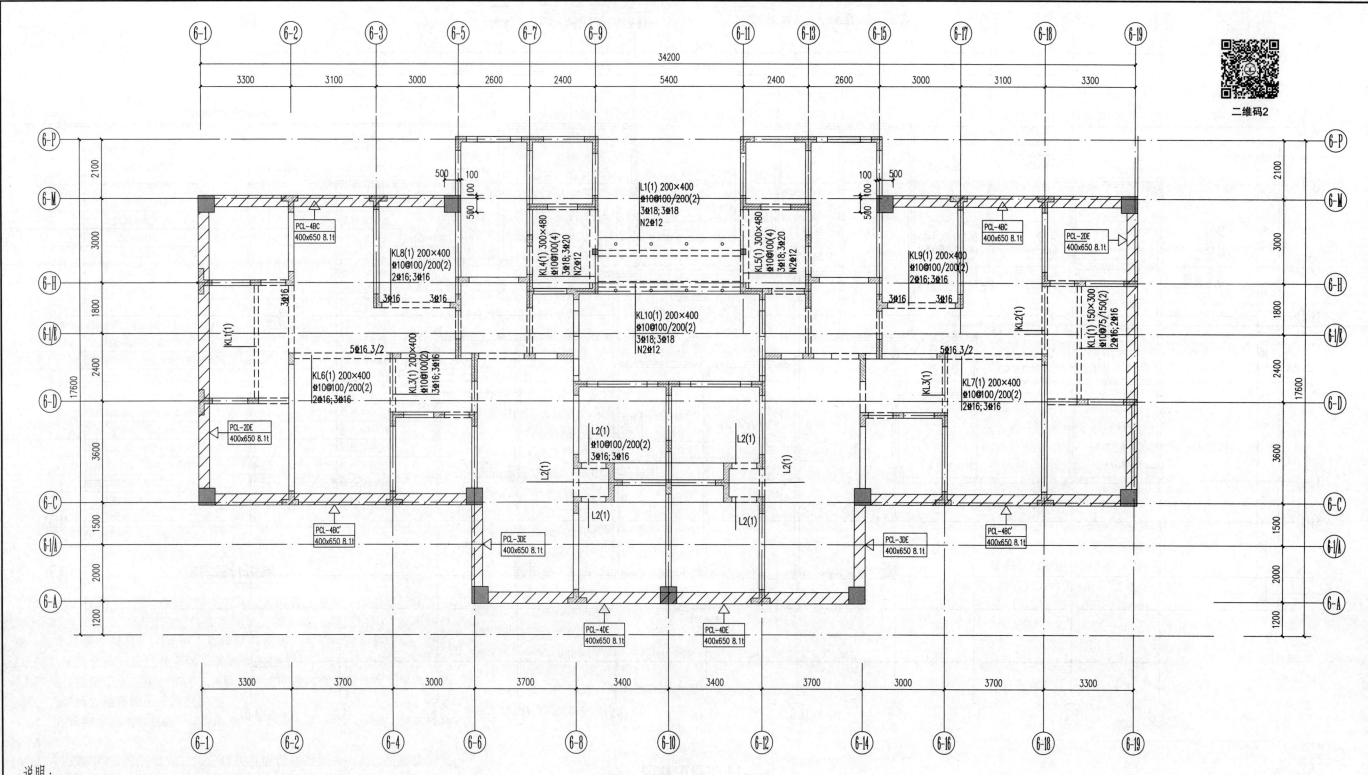

二层顶梁配筋图

说明:

1. 本图配合22G101-1通用图使用,本图未详尽构造事宜,应按照相应规范规程处理。

2. 除注明外,梁顶标高同其所在跨的板面标高。

3. 梁纵筋锚固长度不能满足要求时,采用图集G310-1~2第14页的机械锚固做法。

4. 未注明梁均轴线居中或与柱、墙一边平齐。

5. 未注明梁均为LL1,配筋同L2。

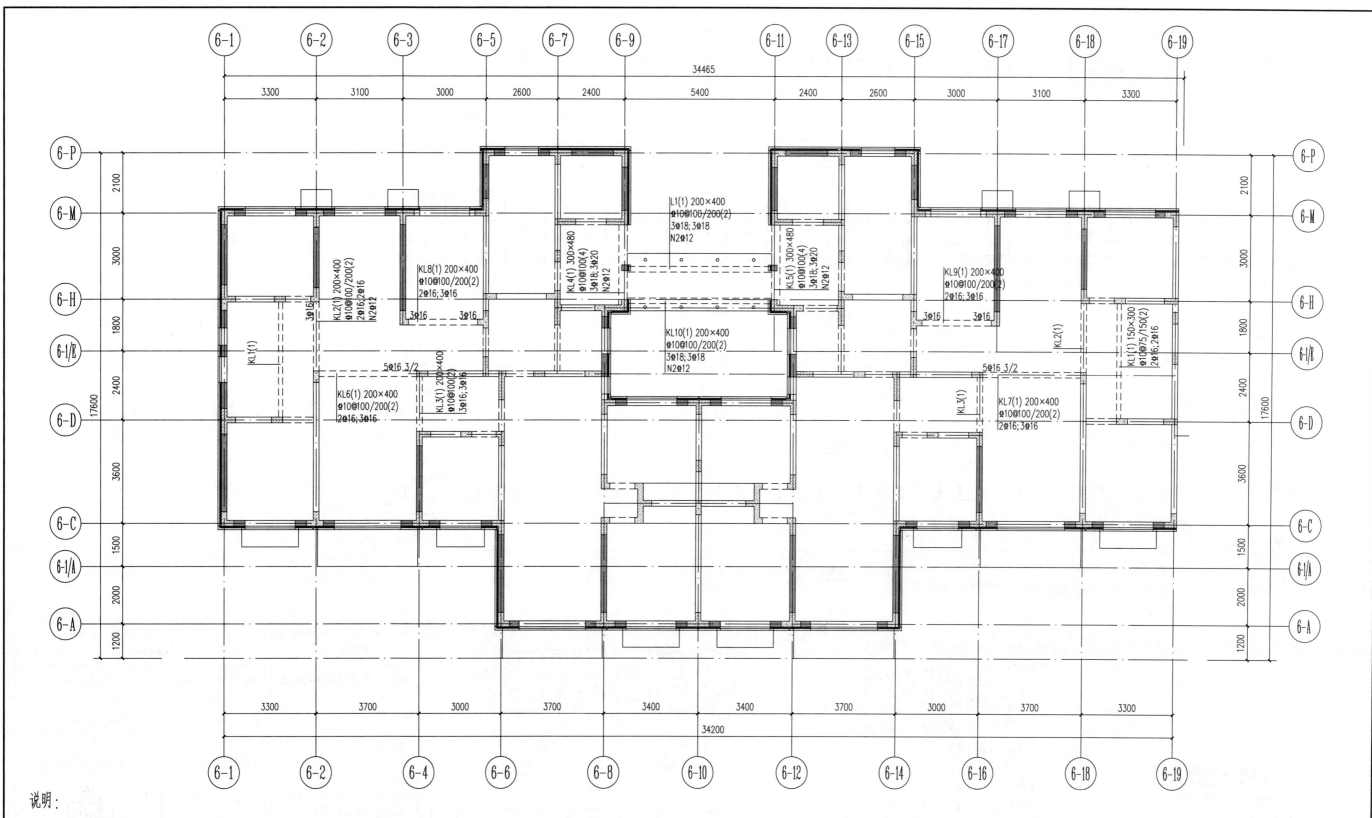

说明：

1. 本图配合22G101-1、G310-1～2通用图使用，本图未详尽构造事宜，应按照相应规范规程处理。

2. 除注明外，梁顶标高同其所在跨的板面标高。

3. 梁纵筋锚固长度不能满足要求时，采用图集G310-1～2第14页的机械锚固做法。

4. 未注明梁均轴线居中或与柱、墙一边平齐。

三层顶梁配筋图

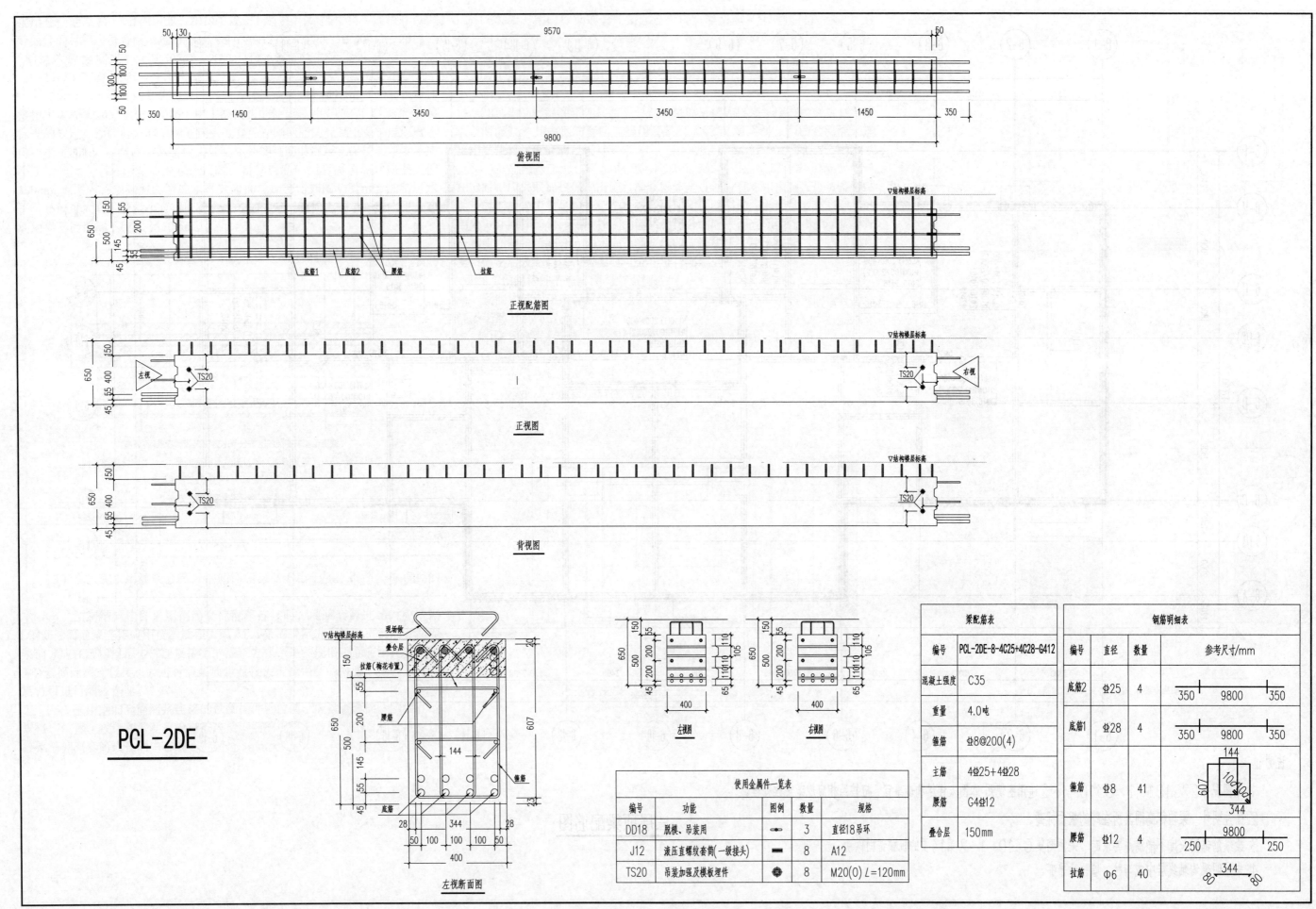

仰视图

正视配筋图

底筋1　底筋2　腰筋　拉筋

正视图

左视　TS20　右视

背视图

TS20

PCL-2DE

左视断面图

现场做
叠合层
拉筋(梅花布置)
腰筋
箍筋
底筋

左视图　右视图

梁配筋表	
编号	PCL-2DE-8-4C25+4C28-G412
混凝土强度	C35
重量	4.0吨
箍筋	⌀8@200(4)
主筋	4⌀25+4⌀28
腰筋	G4⌀12
叠合层	150mm

使用金属件一览表				
编号	功能	图例	数量	规格
DD18	脱模、吊装用	⌯	3	直径18吊环
J12	滚压直螺纹套筒(一级接头)	▬	8	A12
TS20	吊装加强及模板埋件	⊕	8	M20(O) L=120mm

钢筋明细表			
编号	直径	数量	参考尺寸/mm
底筋2	⌀25	4	350　9800　350
底筋1	⌀28	4	350　9800　350
箍筋	⌀8	41	144 / 607 / 344
腰筋	⌀12	4	250　9800　250
拉筋	Φ6	40	80　344　80

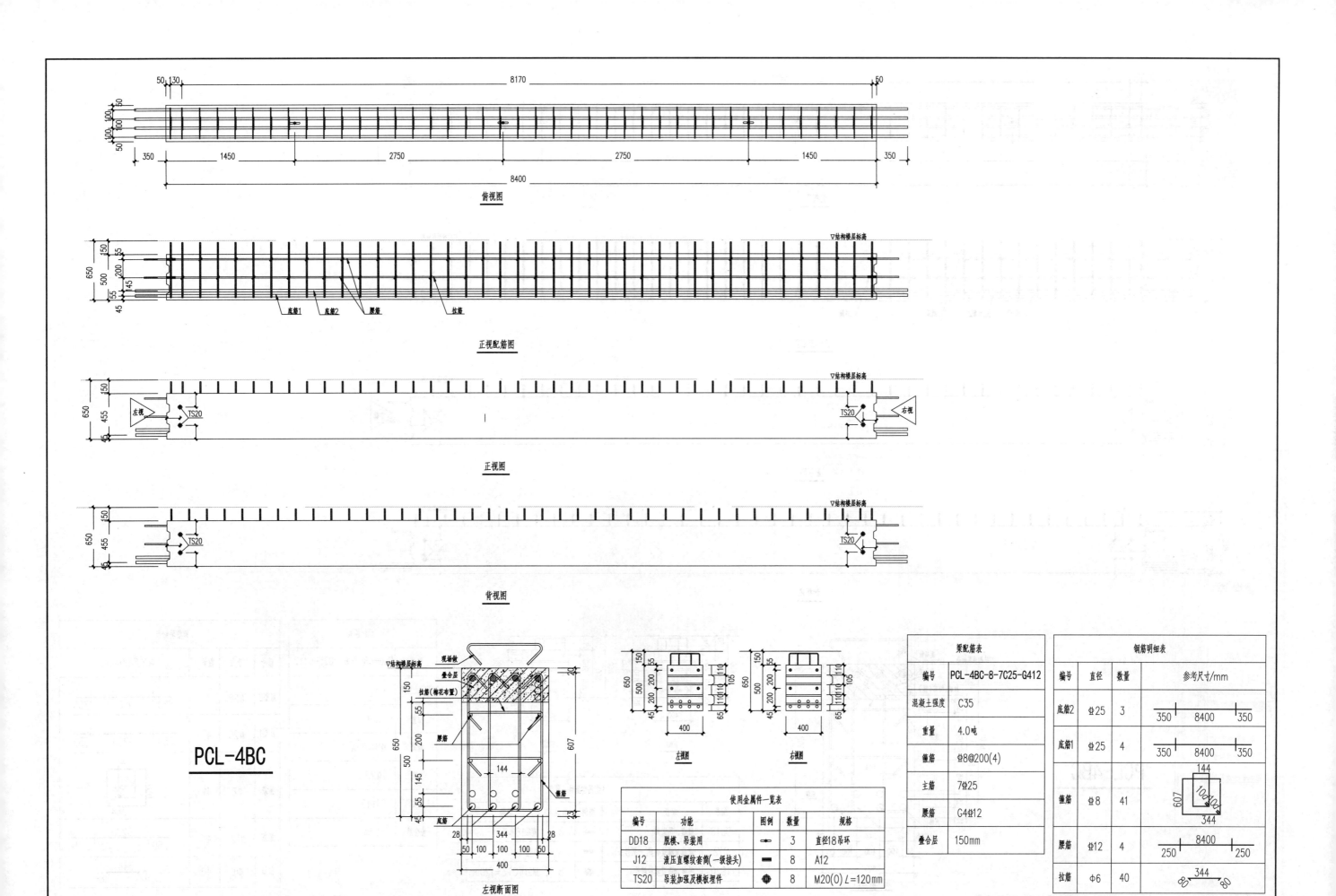

俯视图

正视配筋图

底筋1 底筋2 腰筋 拉筋

正视图

背视图

PCL-4BC

左视断面图

左视图

右视图

梁配筋表	
编号	PCL-4BC-8-7C25-G412
混凝土强度	C35
重量	4.0吨
箍筋	⊉8@200(4)
主筋	7⊉25
腰筋	G4⊉12
叠合层	150mm

使用金属件一览表				
编号	功能	图例	数量	规格
DD18	脱模、吊装用	⊶	3	直径18吊环
J12	滚压直螺纹套筒(一级接头)	▬	8	A12
TS20	吊装加强及模板埋件	⊕	8	M20(0) L=120mm

钢筋明细表			
编号	直径	数量	参考尺寸/mm
底筋2	⊉25	3	350 8400 350
底筋1	⊉25	4	350 8400 350
箍筋	⊉8	41	144 / 607 / 344
腰筋	⊉12	4	250 8400 250
拉筋	Φ6	40	344 / 80

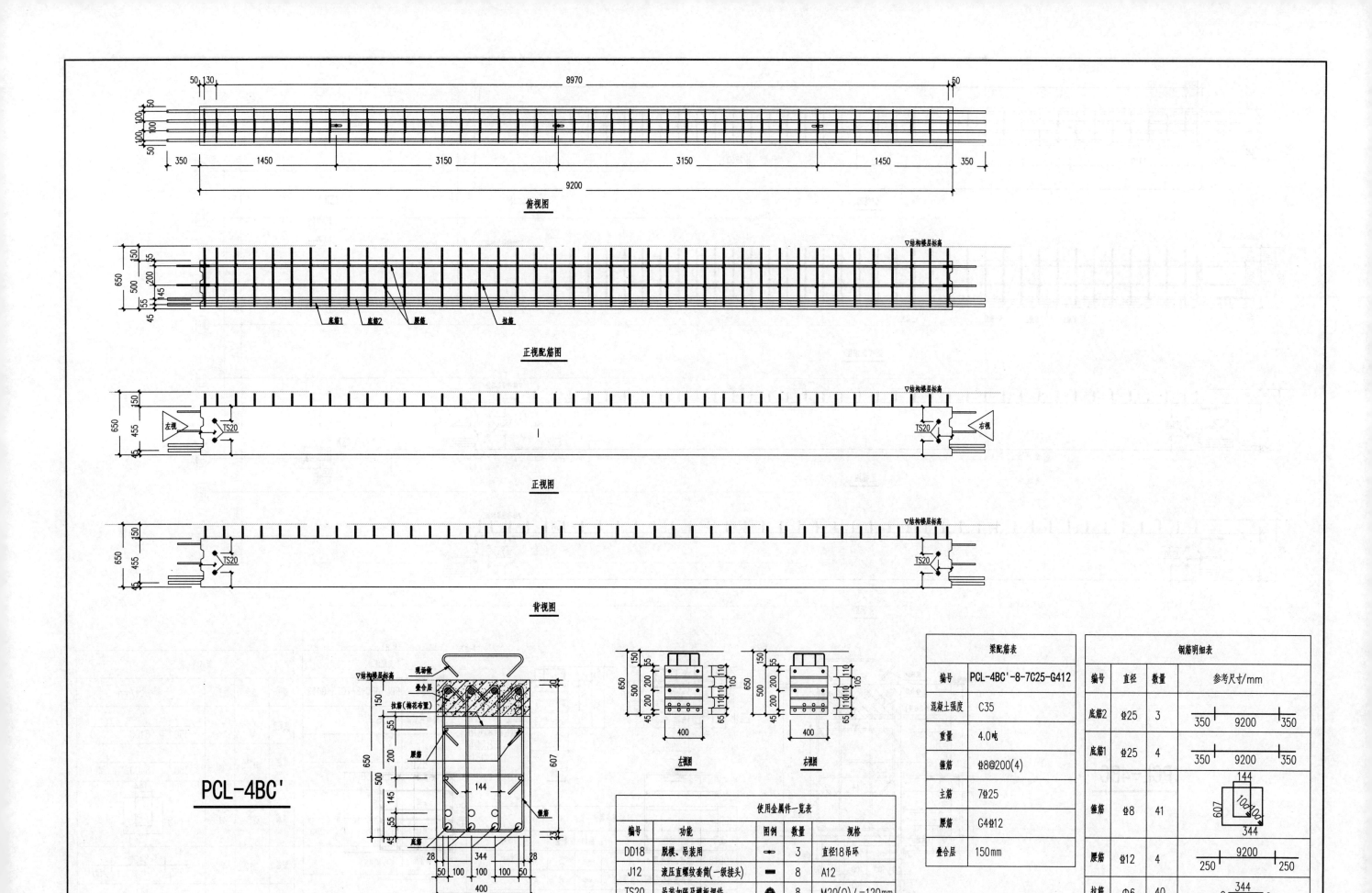

俯视图

正视配筋图

底筋1　底筋2　腰筋　拉筋

正视图

左视　TS20　TS20　右视

∇结构楼层标高

背视图

现浇叠　∇结构楼层标高

叠合层

拉筋(梅花布置)

腰筋

箍筋

底筋

PCL-4BC'

左视断面图

左视图　右视图

梁配筋表	
编号	PCL-4BC'-8-7C25-G412
混凝土强度	C35
重量	4.0吨
箍筋	⊈8@200(4)
主筋	7⊈25
腰筋	G4⊈12
叠合层	150mm

使用金属件一览表				
编号	功能	图例	数量	规格
DD18	脱模、吊装用		3	直径18吊环
J12	滚压直螺纹套筒(一级接头)		8	A12
TS20	吊装加强及模板埋件		8	M20(O) L=120mm

钢筋明细表			
编号	直径	数量	参考尺寸/mm
底筋2	⊈25	3	350　9200　350
底筋1	⊈25	4	350　9200　350
箍筋	⊈8	41	144 / 607 / 344
腰筋	⊈12	4	250　9200　250
拉筋	Φ6	40	80　344　80

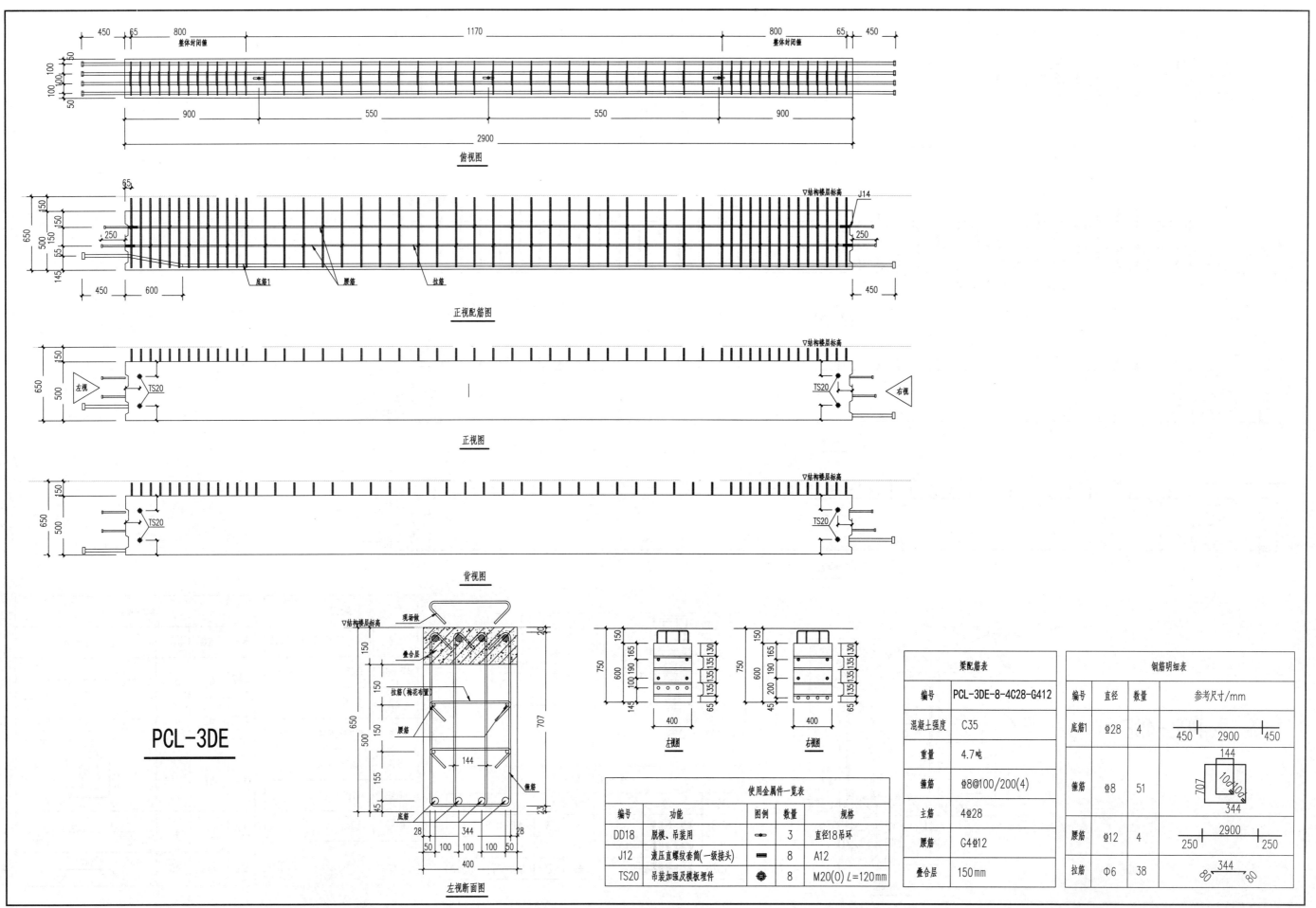

PCL-3DE

俯视图

正视配筋图

底筋1   腰筋   拉筋

正视图

背视图

左视断面图

左视图

右视图

梁配筋表	
编号	PCL-3DE-8-4C28-G412
混凝土强度	C35
重量	4.7吨
箍筋	⽷8@100/200(4)
主筋	4⽷28
腰筋	G4⽷12
叠合层	150mm

使用金属件一览表				
编号	功能	图例	数量	规格
DD18	脱模、吊装用		3	直径18吊环
J12	液压直螺纹套筒(一级接头)		8	A12
TS20	吊装加强及模板埋件		8	M20(0) L=120mm

钢筋明细表			
编号	直径	数量	参考尺寸/mm
底筋1	⽷28	4	450 2900 450
箍筋	⽷8	51	144 707 100 344
腰筋	⽷12	4	2900 250 250
拉筋	Φ6	38	344 80 80

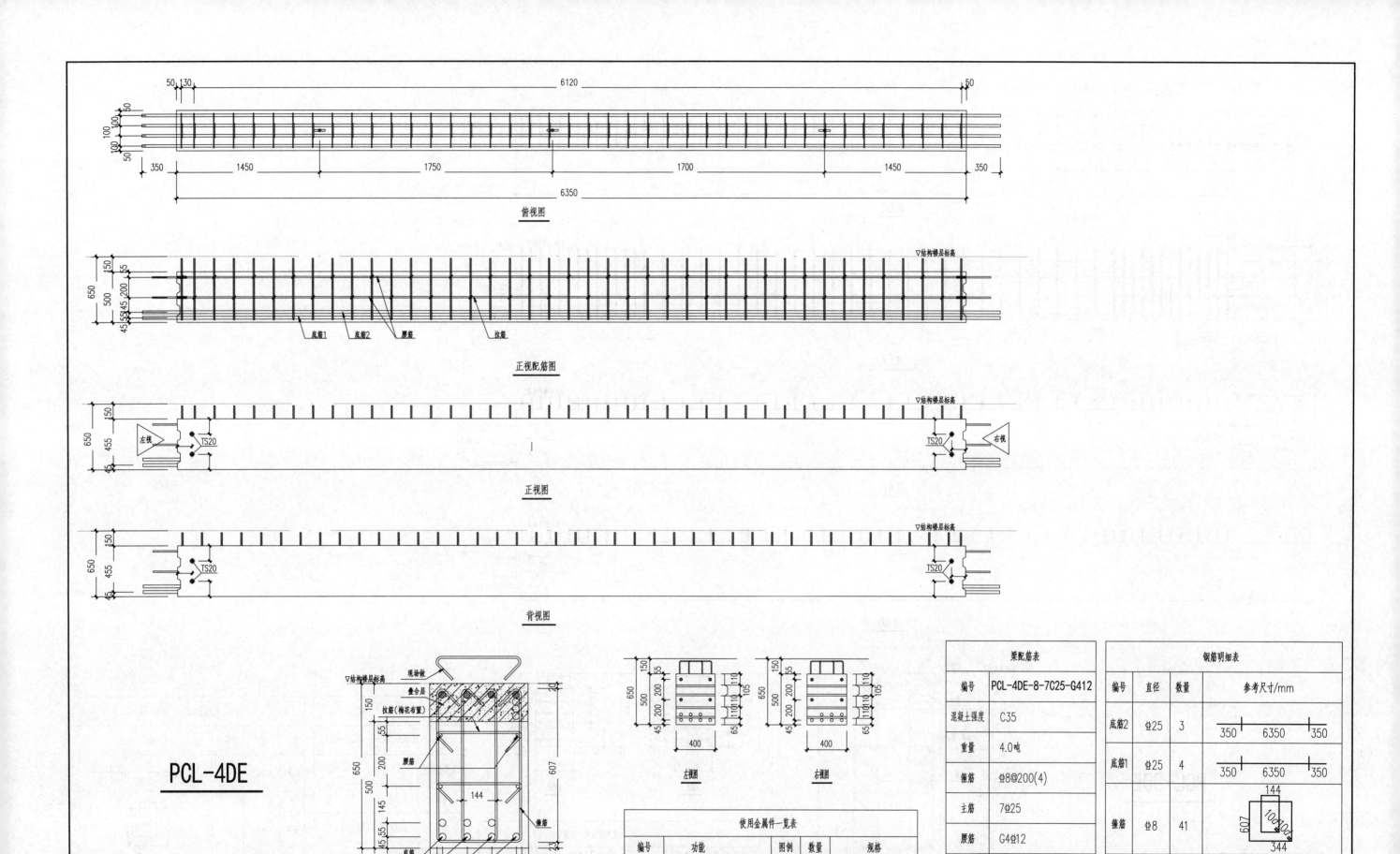

俯视图

正视配筋图

底筋1　底筋2　腰筋　拉筋

正视图

▽结构楼层标高

背视图

▽结构楼层标高

PCL-4DE

左视断面图

现场做
叠合层
拉筋(梅花布置)
腰筋
箍筋
底筋

左视图

右视图

梁配筋表	
编号	PCL-4DE-8-7C25-G412
混凝土强度	C35
重量	4.0吨
箍筋	⏀8@200(4)
主筋	7⏀25
腰筋	G4⏀12
叠合层	150mm

使用金属件一览表				
编号	功能	图例	数量	规格
DD18	脱模、吊装用	⊶	3	直径18吊环
J12	液压直螺纹套筒(一级接头)	▬	8	A12
TS20	吊装加强及模板埋件	⊙	8	M20(0) L=120mm

钢筋明细表			
编号	直径	数量	参考尺寸/mm
底筋2	⏀25	3	350　6350　350
底筋1	⏀25	4	350　6350　350
箍筋	⏀8	41	144　607　344
腰筋	⏀12	4	250　6350　250
拉筋	Φ6	40	344　80

预制叠合楼板设计说明及连接节点大样

一、技术说明

1. 混凝土等级为C30,钢筋规格：Φ为HPB300，其余未标注为HRB400E；
2. 预制楼板结合面（上表面）及板四周端面均不应小于4mm粗糙度；
3. 洞口周边加强筋距板边留保护层厚度25mm，加强筋为2根时，钢筋之间间距为50mm，伸出板边长度与板底筋相同，未特殊注明时，板边缺口处不伸出底筋；
4. 无特殊注明处，所有钢筋端面、最外侧钢筋外缘距板边界20mm，楼板底筋底保护层15mm，楼板底筋伸出长度详见配筋图；
5. 当钢筋网片与水电预留构件有干涉，钢筋的避让原则：
   水电预留构件尺寸≤300mm时，不另加钢筋，板内钢筋从水电预留构件边绕过，不得截断；
   水电预留构件尺寸>300mm时，钢筋截断，水电预留构件边设加强筋，见详图；
6. 所有吊环定位尺寸以吊环外露钢筋中心为基准，吊环若与其他干涉时，可根据重心适量调整，吊环需放置在网片之下；吊装时使用吊环起吊，严禁使用桁架吊装；
7. 所有钢筋标示长度均为理论值，批量生产前应进行翻样以确定其实际值；桁架与预埋发生干涉时，可适量移动桁架，但距边不宜大于300mm；
8. 图纸未做要求的其它预埋（保温材料、门窗、线盒、线管、钢筋等）具体要求详见建筑施工图、结构施工图、水电施工图；
9. 二层底板指一层顶板，以此类推。

二、连接节点大样

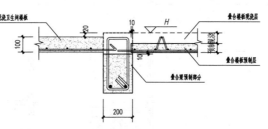

⑤ 卫生间降板现浇示意大样图

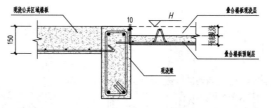
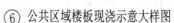

⑥ 公共区域楼板现浇示意大样图

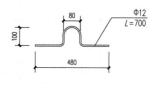

⑦ 吊环1详图

⑦a 吊环2详图

⑦c 吊环3详图

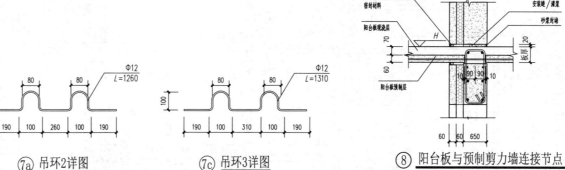

⑧ 阳台板与预制剪力墙连接节点

⑧a 阳台板与现浇剪力墙连接节点

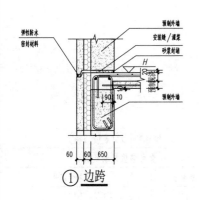

① 边跨

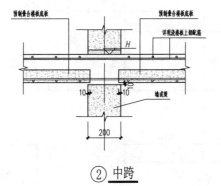

② 中跨

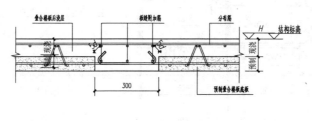

③ 楼板与楼板拼接节点

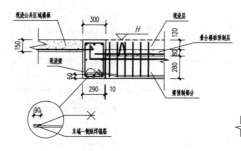

⑨ 连廊搭接示意大样图

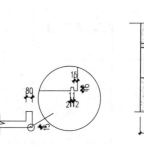

⑩ 连廊滴水槽大样

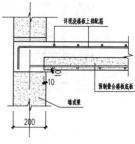

⑪ 现浇边跨

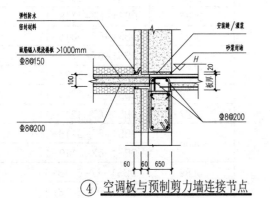

④ 空调板与预制剪力墙连接节点

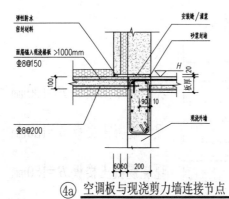

④a 空调板与现浇剪力墙连接节点

三、图例说明

吊环1: L=700	吊钉1: L=70	吊钉2: L=170	桁架1: H=80	桁架2: H=100	桁架3: H=150
剖切符号:	粗糙面符号:	模板面符号:	吊装方向:	吊环2: L=1260	吊环3: L=1310

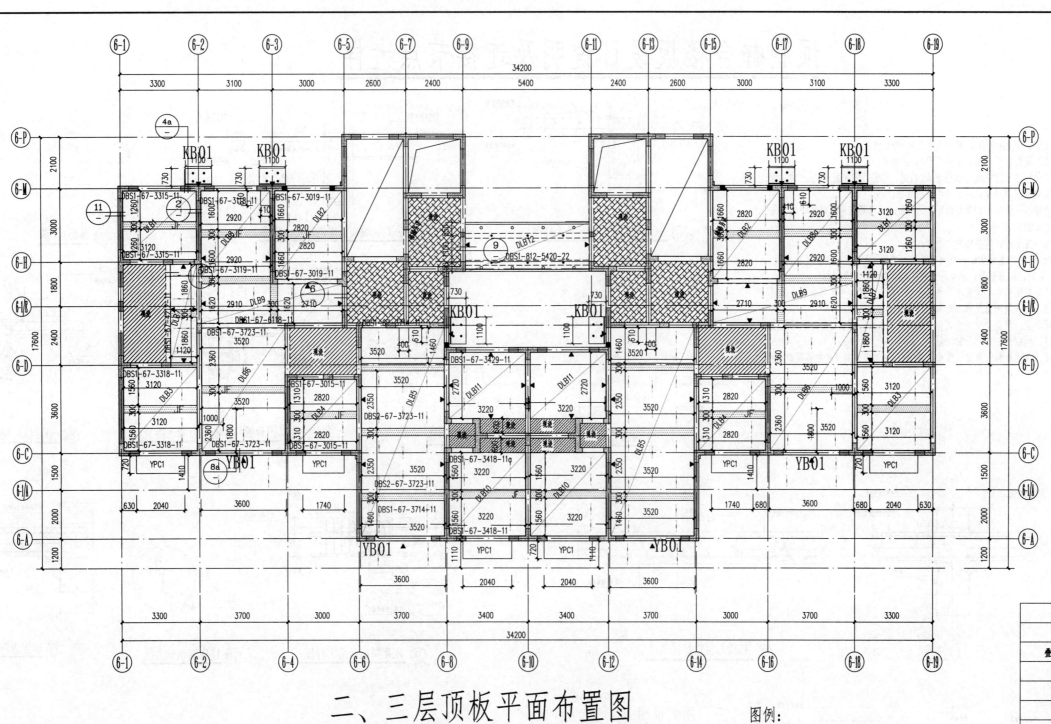

二、三层顶板平面布置图

技术说明：
1. 除特殊注明外，板厚均为130mm，其中预制60mm、现浇70mm。
2. 节点及预制板详见说明。
3. ◄ ► 此图案表示楼板搭接方向，搭接长度10mm（没有标注此图案均为三面搭接）。
4. 楼板重量范围"0.6~2.3t"。
5. 卫生间现浇楼板沉降高度H-0.02m。
6. 标高8.880m配筋同屋面层，现浇90mm。

图例：

☐	预制楼板
▨	现浇混凝土楼板 H=100mm
▨	现浇混凝土楼板 H=130mm
▨	现浇混凝土楼板 H=150mm
▨	后浇带

1. 除注明外，本层叠合板厚为130mm，其中预制60mm、现浇70mm。H=150mm板，配筋为⊕8@150双层双向布置。
2. 楼板上预留洞位置与建施图及设备施工图核对后方可施工，如有冲突以建施为准。
3. 本层图中▨表示结构标高相对于楼板标高降低20mm。

预制构件统计表(6#楼)

叠合楼板预制底板表

叠合板编号	选用构件编号
DLB1	DBS1-67-3315-11
DLB2	DBS1-67-3019-11
DLB3	DBS1-67-3318-11
DLB4	DBS1-67-3015-11
DLB5	DBS1-67-3714-11
	DBS2-67-3723-11
DLB6	DBS1-67-3723-11
DLB7	DBS1-67-4212-11
DLB8	DBS1-67-3118-11
	DBS1-67-3119-11
DLB9	DBS1-67-6118-11
DLB10	DBS1-67-3418-11
	DBS1-67-3418-11a
DLB11	DBS1-67-3429-11
DLB12	DBS1-812-5420-22

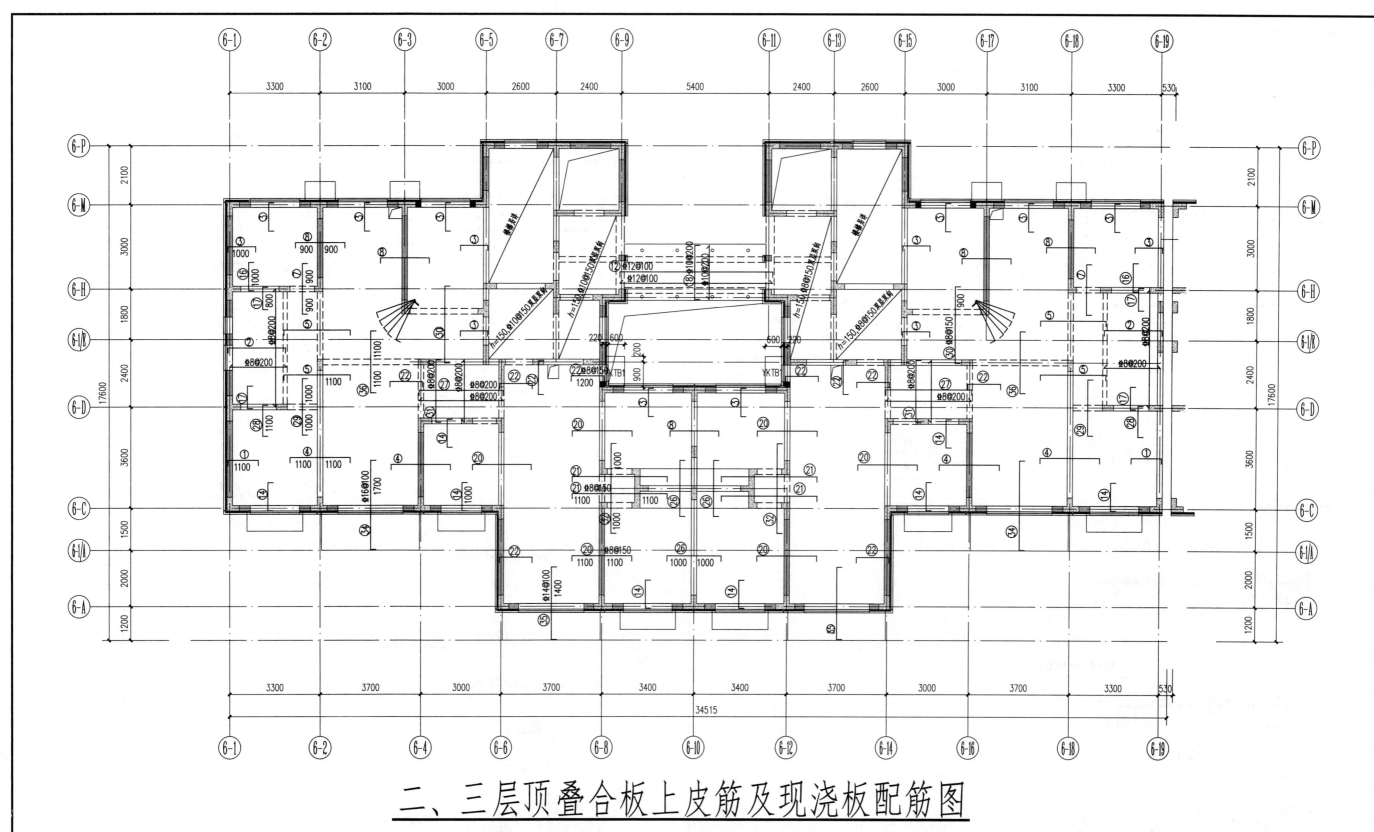

二、三层顶叠合板上皮筋及现浇板配筋图

1. 除注明外，本层叠合板板厚为130mm，其中预制60mm、现浇70mm。未注明的支座负筋均为Φ8@200。
   H=150mm板，配筋为Φ8@150双层双向布置。
2. 楼板上预留洞位置与建施图及设备施工图核对后方可施工，如有冲突以建施为准。
3. 本层图中▨表示结构标高相对于楼板标高降低20mm。

1. DLB1楼板详图

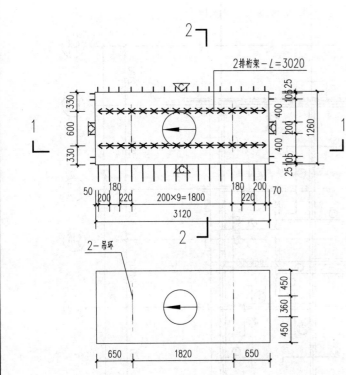

2排桁架—L=3020

2-吊环

2. DLB1楼板水电预埋图

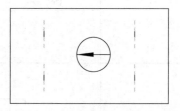

注：1. 未标注的86盒高度为100mm。
2. 86PVC盒四面接锁母，未标注的面接PC20配套锁母。
3. 86铁盒四面接锁母，未标注的面接JDG20配套锁母。

该构件无水电预埋

钢筋材料表

编号	预制底板长度 L_0/mm	预制底板宽度 B_0/mm	预制底板钢筋			
			编号	直径	根数	参考尺寸/mm
DLB1	3120	1260	①	Φ8	6	3300
			②	Φ8	16	40⊂1640

名称	图例
反面加高型86PVC盒	▨
反面加高型86铁盒	■
90×90通孔	□

3. DLB1楼板配筋图

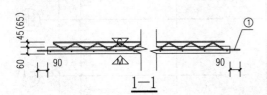

1—1

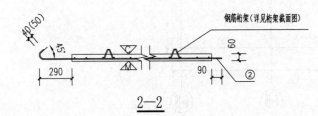

2—2

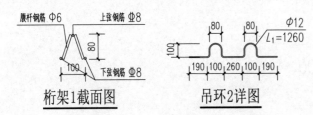

桁架1截面图

吊环2详图

吊环预埋大样图

---

1. DLB2楼板详图

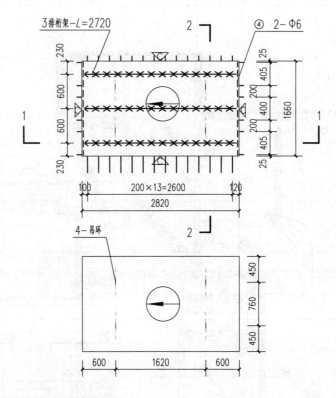

3排桁架—L=2720

④ 2-Φ6

4-吊环

2. DLB2楼板水电预埋图

注：1. 未标注的86盒高度为100mm。
2. 86PVC盒四面接锁母，未标注的面接PC20配套锁母。
3. 86铁盒四面接锁母，未标注的面接JDG20配套锁母。

该构件无水电预埋

钢筋材料表

编号	预制底板长度 L_0/mm	预制底板宽度 B_0/mm	预制底板钢筋			
			编号	直径	根数	参考尺寸/mm
DLB2	2820	1660	①	Φ8	6	3000
			②	Φ8	14	40⊂2040
			④	Φ6	2	1630

名称	图例
反面加高型86PVC盒	▨
反面加高型86铁盒	■
90×90通孔	□

3. DLB2楼板配筋图

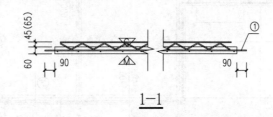

1—1

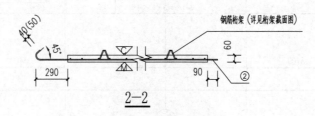

2—2

桁架1截面图

吊环1详图

吊环预埋大样图

1. DLB3楼板详图

2. DLB3楼板水电预埋图

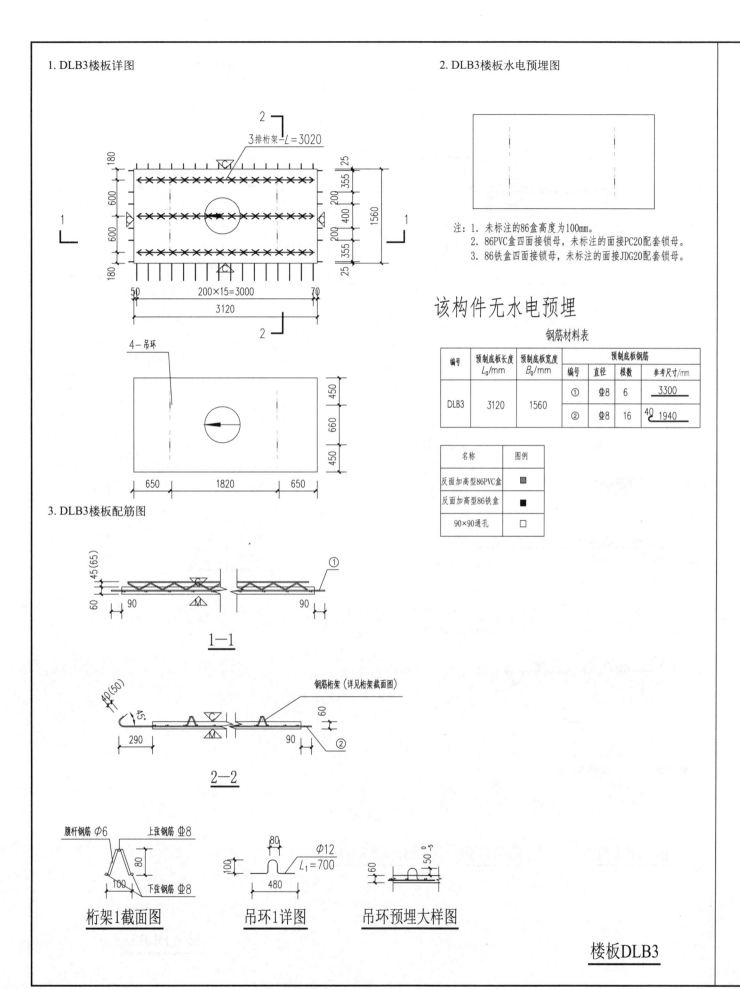

3排桁架—L=3020

4—吊环

1—1

2—2

腰杆钢筋 Φ6　上弦钢筋 ⊈8
下弦钢筋 ⊈8

桁架1截面图

吊环1详图

吊环预埋大样图

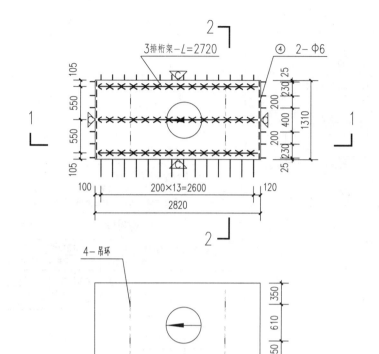

注：1. 未标注的86盒高度为100mm。
　　2. 86PVC盒四面接锁母，未标注的面接PC20配套锁母。
　　3. 86铁盒四面接锁母，未标注的面接JDG20配套锁母。

该构件无水电预埋

钢筋材料表

编号	预制底板长度 L_0/mm	预制底板宽度 B_0/mm	预制底板钢筋			
			编号	直径	根数	参考尺寸/mm
DLB3	3120	1560	①	⊈8	6	3300
			②	⊈8	16	1940

名称	图例
反面加高型86PVC盒	▨
反面加高型86铁盒	■
90×90通孔	□

楼板DLB3

1.DLB4楼板详图

2.DLB4楼板水电预埋图

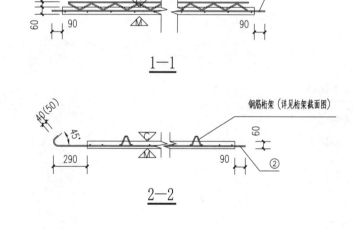

3排桁架—L=2720　　④ 2—Φ6

4—吊环

1—1

2—2

腰杆钢筋 Φ6　上弦钢筋 ⊈8
下弦钢筋 ⊈8

桁架1截面图

吊环1详图

吊环预埋大样图

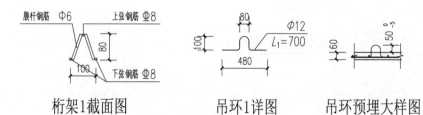

注：1. 未标注的86盒高度为100mm。
　　2. 86PVC盒四面接锁母，未标注的面接PC20配套锁母。
　　3. 86铁盒四面接锁母，未标注的面接JDG20配套锁母。

该构件无水电预埋

钢筋材料表

编号	预制底板长度 L_0/mm	预制底板宽度 B_0/mm	预制底板钢筋			
			编号	直径	根数	参考尺寸/mm
DLB4	2820	1310	①	⊈8	6	3000
			②	⊈8	14	1690
			④	Φ6	2	1280

名称	图例
反面加高型86PVC盒	▨
反面加高型86铁盒	■
90×90通孔	□

楼板DLB4

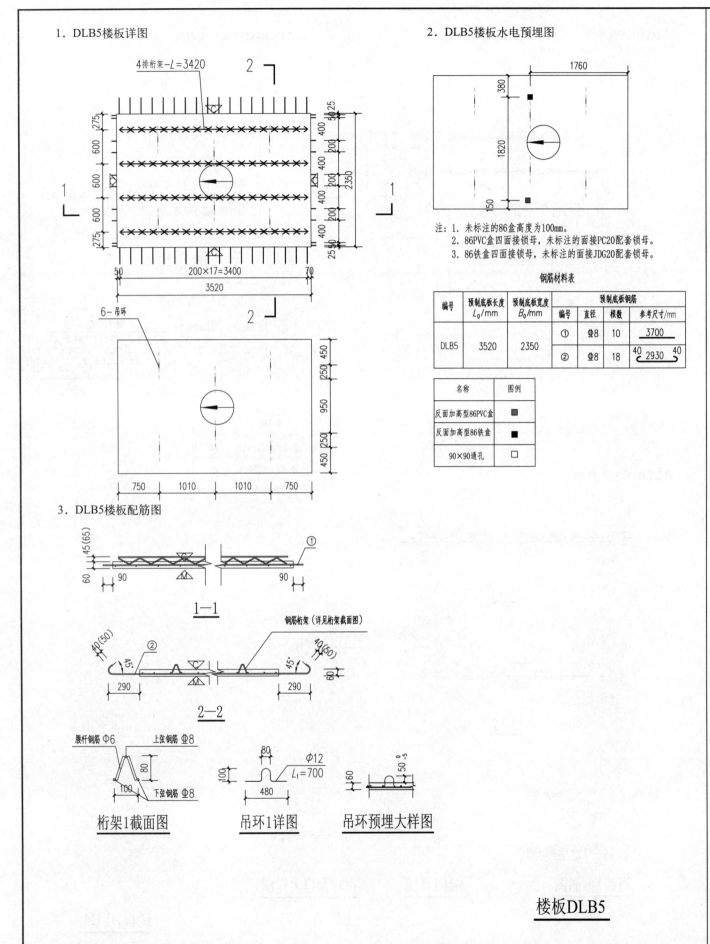

1. DLB5楼板详图

4排桁架-L=3420

6-吊环

50 200×17=3400 70
3520

750 1010 1010 750

3. DLB5楼板配筋图

1-1

钢筋桁架(详见桁架截面图)

2-2

腹杆钢筋 Φ6　上弦钢筋 Φ8
下弦钢筋 Φ8

桁架1截面图

Φ12 L₁=700

吊环1详图

吊环预埋大样图

2. DLB5楼板水电预埋图

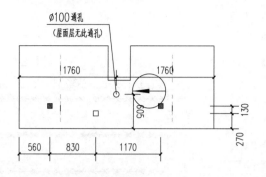

1760

注: 1. 未标注的86盒高度为100mm。
2. 86PVC盒四面接锁母, 未标注的面接PC20配套锁母。
3. 86铁盒四面接锁母, 未标注的面接JDG20配套锁母。

钢筋材料表

编号	预制底板长度 L₀/mm	预制底板宽度 B₀/mm	预制底板钢筋			
			编号	直径	根数	参考尺寸/mm
DLB5	3520	2350	①	Φ8	10	3700
			②	Φ8	18	40⌐2930⌐40

名称	图例
反面加高型86PVC盒	■
反面加高型86铁盒	■
90×90通孔	□

楼板DLB5

---

1. DLB5a楼板详图

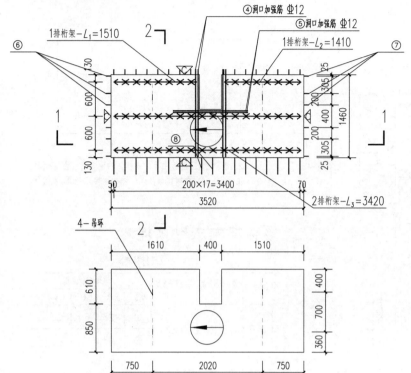

1排桁架-L₁=1510
④洞口加强筋 Φ12
⑤洞口加强筋 Φ12
1排桁架-L₂=1410
50 200×17=3400 70
3520
2排桁架-L₃=3420

4-吊环

1610 400 1510

750 2020 750

3. DLB5a楼板配筋图

1-1

2-2

钢筋桁架(详见桁架截面图)

腹杆钢筋 Φ6　上弦钢筋 Φ8
下弦钢筋 Φ8

桁架1截面图

Φ12 L₄=700

吊环1详图

吊环预埋大样图

2. DLB5a楼板水电预埋图

Φ100通孔
(屋面层无此通孔)

1760 1760

560 830 1170

注: 1. 未标注的86盒高度为100mm。
2. 86PVC盒四面接锁母, 未标注的面接PC20配套锁母。
3. 86铁盒四面接锁母, 未标注的面接JDG20配套锁母。

钢筋材料表

编号	预制底板长度 L₀/mm	预制底板宽度 B₀/mm	预制底板钢筋			
			编号	直径	根数	参考尺寸/mm
DLB5a	3520	1460	①	Φ8	3	3700
			②	Φ8	16	40⌐1840
			④	Φ12	4	1535
			⑤	Φ12	2	1360
			⑥	Φ8	3	1685
			⑦	Φ8	3	1585
			⑧	Φ8	2	40⌐1115

名称	图例
反面加高型86PVC盒	■
反面加高型86铁盒	■
90×90通孔	□

楼板DLB5a

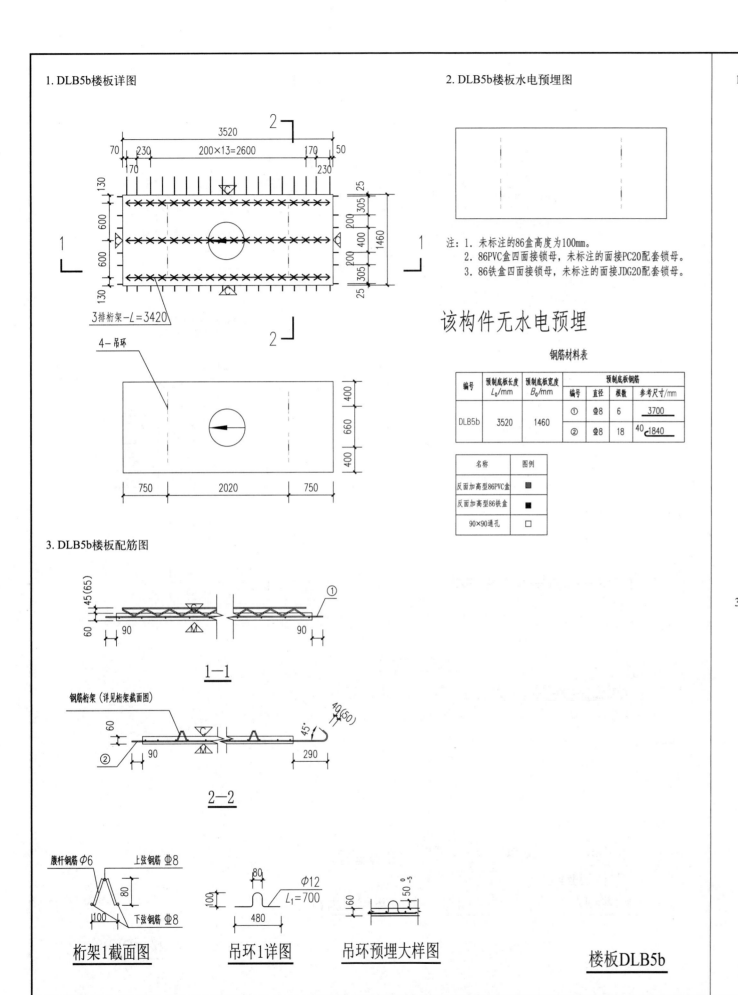

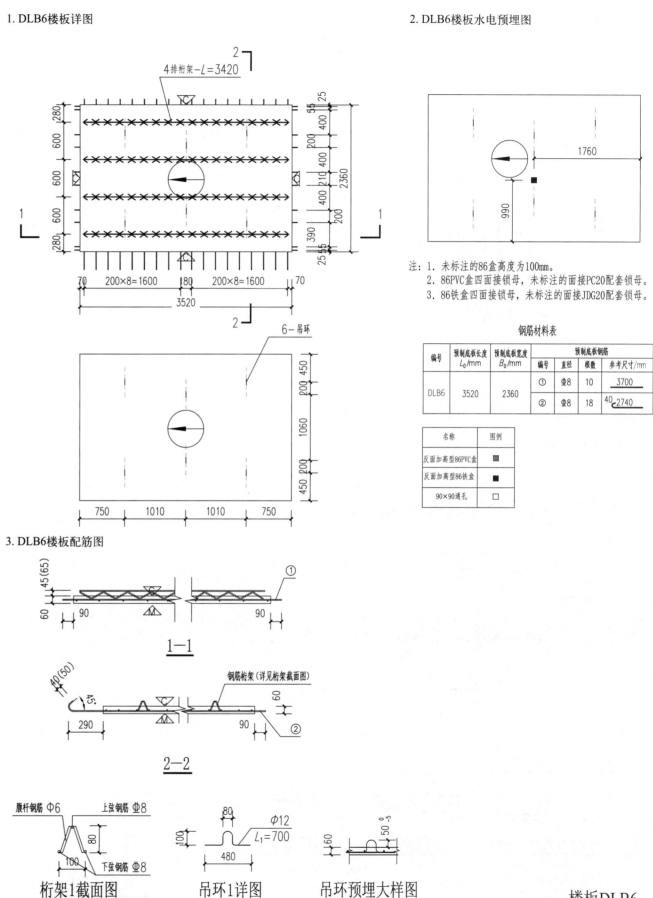

1. DLB5b楼板详图

2. DLB5b楼板水电预埋图

3520
200×13=2600

3排桁架—L=3420
4—吊环

注：1. 未标注的86盒高度为100mm。
　　2. 86PVC盒四面接锁母，未标注的面接PC20配套锁母。
　　3. 86铁盒四面接锁母，未标注的面接JDG20配套锁母。

该构件无水电预埋

钢筋材料表

编号	预制底板长度 L_0/mm	预制底板宽度 B_0/mm	预制底板钢筋			
			编号	直径	根数	参考尺寸/mm
DLB5b	3520	1460	①	⊕8	6	3700
			②	⊕8	18	1840

名称	图例
反面加高型86PVC盒	▣
反面加高型86铁盒	▪
90×90通孔	□

3. DLB5b楼板配筋图

1—1

钢筋桁架（详见桁架截面图）

2—2

腹杆钢筋 Φ6　上弦钢筋 ⊕8

下弦钢筋 ⊕8

桁架1截面图

Φ12 L_1=700

吊环1详图

吊环预埋大样图

楼板DLB5b

---

1. DLB6楼板详图

2. DLB6楼板水电预埋图

4排桁架—L=3420
200×8=1600　200×8=1600
3520

6—吊环

1760
990

注：1. 未标注的86盒高度为100mm。
　　2. 86PVC盒四面接锁母，未标注的面接PC20配套锁母。
　　3. 86铁盒四面接锁母，未标注的面接JDG20配套锁母。

钢筋材料表

编号	预制底板长度 L_0/mm	预制底板宽度 B_0/mm	预制底板钢筋			
			编号	直径	根数	参考尺寸/mm
DLB6	3520	2360	①	⊕8	10	3700
			②	⊕8	18	2740

名称	图例
反面加高型86PVC盒	▣
反面加高型86铁盒	▪
90×90通孔	□

3. DLB6楼板配筋图

1—1

2—2

钢筋桁架（详见桁架截面图）

腹杆钢筋 Φ6　上弦钢筋 ⊕8

下弦钢筋 ⊕8

桁架1截面图

Φ12 L_1=700

吊环1详图

吊环预埋大样图

楼板DLB6

1. DLB7楼板详图　　　　　　　　　　　　　　　　2. DLB7楼板水电预埋图

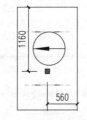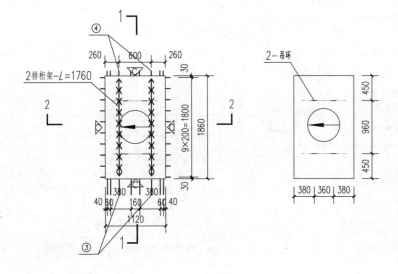

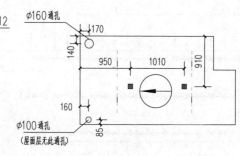

注: 1. 未标注的86盒高度为100mm。
2. 86PVC盒四面接锁母, 未标注的面接PC20配套锁母。
3. 86铁盒四面接锁母, 未标注的面接JDG20配套锁母。

钢筋材料表

编号	预制底板长度 L_0/mm	预制底板宽度 B_0/mm	预制底板钢筋			
			编号	直径	根数	参考尺寸/mm
DLB7	1860	1120	①	⊈8	6	40⌐2240
			②	⊈8	10	1300
			③	⊈8	2	40⌐610
			④	⊈8	2	410

3. DLB7楼板配筋图

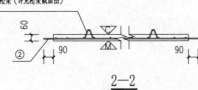

1—1

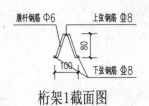

2—2

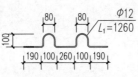

桁架1截面图　　　吊环2详图　　　吊环预埋大样图

1. DLB8楼板详图　　　　　　　　　　　　　　　2. DLB8楼板水电预埋图

洞口加强筋2⊈12
⑤洞口加强筋2⊈12

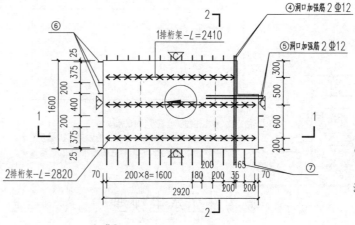

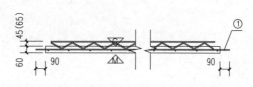

注: 1. 未标注的86盒高度为100mm。
2. 86PVC盒四面接锁母, 未标注的面接PC20配套锁母。
3. 86铁盒四面接锁母, 未标注的面接JDG20配套锁母。

钢筋材料表

编号	预制底板长度 L_0/mm	预制底板宽度 B_0/mm	预制底板钢筋			
			编号	直径	根数	参考尺寸/mm
DLB8	2920	1600	①	⊈8	3	3100
			②	⊈8	12	40⌐1980
			④	⊈12	2	40⌐1980
			⑤	⊈12	2	1080
			⑥	⊈8	3	2585
			⑦	⊈8	2	40⌐1265

名称	图例
反面加高型86PVC盒	▨
反面加高型86铁盒	■
90×90通孔	□

3. DLB8楼板配筋图

1—1

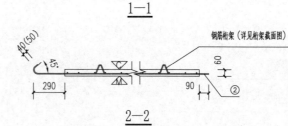

2—2

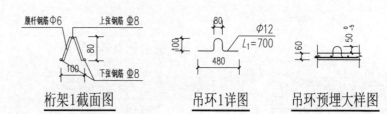

桁架1截面图　　　吊环1详图　　　吊环预埋大样图

楼板DLB7

楼板DLB8

1. DLB8a楼板详图

④洞口加强筋2Φ12
⑤洞口加强筋2Φ12
1排桁架—L₁=2410
2排桁架—L₃=2820
4—吊环

2. DLB8a楼板水电预埋图

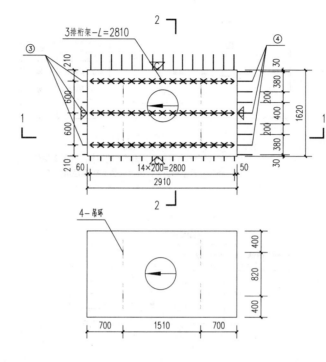

Φ160通孔
Φ100通孔
（屋面层无此通孔）

镜像DLB8

名称	图例
反面加高型86PVC盒	■
反面加高型86铁盒	■
90×90通孔	□

注：1. 未标注的86盒高度为100mm。
2. 86PVC盒四面接锁母，未标注的面接PC20配套锁母。
3. 86铁盒四面接锁母，未标注的面接JDG20配套锁母。

钢筋材料表

编号	预制底板长度 L₀/mm	预制底板宽度 B₀/mm	预制底板钢筋			
			编号	直径	根数	参考尺寸/mm
DLB8a	2920	1600	①	Φ8	3	3100
			②	Φ8	12	40⌐1980
			④	Φ12	2	40⌐1980
			⑤	Φ12	2	1080
			⑥	Φ8	3	2585
			⑦	Φ8	2	40⌐1265

3. DLB8a楼板配筋图

1—1

2—2

桁架1截面图   吊环1详图   吊环预埋大样图

顶杆钢筋 Φ6   上弦钢筋 Φ8   下弦钢筋 Φ8   Φ12 L₃=700

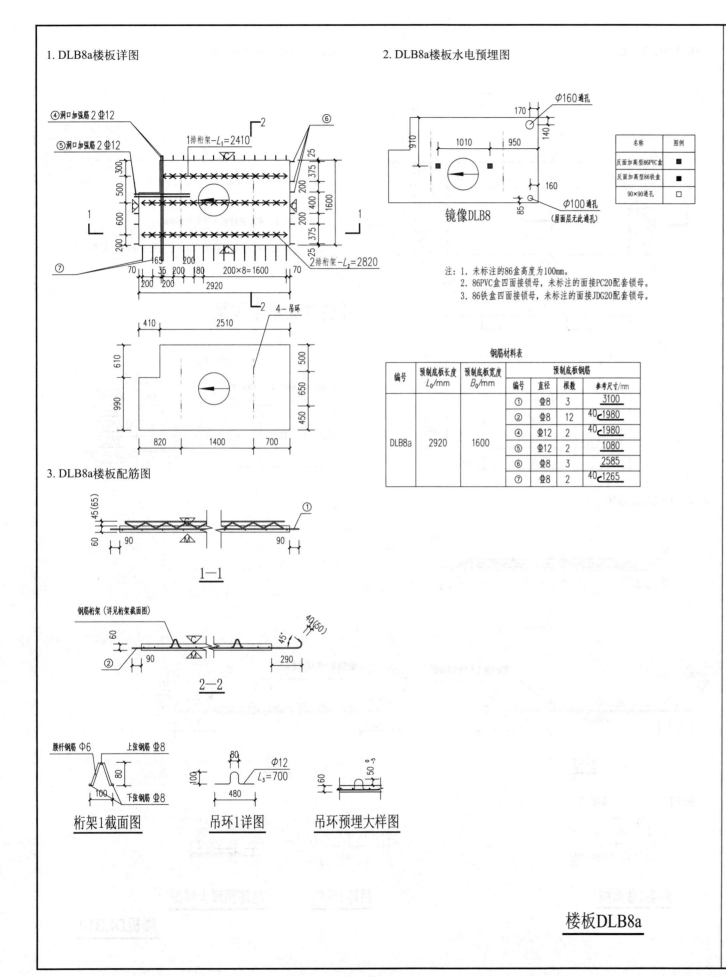

楼板DLB8a

1. DLB9楼板详图

3排桁架—L=2810
4—吊环

2. DLB9楼板水电预埋图

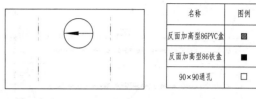

名称	图例
反面加高型86PVC盒	■
反面加高型86铁盒	■
90×90通孔	□

注：1. 未标注的86盒高度为100mm。
2. 86PVC盒四面接锁母，未标注的面接PC20配套锁母。
3. 86铁盒四面接锁母，未标注的面接JDG20配套锁母。

该构件无水电预埋

钢筋材料表

编号	预制底板长度 L₀/mm	预制底板宽度 B₀/mm	预制底板钢筋			
			编号	直径	根数	参考尺寸/mm
DLB9	2910	1620	①	Φ8	6	3290⌐40
			②	Φ8	15	2000⌐40
			③	Φ8	3	410
			④	Φ8	3	610⌐40

3. DLB9楼板配筋图

1—1

2—2

桁架1截面图   吊环1详图   吊环预埋大样图

顶杆钢筋 Φ6   上弦钢筋 Φ8   下弦钢筋 Φ8   Φ12 L₃=700

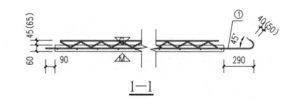
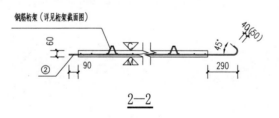
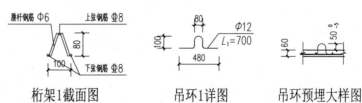

楼板DLB9

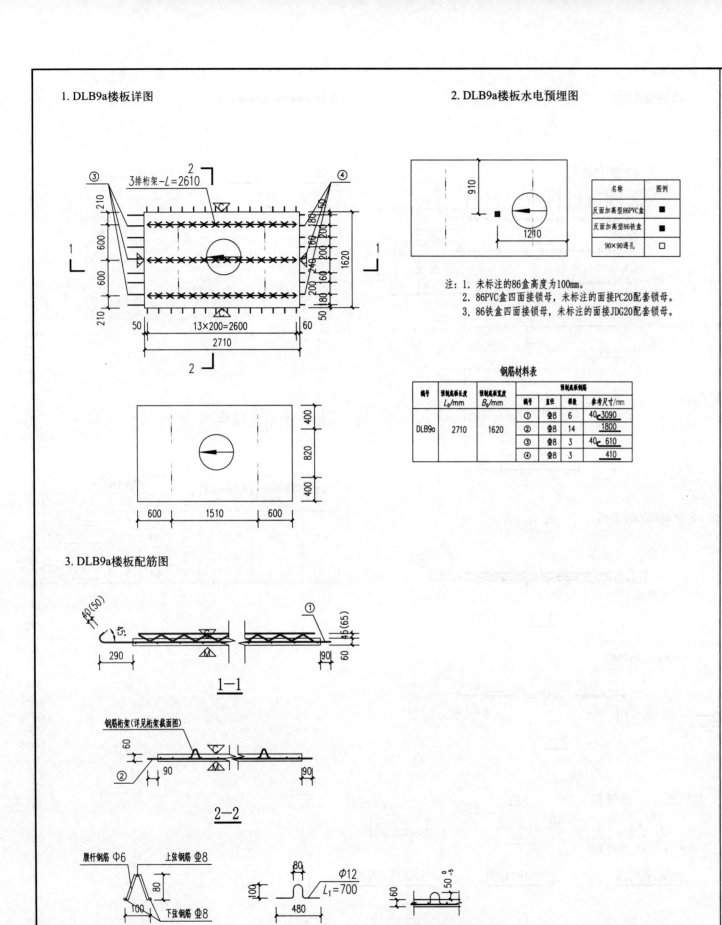

1. DLB9a楼板详图

2. DLB9a楼板水电预埋图

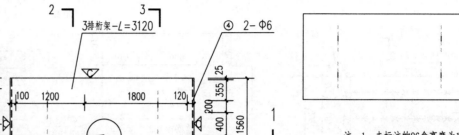

名称	图例
反面加高型86PVC盒	■
反面加高型86铁盒	■
90×90通孔	□

注: 1. 未标注的86盒高度为100mm。
2. 86PVC盒四面接锁母，未标注的面接PC20配套锁母。
3. 86铁盒四面接锁母，未标注的面接JDG20配套锁母。

钢筋材料表

编号	预制底板长度 L_0/mm	预制底板宽度 B_0/mm	预制底板钢筋 编号	直径	根数	参考尺寸/mm
DLB9a	2710	1620	①	⊥8	6	3090
			②	⊥8	14	1800
			③	⊥8	2	610
			④	⊥8	3	410

3. DLB9a楼板配筋图

1—1

2—2

桁架1截面图   吊环1详图   吊环预埋大样图

楼板DLB9a

1. DLB10楼板详图

2. DLB10楼板水电预埋图

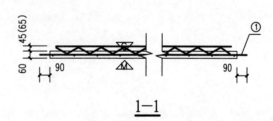

名称	图例
反面加高型86PVC盒	■
反面加高型86铁盒	■
90×90通孔	□

注: 1. 未标注的86盒高度为100mm。
2. 86PVC盒四面接锁母，未标注的面接PC20配套锁母。
3. 86铁盒四面接锁母，未标注的面接JDG20配套锁母。

该构件无水电预埋

钢筋材料表

编号	预制底板长度 L_0/mm	预制底板宽度 B_0/mm	预制底板钢筋 编号	直径	根数	参考尺寸/mm
DLB10	3220	1560	①	⊥8	6	3400
			②	⊥8	6	1940
			④	Φ6	2	1530
			⑤	⊥8	10	2200

3. DLB10楼板配筋图

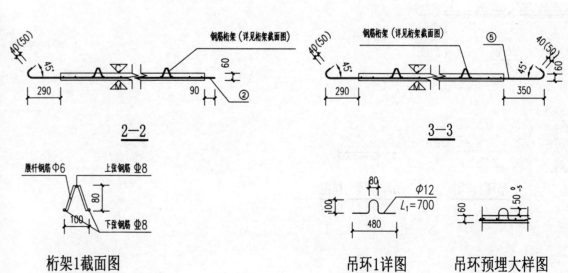

1—1

2—2   3—3

桁架1截面图   吊环1详图   吊环预埋大样图

楼板DLB10

1. DLB11楼板详图

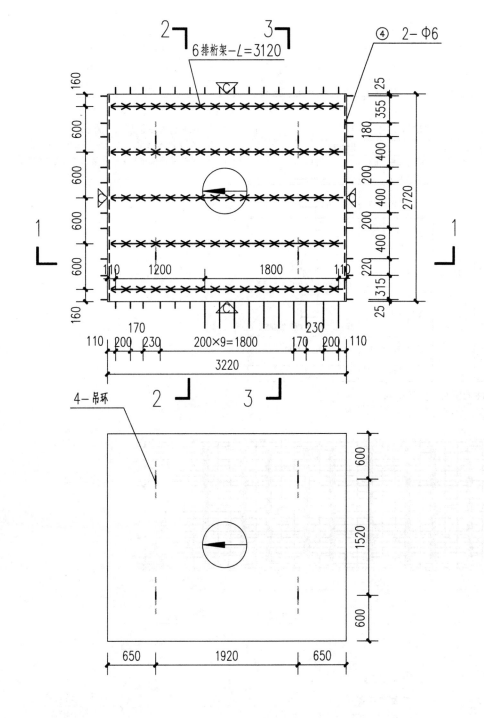

⑤ 6排桁架-L=3120
④ 2-Φ6

4-吊环
2 3

2. DLB11楼板水电预埋图

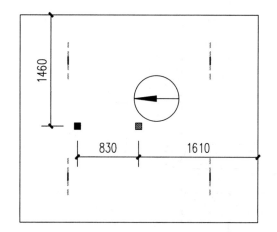

注: 1. 未标注的86盒高度为100mm。
 2. 86PVC盒四面接锁母,未标注的面接PC20配套锁母。
 3. 86铁盒四面接锁母,未标注的面接JDG20配套锁母。

名称	图例
反面加高型86PVC盒	
反面加高型86铁盒	
90×90通孔	□

钢筋材料表

编号	预制底板长度 L_0/mm	预制底板宽度 B_0/mm	预制底板钢筋			
			编号	直径	根数	参考尺寸/mm
DLB11	3220	2720	①	Φ8	10	3400
			②	Φ8	6	2900
			④	Φ6	2	2690
			⑤	Φ8	10	40⌐3160

3. DLB11楼板配筋图

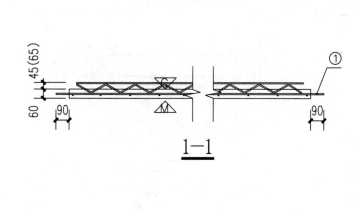

1—1

2—2

3—3

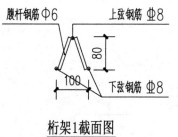

腰杆钢筋Φ6 上弦钢筋Φ8
下弦钢筋Φ8

桁架1截面图

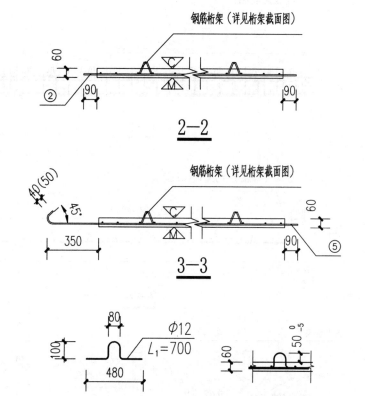

Φ12
L_1=700

吊环1详图   吊环预埋大样图

楼板DLB11

1.DLB12楼板详图

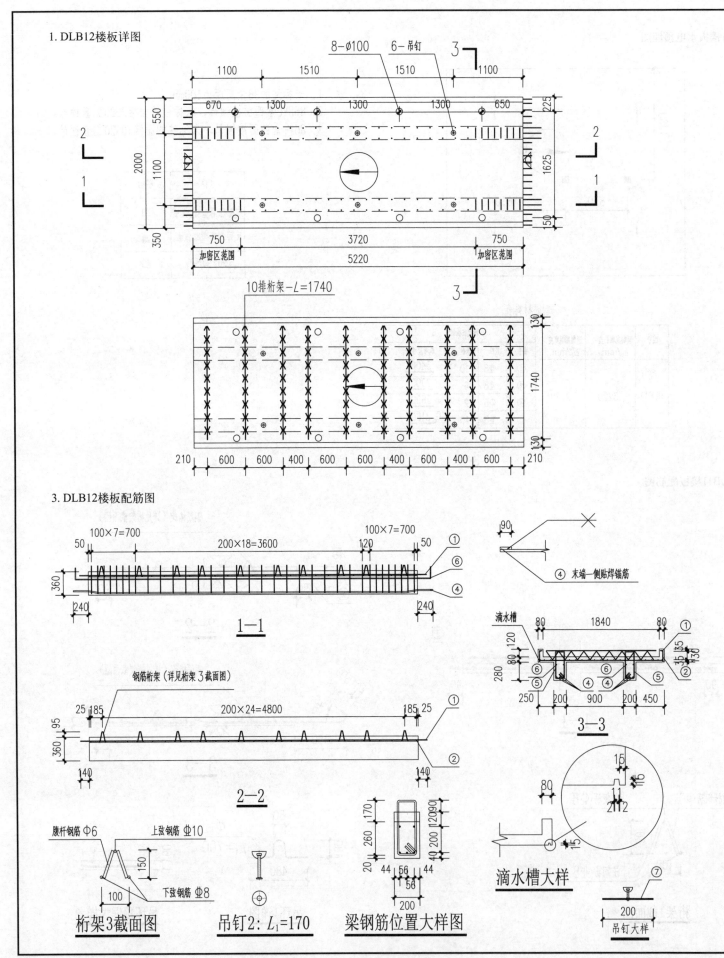

2.DLB12楼板水电预埋图

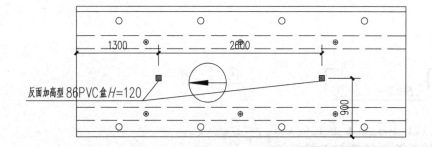

名称	图例
反面加高型86PVC盒	■
反面加高型86铁盒	■
90×90通孔	□

钢筋材料表 (二~二十九层)

编号	预制底板长度 L_0/mm	预制底板宽度 B_0/mm	预制底板钢筋			
			编号	直径	根数	参考尺寸/mm
DLB12	5220	2000	①	Φ12	19	5500
			②	Φ10	17	150 50 50 150 / 1950
			④	Φ18	6	5700
			⑤	Φ10	36	50 50 150 430 间距200mm(非加密区为开口箍筋)
			⑤	Φ10	32	150 430 间距100mm(加密区为封闭箍筋)
			⑥	Φ12	4	180 5620 180
			⑦	Φ10	12	200

注: 1. 未标注的86盒高度为100mm。
2. 86PVC盒四面接锁母, 未标注的面接PC20配套锁母。
3. 86铁盒四面接锁母, 未标注的面接JDG20配套锁母。

3.DLB12楼板配筋图

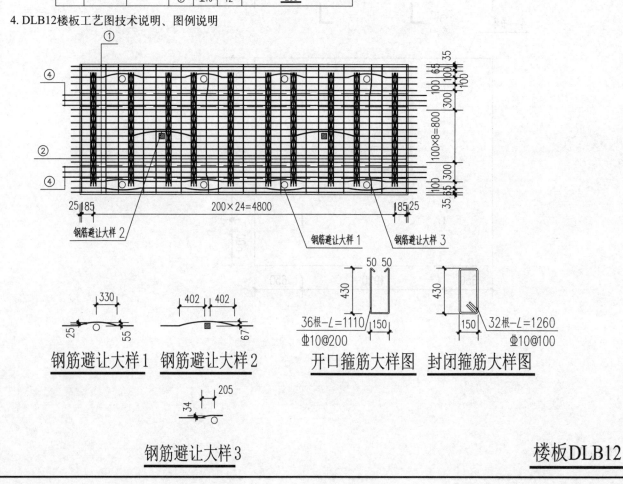

1-1

2-2

末端一侧贴焊锚筋

滴水槽大样

3-3

桁架3截面图
腹杆钢筋 Φ6　上弦钢筋 Φ10
下弦钢筋 Φ8

吊钉2: L_1=170

梁钢筋位置大样图

4.DLB12楼板工艺图技术说明、图例说明

钢筋避让大样2　钢筋避让大样1　钢筋避让大样3

钢筋避让大样1
钢筋避让大样2
钢筋避让大样3

开口箍筋大样图
36根-L=1110　Φ10@200

封闭箍筋大样图
32根-L=1260　Φ10@100

吊钉大样

楼板DLB12

1. YB01楼板详图

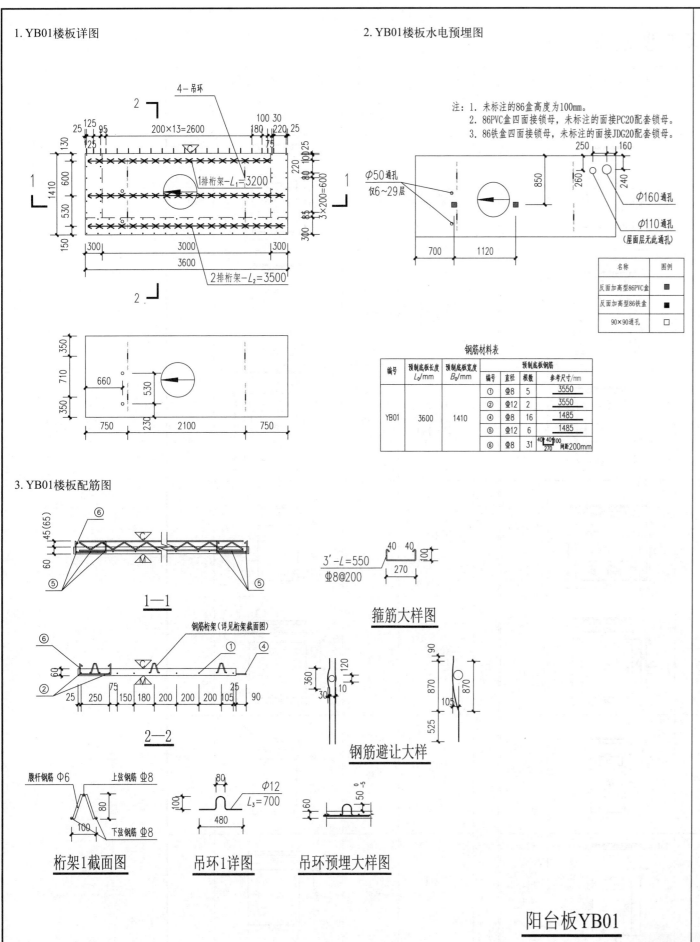

4-吊环

1排桁架-L_1=3200

2排桁架-L_2=3500

200×13=2600

100 30 180 220 25

25 125 95

130

600

220

80

1410

530

$3×200$=600

300 3000 300

3600

660 530

750 230 2100 750

710

350 350

3. YB01楼板配筋图

45(65)

60

1—1

3'-L=550

Φ8@200

270 40 40

箍筋大样图

钢筋桁架(详见桁架截面图)

60

2—2

25 250 75 150 180 200 200 200 105 25 90

360 120

30 10

钢筋避让大样

525 870 105 870

腹杆钢筋 Φ6 上弦钢筋 Φ8

80

100

下弦钢筋 Φ8

桁架1截面图

Φ12 L_3=700

480

吊钉1详图

吊环预埋大样图

2. YB01楼板水电预埋图

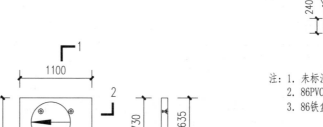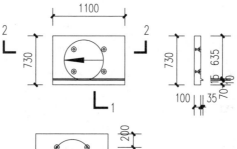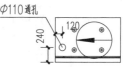

注：1. 未标注的86盒高度为100mm。
2. 86PVC盒四面接锁母，未标注的面接PC20配套锁母。
3. 86铁盒四面接锁母，未标注的面接JDG20配套锁母。

ϕ50通孔
仅6~29层

250 160

240

850

260

ϕ160通孔

ϕ110通孔
(屋面层无此通孔)

700 1120

名称	图例
反面加高型86PVC盒	■
反面加高型86铁盒	■
90×90通孔	□

钢筋材料表

编号	预制底板长度 L_0/mm	预制底板宽度 B_0/mm	预制底板钢筋			
			编号	直径	根数	参考尺寸/mm
YB01	3600	1410	①	Φ8	5	3550
			②	Φ12	2	3550
			③	Φ8	16	1485
			⑤	Φ12	6	1485
			⑥	Φ8	31	40 40 100 270 间距200mm

1. KB01楼板详图

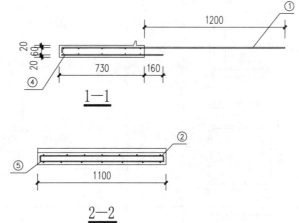

1100

730

730

635

100 35 70 10

320 460 320

200 330 200

2—2

1100

2. KB01楼板水电预埋图

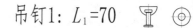

名称	图例
反面加高型86PVC盒	■
反面加高型86铁盒	■
90×90通孔	□

ϕ110通孔

120

240

注：1. 未标注的86盒高度为100mm。
2. 86PVC盒四面接锁母，未标注的面接PC20配套锁母。
3. 86铁盒四面接锁母，未标注的面接JDG20配套锁母。

钢筋材料表

编号	预制底板长度 L_0/mm	预制底板宽度 B_0/mm	预制底板钢筋			
			编号	直径	根数	参考尺寸/mm
KB01	1100	730	①	Φ8	8	1910
			②	Φ6	5	1060 40
			④	Φ8	5	870
			⑤	Φ6	5	1060
			⑥	Φ10	8	200

3. KB01楼板配筋图

1200

20 60 20 60

730 160

1—1

1100

2—2

吊钉1: L_1=70

200

吊钉大样

4. KB01楼板工艺图技术说明、图例说明

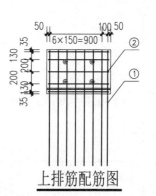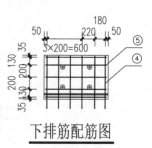

50 100 50

$6×150$=900

200 130 35

上排筋配筋图

50 220 180 50

$3×200$=600

200 130 35

下排筋配筋图

注：钢筋与吊钉紧贴绑扎。

阳台板YB01

空调板KB01

预制构件明细表（各户型通用构件）

预制剪力墙墙板(竖向构件)					预制剪力墙墙板(竖向构件)					预制剪力墙墙板(竖向构件)				
	构件编号	重量/t	构件简图	数量		构件编号	重量/t	构件简图	数量		构件编号	重量/t	构件简图	数量
外墙	YWQ1 YWQ1F	4.10		3	外墙	YWQ8 YWQ8F	3.30		4	外墙	YWQ15 YWQ15F	3.50		3
	YWQ2 YWQ2F	3.90		3		YWQ9 YWQ9F	3.90		2		YWQ16 YWQ16F	3.50		4
	YWQ3 YWQ3F	3.90		4		YWQ10	4.60		1		YWQ17 YWQ17F	2.60		2
	YWQ4 YWQ4F	3.20		4		YWQ11	5.30		1	分户内墙	YNQ1	3.10		2
	YWQ5 YWQ5F	4.60		4		YWQ12	5.50		1		YNQ2	4.30		4
	YWQ6 YWQ6F	4.10		3		YWQ13 YWQ13F	2.70		4		YNQ3	3.40		4
	YWQ7 YWQ7F	2.60		3		YWQ14 YWQ14F	3.50		4		YNQ4	4.00		4

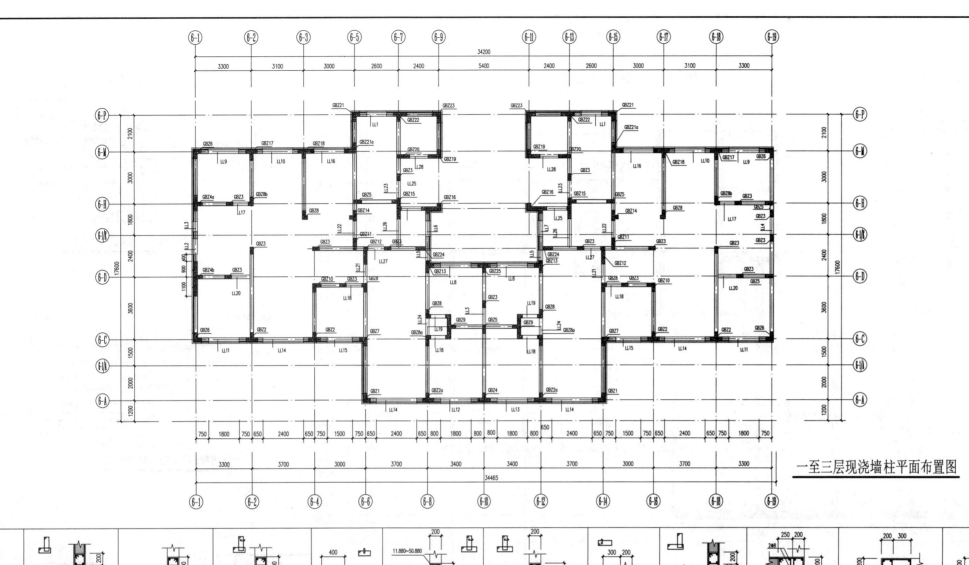

一至三层现浇墙柱平面布置图

剪力墙梁表

编号	梁截面 b×h/(mm×mm)	梁长/mm	上部纵筋	下部纵筋	侧面纵筋	箍筋	交叉斜筋
LL1	200×480	1200	3Φ20	3Φ20	NΦ10@200	Φ10@100(2)	
LL2	200×480	900	3Φ20	3Φ20	NΦ10@200	Φ12@100(2)	
LL3	200×480	600	3Φ20	3Φ20	NΦ10@200	Φ12@100(2)	
LL4	200×480	900	3Φ20	3Φ20	NΦ10@200	Φ12@100(2)	
LL5	200×480	800	4Φ22 2/2	4Φ22 2/2	NΦ10@200	Φ12@100(2)	
LL6	200×480	900	2Φ22	2Φ22	NΦ10@200	Φ12@100(2)	
LL7	200×480	900	2Φ22	2Φ22	NΦ10@200	Φ12@100(2)	
LL8	200×480	1800	3Φ16	3Φ16	NΦ10@200	Φ10@100(2)	
LL9	200×480	1800	2Φ16	2Φ16	NΦ10@200	Φ10@100(2)	
LL10	200×480	1800	3Φ20	3Φ20	NΦ10@200	Φ10@100(2)	
LL11	200×480	1800	3Φ16	3Φ16	NΦ10@200	Φ10@100(2)	
LL12	200×480	1800	3Φ16	3Φ16	NΦ10@200	Φ10@100(2)	
LL13	200×480	1800	3Φ16	3Φ16	NΦ10@200	Φ10@100(2)	
LL14	200×480	2400	3Φ20	3Φ20	NΦ10@200	Φ12@100(2)	
LL15	200×480	1500	2Φ18	2Φ18	NΦ10@200	Φ12@100(2)	
LL16	200×480	2200	3Φ20	3Φ20	NΦ10@200	Φ10@100(2)	
LL17	200×480	1000	3Φ18	3Φ18	NΦ10@200	Φ12@100(2)	
LL18	200×400	900	3Φ18	3Φ18	NΦ10@200	Φ12@100(2)	
LL19	200×400	900	3Φ18	3Φ18	NΦ10@200	Φ12@100(2)	
LL20	200×400	1100	3Φ18	3Φ18	NΦ10@200	Φ12@100(2)	
LL21	200×400	1100	3Φ22	3Φ22	NΦ10@200	Φ12@100(2)	
LL22	200×400	1000	4Φ22 2/2	4Φ22 2/2	NΦ10@200	Φ12@100(2)	
LL23	200×400	1000	3Φ20	3Φ20	NΦ10@200	Φ12@100(2)	
LL24	200×400	1000	3Φ20	3Φ20	NΦ10@200	Φ12@100(2)	
LL25	200×400	1200	2Φ16	2Φ16	NΦ10@200	Φ10@100(2)	
LL26	200×400	1700	2Φ18	2Φ18	NΦ10@200	Φ10@100(2)	
LL27	200×400	1000	2Φ18	2Φ18	NΦ10@200	Φ10@100(2)	
LL28	200×400	1100	2Φ18	2Φ18	NΦ10@200	Φ10@100(2)	

剪力墙身表

编号	标高	墙厚	水平分布筋	垂直分布筋	拉筋(水平×竖向)
Q1(双排)	−0.120~8.880	200mm	Φ8@200	Φ8@200	Φ6@600×600

说明:
1. 剪力墙、柱构造应严格按国标22G101-1有关要求施工。
2. 剪力墙预留门窗洞及各种管道洞应与建筑、给排水等专业相应的图纸配合施工。
3. 1~2层剪力墙均为现浇，未注明现浇剪力墙均为Q1，以轴线居中或与柱边平齐。
4. 未注明的墙肢定位均以轴线对中或平柱(墙)边齐。
5. 剪力墙水平分布钢筋在连梁范围内须拉通连续配置，连梁表中的腰筋均为附加腰筋。
6. 图中墙柱编号适用于1~3层相应标高范围内。
7. 其他要求见结构设计总说明。
8. 二层竖向构件柱为预制，剪力墙为现浇结构，以"二层预制柱布置图"为准。

二维码4

编号	标高/m	纵筋	箍筋
GBZ1	5.880-8.880	12Φ22	Φ8@100
GBZ2	−0.120-8.880	16Φ25	Φ8@150
GBZ2a	−0.120-8.880	14Φ22	Φ8@150
GBZ3	−0.120-8.880	8Φ14	Φ8@150
GBZ4	5.880-8.880	14Φ22	Φ8@150
GBZ4a	−0.120-8.880	16Φ25	Φ8@150
GBZ5	5.880-8.880	12Φ22	Φ8@100
GBZ6	5.880-8.880	8Φ14+4Φ8	Φ8@150
GBZ7	−0.120-8.880	8Φ14	Φ8@150
GBZ8	−0.120-8.880	8Φ14	Φ8@150
GBZ8a	−0.120-8.880	10Φ14	Φ8@150
GBZ8b	−0.120-8.880	10Φ14	Φ8@150
GBZ9	−0.120-8.880	22Φ14	Φ8@150
GBZ10	−0.120-8.880	8Φ14+2Φ8	Φ8@150
GBZ11	−0.120-8.880	8Φ14	Φ8@150
GBZ12	−0.120-8.880	12Φ14	Φ8@150
GBZ13	−0.120-8.880	12Φ14	Φ8@150
GBZ14	−0.120-8.880	10Φ14	Φ10@150
GBZ15	−0.120-8.880	20Φ14	Φ8@150
GBZ16	−0.120-8.880	16Φ14	Φ8@150
GBZ17	−0.120-8.880	14Φ14	Φ8@150
GBZ18	−0.120-8.880	14Φ14	Φ8@150
GBZ19	−0.120-8.880	12Φ14	Φ8@100
GBZ20	−0.120-8.880	8Φ14	Φ10@150
GBZ21	−0.120-8.880	12Φ28	Φ8@100
GBZ21a	5.880-8.880	12Φ22	Φ8@150
GBZ22	−0.120-8.880	16Φ25	Φ8@150
GBZ23	−0.120-8.880	12Φ22	Φ8@100
GBZ24	−0.120-8.880	8Φ14	Φ8@150
GBZ25	−0.120-8.880	16Φ14	Φ8@150
GBZ4b	−0.120-8.880	30Φ14	Φ8@150

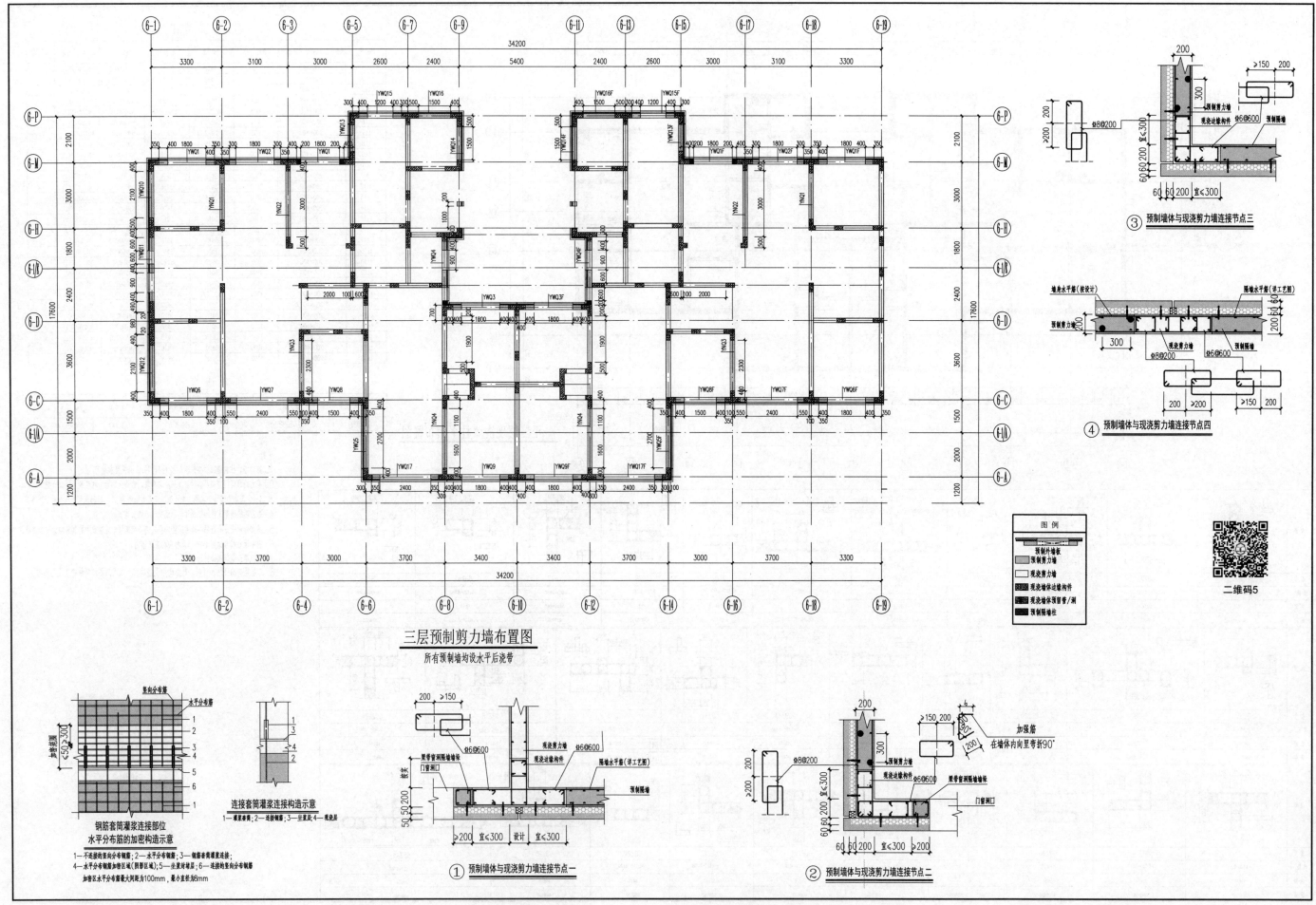

三层预制剪力墙布置图

所有预制墙均设水平后浇带

① 预制墙体与现浇剪力墙连接节点一

② 预制墙体与现浇剪力墙连接节点二

③ 预制墙体与现浇剪力墙连接节点三

④ 预制墙体与现浇剪力墙连接节点四

连接套筒灌浆连接构造示意

钢筋套筒灌浆连接部位
水平分布筋的加密构造示意

二维码5

40

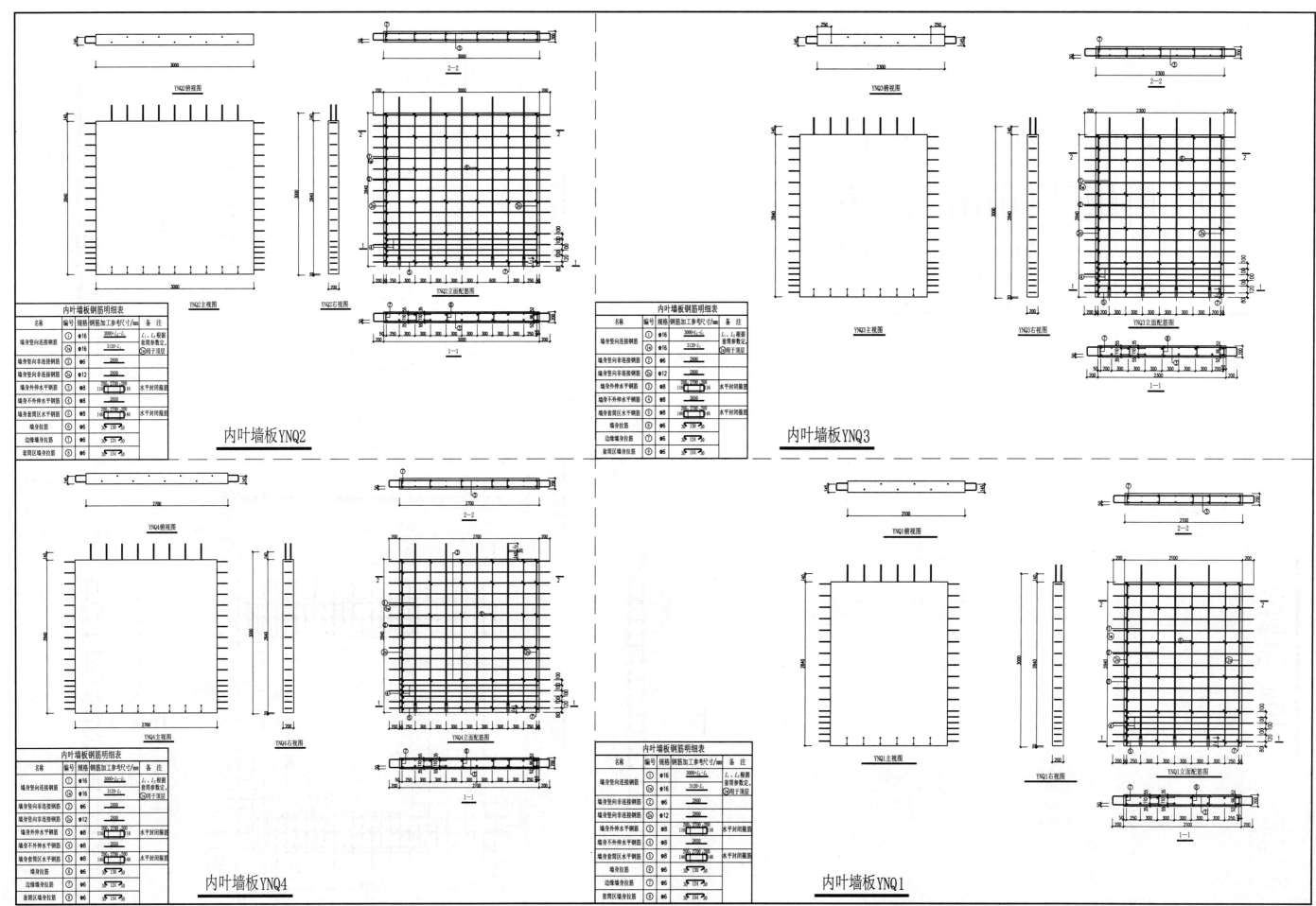

内叶墙板YNQ2

内叶墙板YNQ3

内叶墙板YNQ4

内叶墙板YNQ1

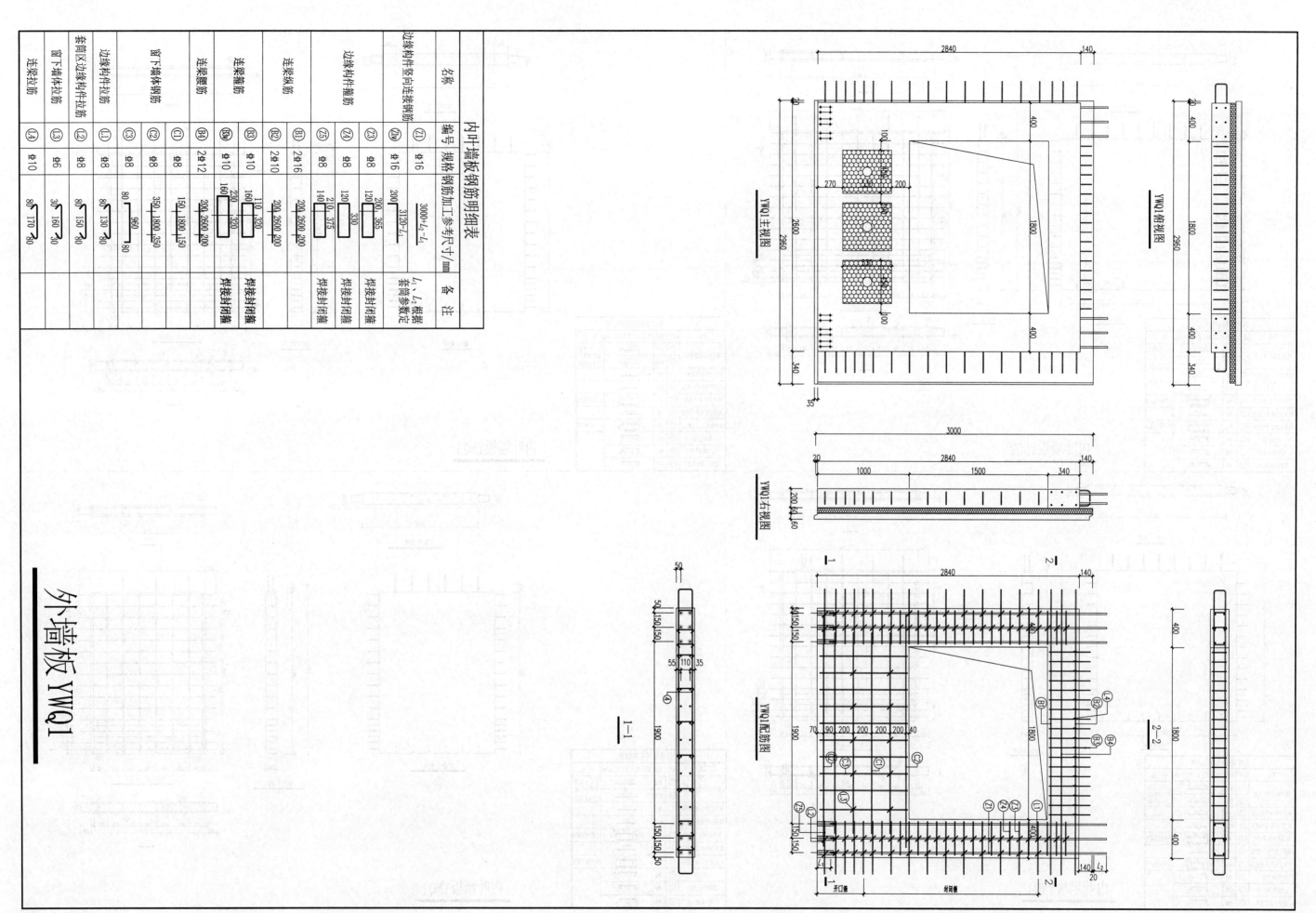

内叶墙板钢筋明细表

名称	编号	规格	钢筋加工参考尺寸/mm	备注
边缘构件竖向连接钢筋	②1	Φ16	3000+L₂-L₄	L₁、L₂根据套筒参数定
	②2a	Φ16	200、365	
	②3	Φ16	3120-L₄	
边缘构件横筋	②4	Φ8	120、330	焊接封闭箍
	②5	Φ8	210、375	焊接封闭箍
连梁纵筋	③1	2Φ16	200、2600、200	焊接封闭箍
连梁箍筋	③2	2Φ10	110、320	焊接封闭箍
	③3a	Φ10	160、220、160、320	焊接封闭箍
连梁腰筋	③4	2Φ12	200、2600、200	
留下墙体钢筋	①1	Φ8	150、1800、150	
	①2	Φ8	350、1800、350	
	①3	Φ8	960、80	
边缘构件拉筋	①1	Φ8	80、130	
套筒区边缘构件拉筋	①2	Φ8	80、150	
留下墙体拉筋	①3	Φ6	30、160、30	
连梁拉筋	①4	Φ10	80、170、80	

外墙板 YWQ1

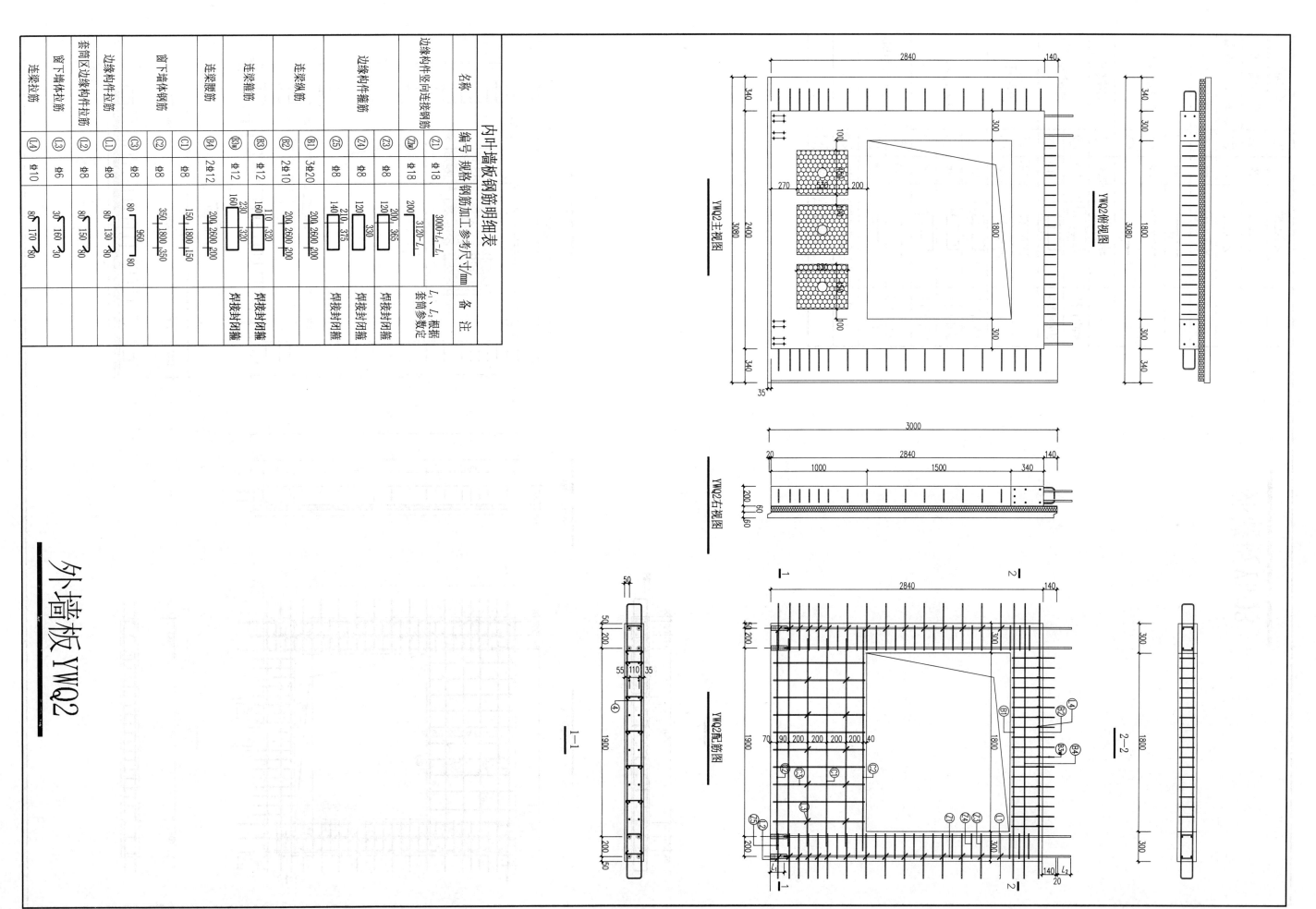

外墙板 YWQ2

内叶墙板钢筋明细表

名称	编号	规格	钢筋加工参考尺寸/mm	备注
边缘构件竖向连接钢筋	①	Φ18	3000+L₂-L₁	L₁、L₂根据套筒参数定
边缘构件竖向连接钢筋	②	Φ18	3120-L₁	套筒参数定
边缘构件箍筋	③	Φ8	200、366	焊接封闭箍
边缘构件箍筋	④	Φ8	120、330	焊接封闭箍
边缘构件纵筋	⑤	Φ8	210、375	焊接封闭箍
连梁纵筋	⑥	3Φ20	200、2600、200	
连梁箍筋	⑥	3Φ20	140	焊接封闭箍
连梁纵筋	②	2Φ12	200、2600、200	
连梁箍筋	③	2Φ10	110、320	焊接封闭箍
连梁箍筋	③	Φ12	160、320	焊接封闭箍
连梁纵筋	④	Φ12	230、320	
连梁腰筋	④	2Φ12	160	
窗下墙钢筋	①	Φ8	150、1800、150	
窗下墙钢筋	②	Φ8	350、1800、350	
边缘构件拉筋	①	Φ8	960、80、80	
套筒区边缘拉筋	②	Φ8	80、130、80	
窗下墙体拉筋	③	Φ6	30、160、30	
连梁拉筋	④	Φ10	80、170、30	

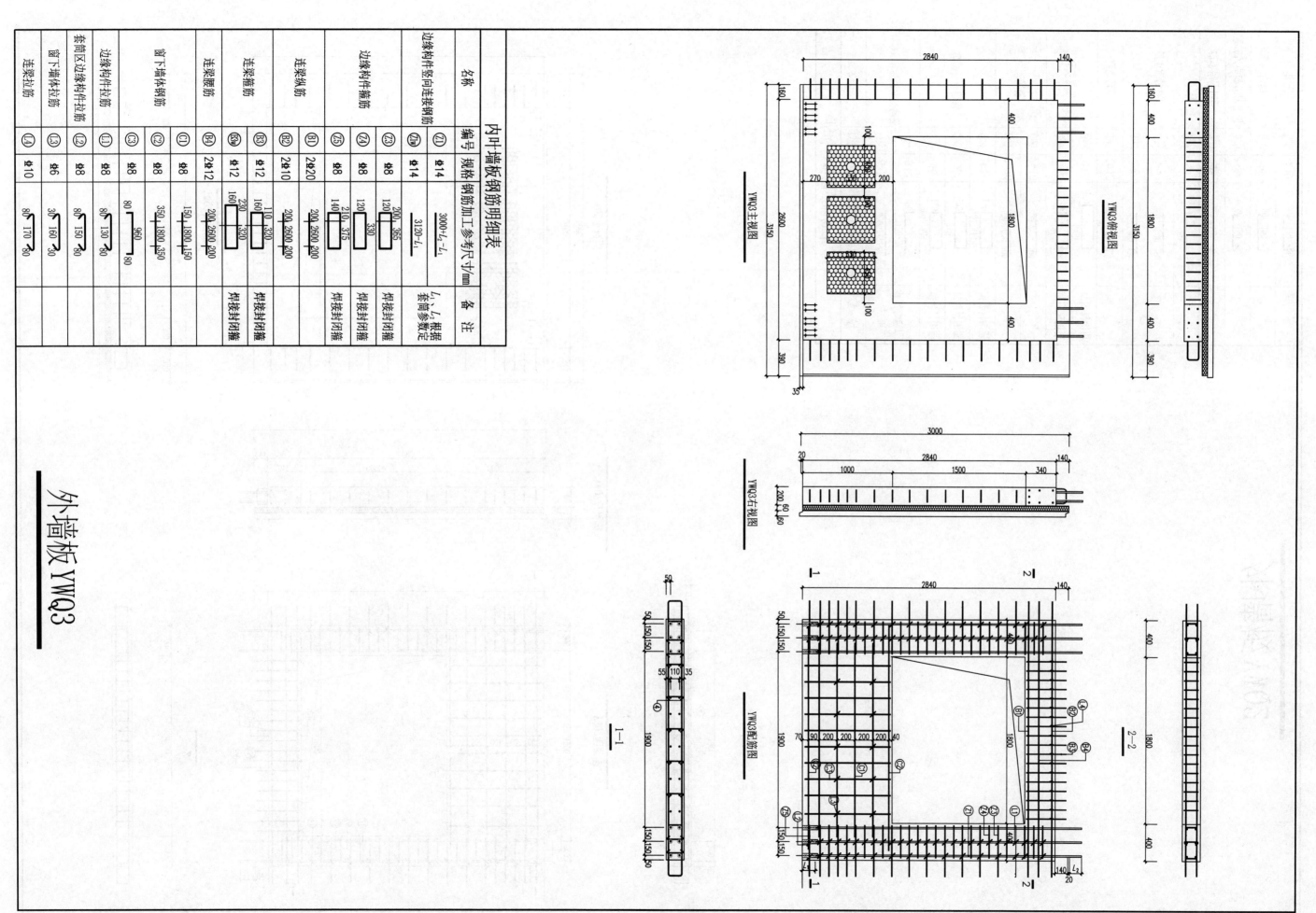

外墙板 YWQ3

内叶墙板钢筋明细表

名称	编号	规格	钢筋加工参考尺寸/mm	备注
边缘构件竖向连接钢筋	①	Φ14	3000-L_a-L_b	L_a、L_b根据套筒参数定
边缘构件竖向连接钢筋	②	Φ14	3120-L_a	
边缘构件横筋	③	Φ8	200-365	
边缘构件箍筋	④	Φ8	210-375 / 330	焊接封闭箍
	⑤	Φ8	140 210 120	焊接封闭箍
连梁纵筋	⑥	2Φ20	200 2600 200	焊接封闭箍
	⑦	2Φ10	200 2600 200	
连梁箍筋	⑧	2Φ12	230 160	焊接封闭箍
连梁箍筋	⑨	Φ12	110 320	焊接封闭箍
连梁腰筋	⑩	Φ12	160	焊接封闭箍
连梁拉筋	⑪	Φ8	350 1800 350	
窗下墙竖向钢筋	⑫	Φ8	150 150	
	⑬	Φ8	960 80 80	
	⑭	Φ8	130	
套筒区边缘构件拉筋	⑫	Φ8	80	
窗下墙体拉筋	⑬	Φ6	30 160 30	
连梁拉筋	⑭	Φ10	80 170 30	

YWQ3俯视图

YWQ3主视图

YWQ3右视图

YWQ3配筋图

1—1

2—2

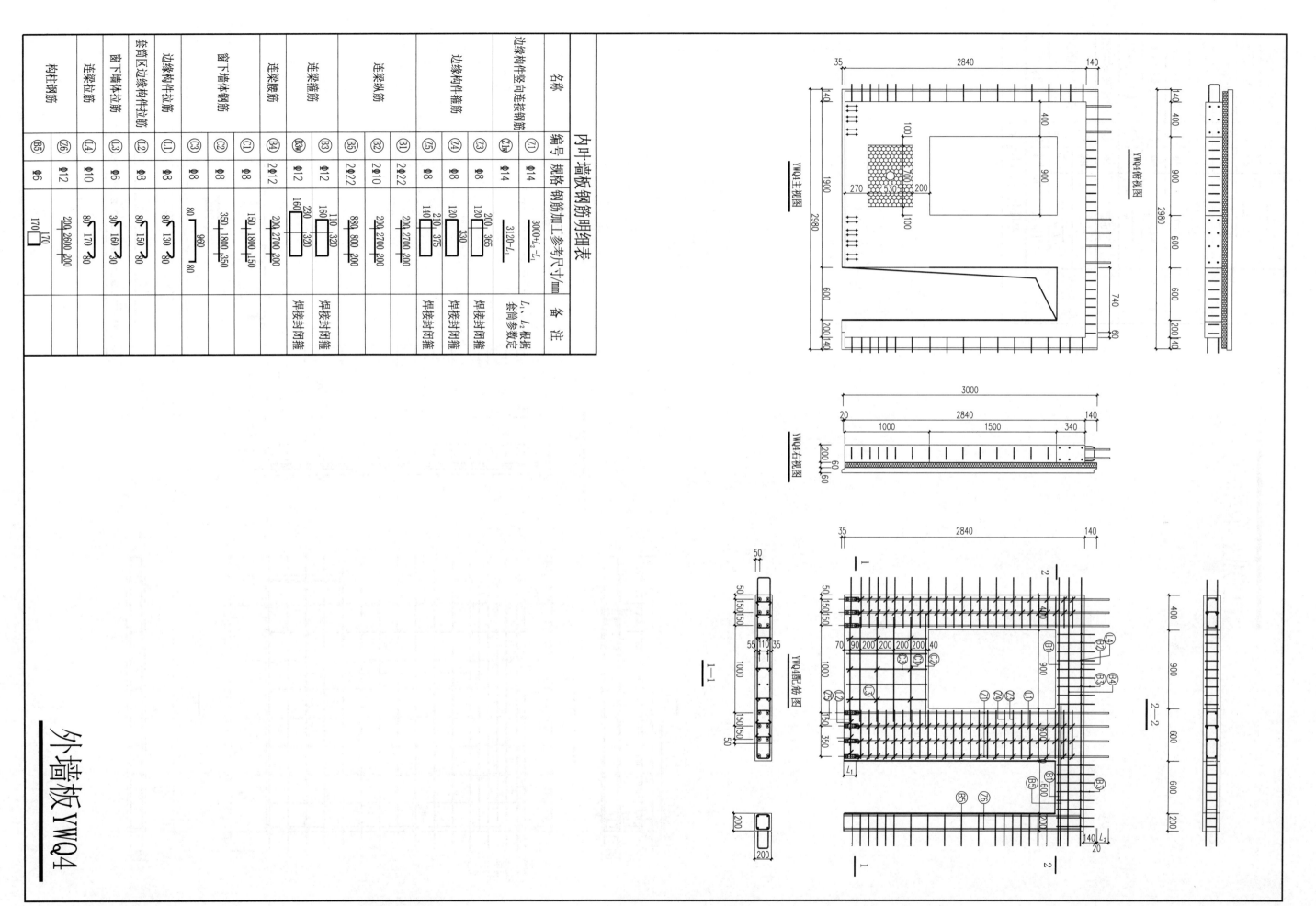

内叶墙板钢筋明细表

名称	编号	规格	钢筋加工参考尺寸/mm	备注
边缘构件竖向连接钢筋	竖⑦	Φ14	3000+L₂-L₁	L₁、L₂根据套筒参数定
边缘构件竖向连接钢筋	竖④	Φ14	3120-L₁	套筒参数定
边缘构件箍筋	竖③	Φ8	200、365	焊接封闭箍
边缘构件箍筋	竖②	Φ8	200、120 / 120	焊接封闭箍
连梁纵筋	竖①	Φ8	330 / 210、375 / 140、120	焊接封闭箍
连梁箍筋	横⑤	2Φ22	200、2700、200	
连梁箍筋	横④	2Φ10	200、2700、200	
连梁腰筋	横③	2Φ12	200、800、880	
连梁箍筋	横②	Φ12	230、320 / 160、110、320	焊接封闭箍
连梁腰筋	横①	Φ12	200、2700、200	焊接封闭箍
窗下墙体钢筋	拉④	Φ8	960 / 80、80	
窗下墙体钢筋	拉③	Φ8	350、1800、350	
窗下墙体钢筋	拉②	Φ8	150、1800、150	
套筒区边缘构件拉筋	拉①	Φ6	80、130、30	
窗下墙体拉筋	L4	Φ10	80、150、30	
连梁拉筋	L3	Φ12	30、160、30	
连梁拉筋	L2	Φ10	80、170、30	
构柱钢筋	L1	Φ8	200、2600、200	
构柱钢筋	拉⑥	Φ6	170	
构柱钢筋	拉⑤	Φ6		

YWQ4俯视图

YWQ4主视图

YWQ4仰视图

1—1

YWQ4配筋图

2—2

外墙板 YWQ4

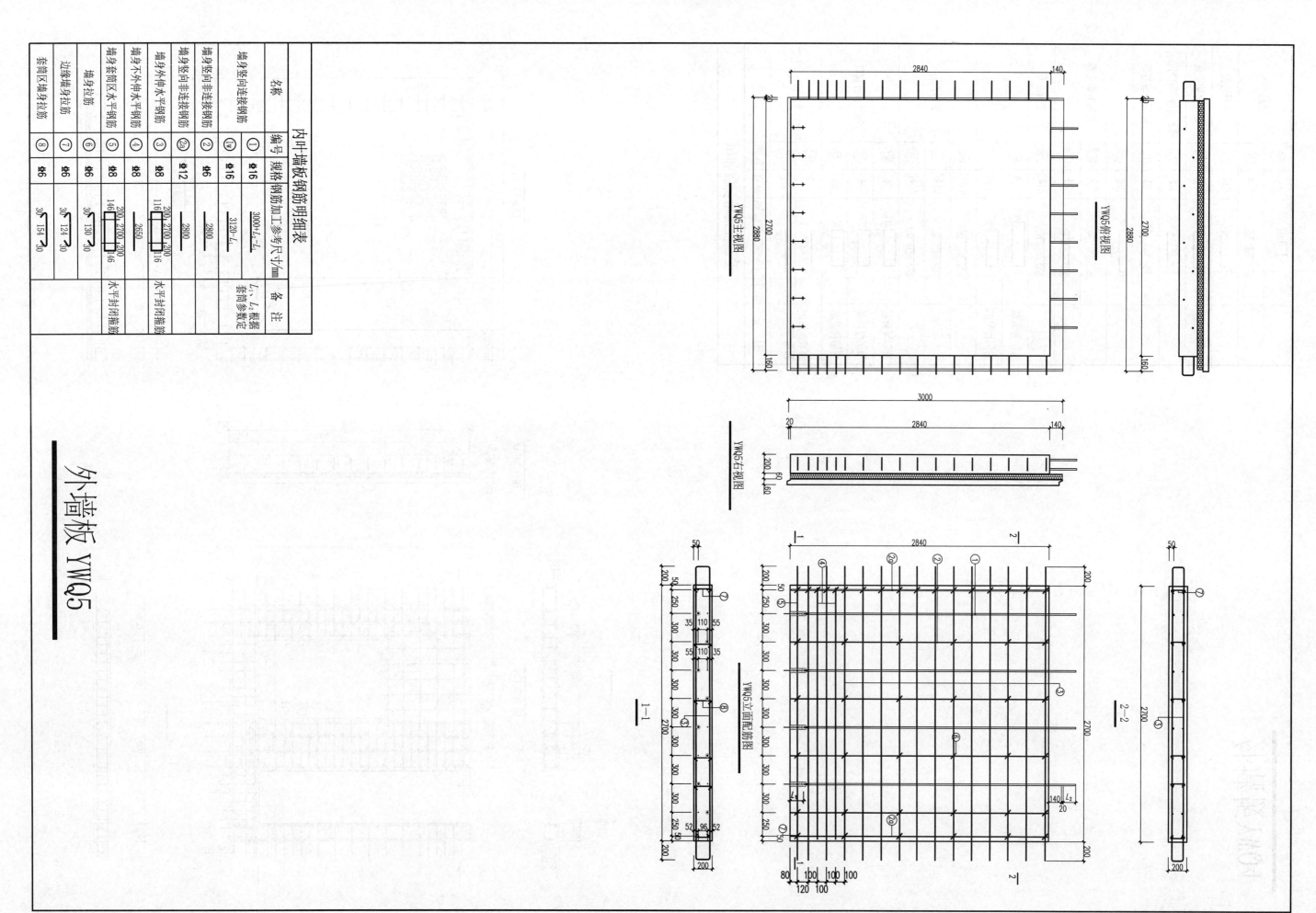

内叶墙板钢筋明细表

名称	编号	规格	钢筋加工参考尺寸/mm	备注
墙身竖向连接钢筋	①	Φ16	3000+Lₐ-Lₑ	
墙身竖向连接钢筋	①ᵃ	Φ16	3120-Lₐ	
墙身竖向非连接钢筋	②	Φ6	2800	
墙身竖向非连接钢筋	②ᵃ	Φ12	2800	L₁、L₂根据套筒参数定
墙身外伸水平钢筋	③	Φ8	200 2700 200 / 116	水平封闭箍筋
墙身外伸水平钢筋	④	Φ8	2660	
墙身水平钢筋	⑤	Φ8	200 2700 200 / 146 146	水平封闭箍筋
墙身拉筋	⑥	Φ6	30 130 30	
边缘墙身拉筋	⑦	Φ6	30 124 30	
套筒区墙身拉筋	⑧	Φ6	30 154 30	

外墙板 YWQ5

YWQ5俯视图

YWQ5主视图

YWQ5右视图

YWQ5立面配筋图

1—1

2—2

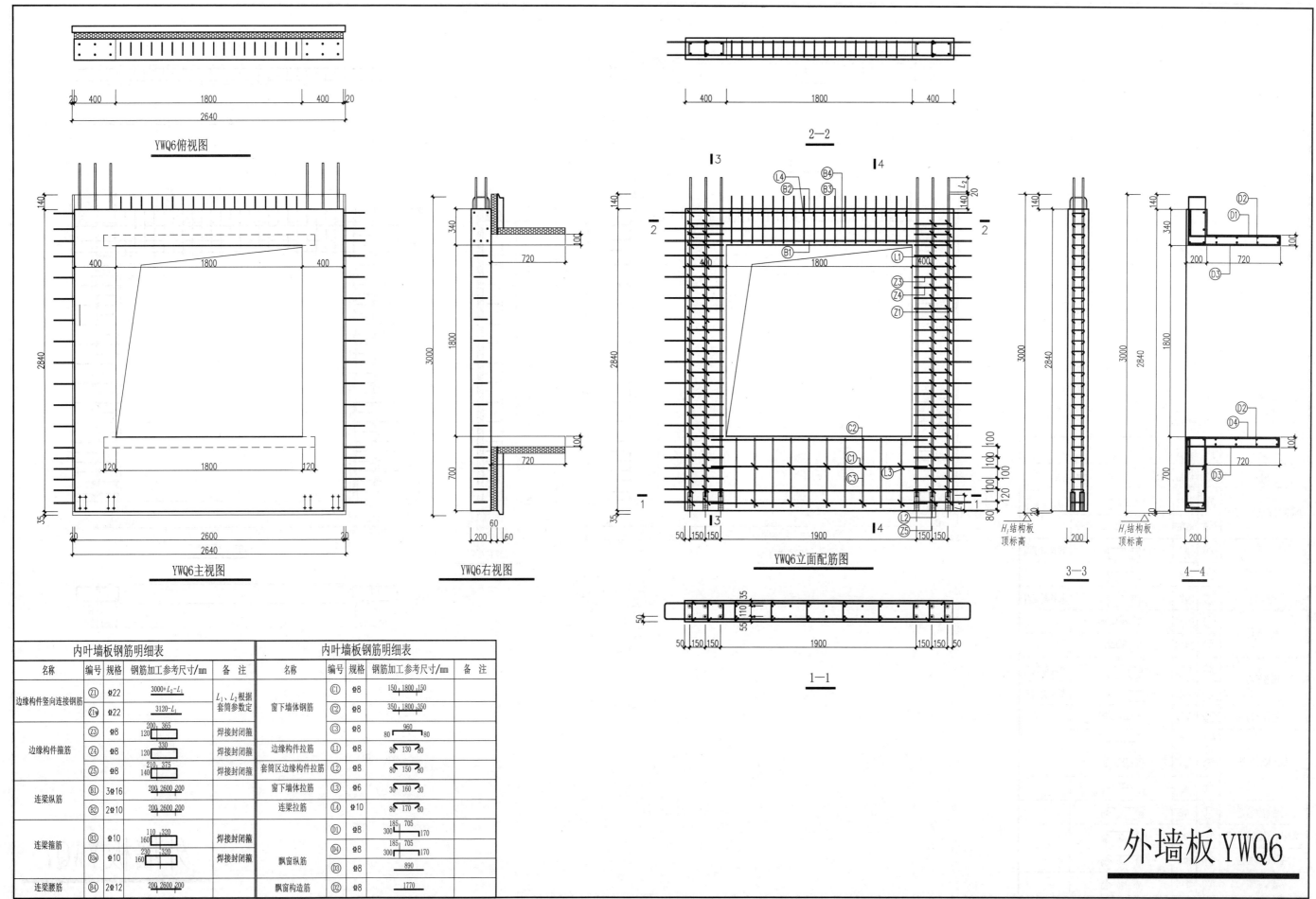

YWQ6俯视图

YWQ6主视图

YWQ6右视图

YWQ6立面配筋图

2—2

3—3

4—4

1—1

内叶墙板钢筋明细表				
名称	编号	规格	钢筋加工参考尺寸/mm	备注
边缘构件竖向连接钢筋	Z1	Φ22	3000+L₂-L₁	L₁、L₂根据套筒参数定
	Z2	Φ22	3120-L₁	
边缘构件箍筋	Z3	Φ8	200 365 / 120	焊接封闭箍
	Z4	Φ8	330 / 120	焊接封闭箍
	Z5	Φ8	210 375 / 140	焊接封闭箍
连梁纵筋	B1	3Φ16	200 2600 200	
	B2	2Φ10	200 2600 200	
连梁箍筋	B3	Φ10	110 320 / 160	焊接封闭箍
	B4	Φ10	230 320 / 160	焊接封闭箍
连梁腰筋	B5	2Φ12	200 2600 200	

内叶墙板钢筋明细表				
名称	编号	规格	钢筋加工参考尺寸/mm	备注
窗下墙体钢筋	C1	Φ8	150 1800 150	
	C2	Φ8	350 1800 350	
	C3	Φ8	960 / 80 80	
边缘构件拉筋	L1	Φ8	80 130 80	
套筒区边缘构件拉筋	L2	Φ8	80 150 80	
窗下墙体拉筋	L3	Φ6	30 160 30	
连梁拉筋	L4	Φ10	80 170 80	
飘窗纵筋	D1	Φ8	185 705 / 300 170	
	D4	Φ8	185 705 / 300 170	
	D3	Φ8	890	
飘窗构造筋	D2	Φ8	1770	

外墙板YWQ6

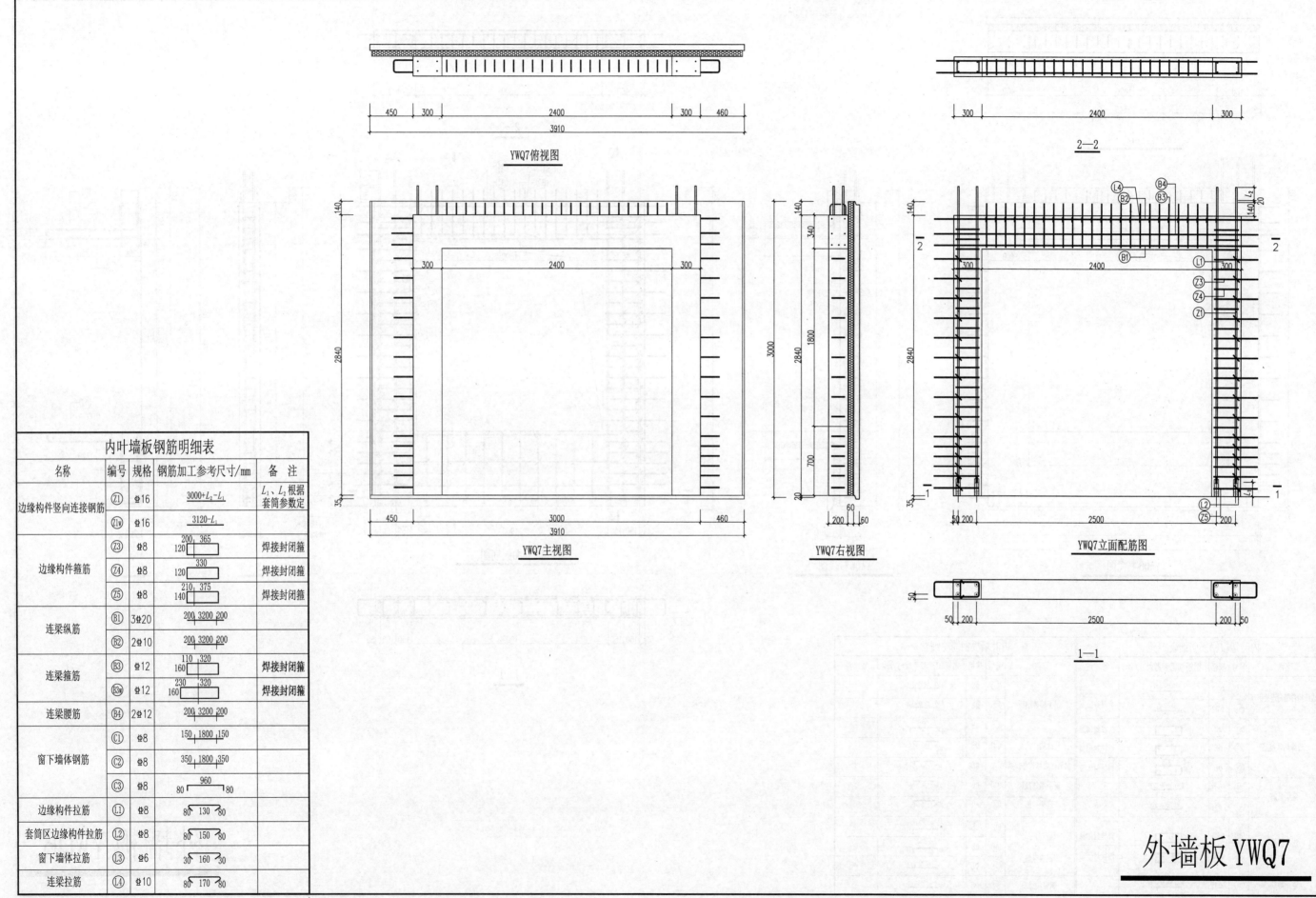

YWQ7俯视图

2—2

内叶墙板钢筋明细表				
名称	编号	规格	钢筋加工参考尺寸/mm	备注
边缘构件竖向连接钢筋	Z1	⏀16	$3000+L_2-L_1$	L_1、L_2根据套筒参数定
	Z1w	⏀16	$3120-L_1$	
边缘构件箍筋	Z3	⏀8	200 365 120	焊接封闭箍
	Z4	⏀8	330 120	焊接封闭箍
	Z5	⏀8	210 375 140	焊接封闭箍
连梁纵筋	B1	3⏀20	200 3200 200	
	B2	2⏀10	200 3200 200	
连梁箍筋	B3	⏀12	110 320 160	焊接封闭箍
	B3w	⏀12	230 320 160	焊接封闭箍
连梁腰筋	B4	2⏀12	200 3200 200	
窗下墙体钢筋	C1	⏀8	150 1800 150	
	C2	⏀8	350 1800 350	
	C3	⏀8	80 960 80	
边缘构件拉筋	L1	⏀8	80 130 80	
套筒区边缘构件拉筋	L2	⏀8	80 150 80	
窗下墙体拉筋	L3	⏀6	30 160 30	
连梁拉筋	L4	⏀10	80 170 80	

YWQ7主视图

YWQ7右视图

YWQ7立面配筋图

1—1

外墙板 YWQ7

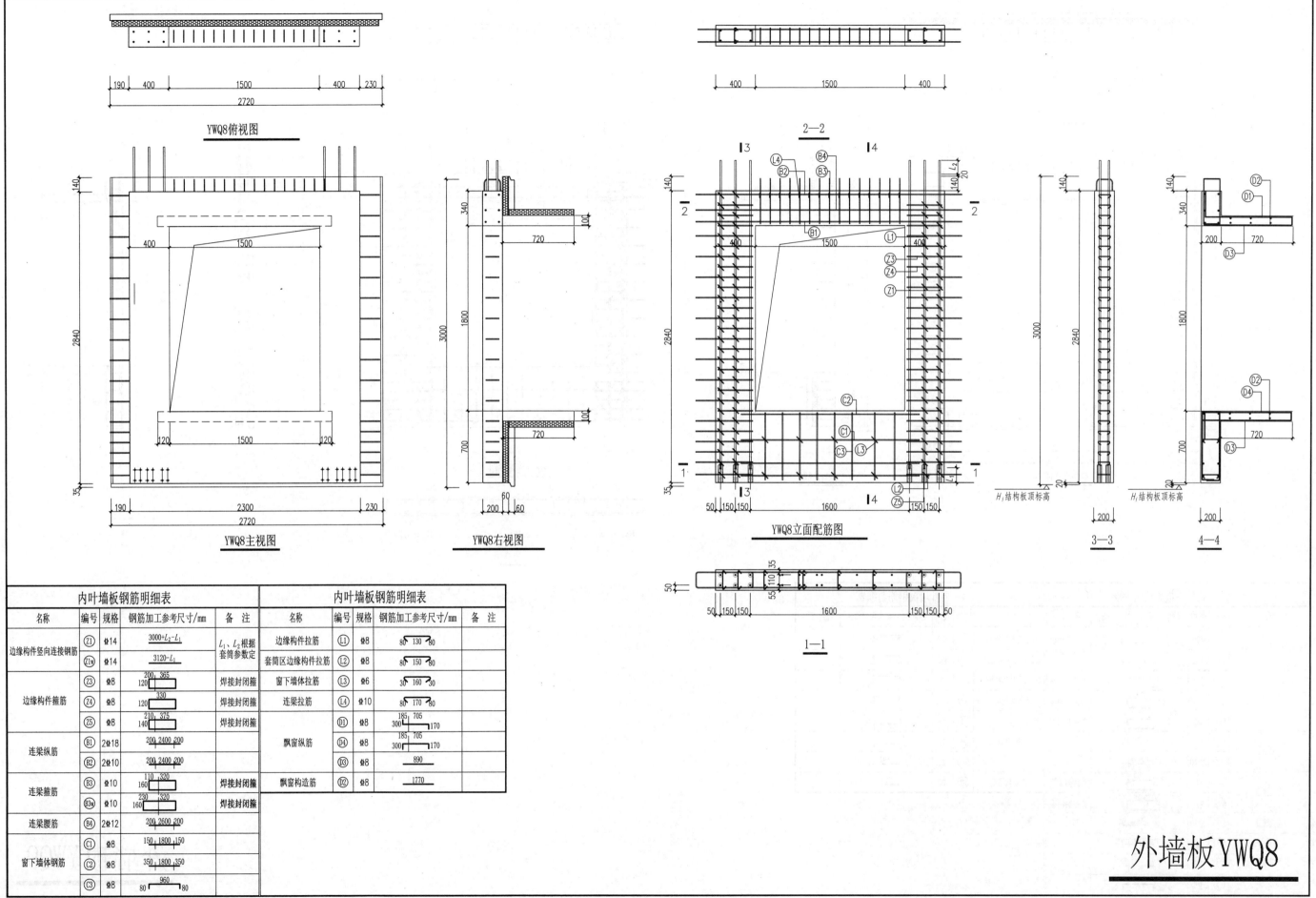

YWQ8俯视图

YWQ8主视图

YWQ8右视图

2—2

3—3

4—4

1—1

YWQ8立面配筋图

内叶墙板钢筋明细表				
名称	编号	规格	钢筋加工参考尺寸/mm	备注
边缘构件竖向连接钢筋	Z1	⊈14	$\frac{3000+L_2-L_1}{}$	L_1、L_2根据套筒参数定
	Z1g	⊈14	$\frac{3120-L_1}{}$	
边缘构件箍筋	Z3	⊈8	200 365 120	焊接封闭箍
	Z4	⊈8	330 120	焊接封闭箍
	Z5	⊈8	210 375 140	焊接封闭箍
连梁纵筋	B1	2⊈18	200 2400 200	
	B2	2⊈10	200 2400 200	
连梁箍筋	B3	⊈10	110 320 160	焊接封闭箍
	B3g	⊈10	230 320 160	焊接封闭箍
连梁腰筋	B4	2⊈12	200 2600 200	
窗下墙体钢筋	C1	⊈8	150 1800 150	
	C2	⊈8	350 1800 350	
	C3	⊈8	80 960 80	

内叶墙板钢筋明细表				
名称	编号	规格	钢筋加工参考尺寸/mm	备注
边缘构件拉筋	L1	⊈8	80 130 80	
套筒区边缘构件拉筋	L2	⊈8	80 150 80	
窗下墙体拉筋	L3	⊈6	30 160 30	
连梁拉筋	L4	⊈10	80 170 80	
飘窗纵筋	D1	⊈8	185 705 300 170	
	D4	⊈8	185 705 300 170	
	D3	⊈8	890	
飘窗构造筋	D2	⊈8	1770	

外墙板YWQ8

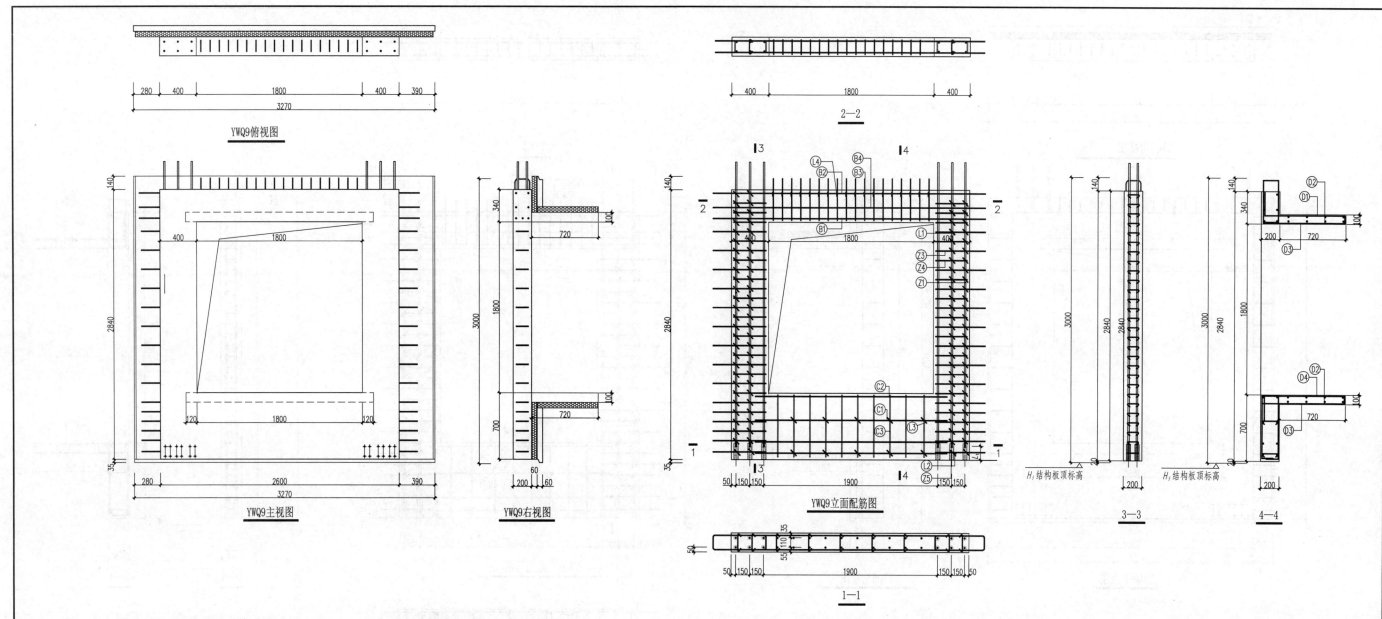

YWQ9俯视图

2—2

YWQ9主视图

YWQ9右视图

YWQ9立面配筋图

1—1

H_i结构板顶标高

3—3

H_i结构板顶标高

4—4

内叶墙板钢筋明细表

名称	编号	规格	钢筋加工参考尺寸/mm	备注
边缘构件竖向连接钢筋	Z1	Φ22	$3000+L_2-L_1$	L_1、L_2根据套筒参数定
	Z1w	Φ22	$3120-L_1$	
边缘构件箍筋	Z3	Φ8	200,365 / 120	焊接封闭箍
	Z4	Φ8	330 / 120	焊接封闭箍
	Z5	Φ8	210,375 / 140	焊接封闭箍
连梁纵筋	B1	3Φ16	200,2600,200	
	B2	2Φ10	200,2600,200	
连梁箍筋	B3	Φ10	110,320 / 160	焊接封闭箍
	B3w	Φ10	230,320 / 160	焊接封闭箍
连梁腰筋	B4	2Φ12	200,2600,200	
窗下墙体钢筋	C1	Φ8	150,1800,150	
	C2	Φ8	350,1800,350	
	C3	Φ8	960 / 80,80	

内叶墙板钢筋明细表

名称	编号	规格	钢筋加工参考尺寸/mm	备注
边缘构件拉筋	L1	Φ8	80 130 80	
套筒区边缘构件拉筋	L2	Φ8	80 150 80	
窗下墙体拉筋	L3	Φ6	30 160 30	
连梁拉筋	L4	Φ10	80 170 80	
飘窗纵筋	D1	Φ8	185,705 / 300,170	
	D4	Φ8	185,705 / 300,170	
	D3	Φ8	890	
飘窗构造筋	D2	Φ8	1770	

外墙板 YWQ9

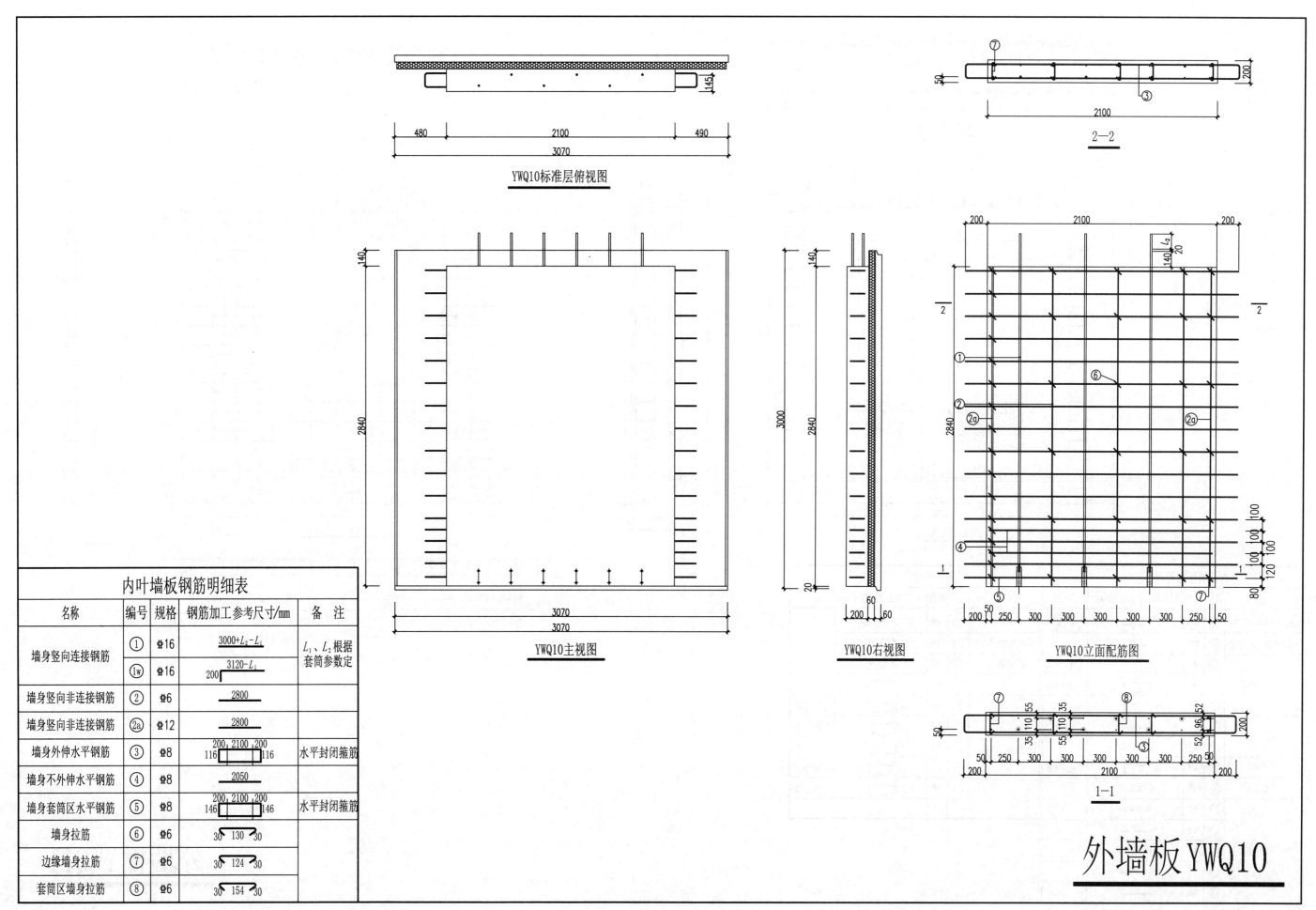

YWQ10标准层俯视图

2—2

YWQ10主视图

YWQ10右视图

YWQ10立面配筋图

1—1

内叶墙板钢筋明细表

名称	编号	规格	钢筋加工参考尺寸/mm	备注
墙身竖向连接钢筋	①	⊕16	$\dfrac{3000+L_2-L_1}{}$	L_1、L_2根据套筒参数定
	①w	⊕16	$200\dfrac{3120-L_1}{}$	
墙身竖向非连接钢筋	②	⊕6	2800	
墙身竖向非连接钢筋	②a	⊕12	2800	
墙身外伸水平钢筋	③	⊕8	200 2100 200 116□116	水平封闭箍筋
墙身不外伸水平钢筋	④	⊕8	2050	
墙身套筒区水平钢筋	⑤	⊕8	200 2100 200 146□146	水平封闭箍筋
墙身拉筋	⑥	⊕6	30 130 30	
边缘墙身拉筋	⑦	⊕6	30 124 30	
套筒区墙身拉筋	⑧	⊕6	30 154 30	

外墙板YWQ10

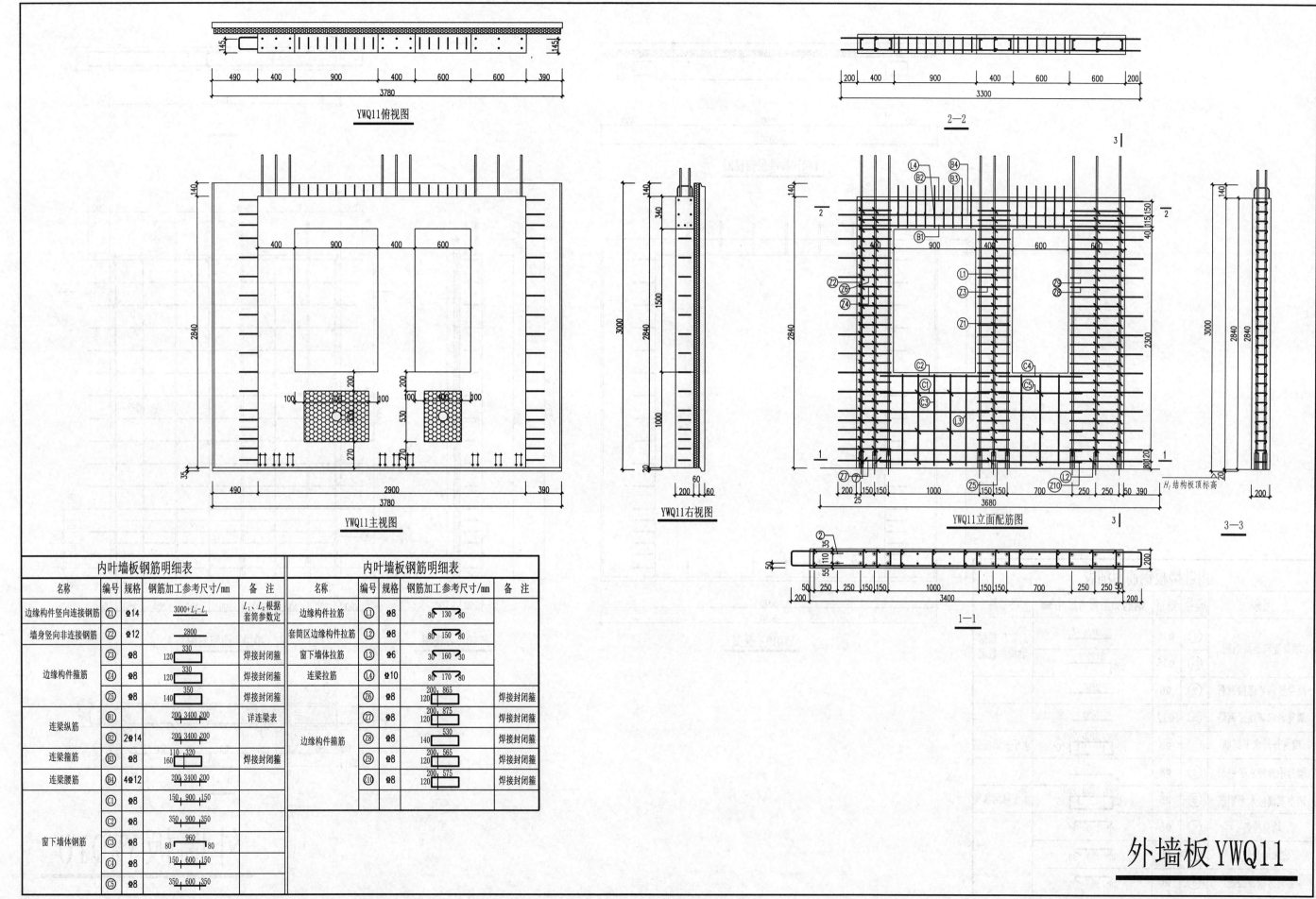

YWQ11俯视图

2—2

3—3

YWQ11主视图

YWQ11右视图

YWQ11立面配筋图

1—1

内叶墙板钢筋明细表				
名称	编号	规格	钢筋加工参考尺寸/mm	备注
边缘构件竖向连接钢筋	Z1	⊕14	3000+L₂-L₁	L₁、L₂根据套筒参数定
墙身竖向非连接钢筋	Z2	⊕12	2800	
边缘构件箍筋	Z3	⊕8	120 330	焊接封闭箍
	Z4	⊕8	120 330	焊接封闭箍
	Z5	⊕8	140 350	焊接封闭箍
连梁纵筋	B1		200 3400 200	详连梁表
	B2	2⊕14	200 3400 200	
连梁箍筋	B3	⊕8	110 320 160	焊接封闭箍
连梁腰筋	B4	4⊕12	200 3400 200	
窗下墙体钢筋	C1	⊕8	150 900 150	
	C2	⊕8	350 900 350	
	C3	⊕8	80 960 80	
	C4	⊕8	150 600 150	
	C5	⊕8	350 600 350	

内叶墙板钢筋明细表				
名称	编号	规格	钢筋加工参考尺寸/mm	备注
边缘构件拉筋	L1	⊕8	80 130 80	
套筒区边缘构件拉筋	L2	⊕8	80 150 80	
窗下墙体拉筋	L3	⊕6	30 160 30	
连梁拉筋	L4	⊕10	80 170 80	
边缘构件箍筋	Z6	⊕8	200 865 120	焊接封闭箍
	Z7	⊕8	200 875 120	焊接封闭箍
	Z8	⊕8	530 140	焊接封闭箍
	Z9	⊕8	200 565 120	焊接封闭箍
	Z10	⊕8	200 575 120	焊接封闭箍

外墙板YWQ11

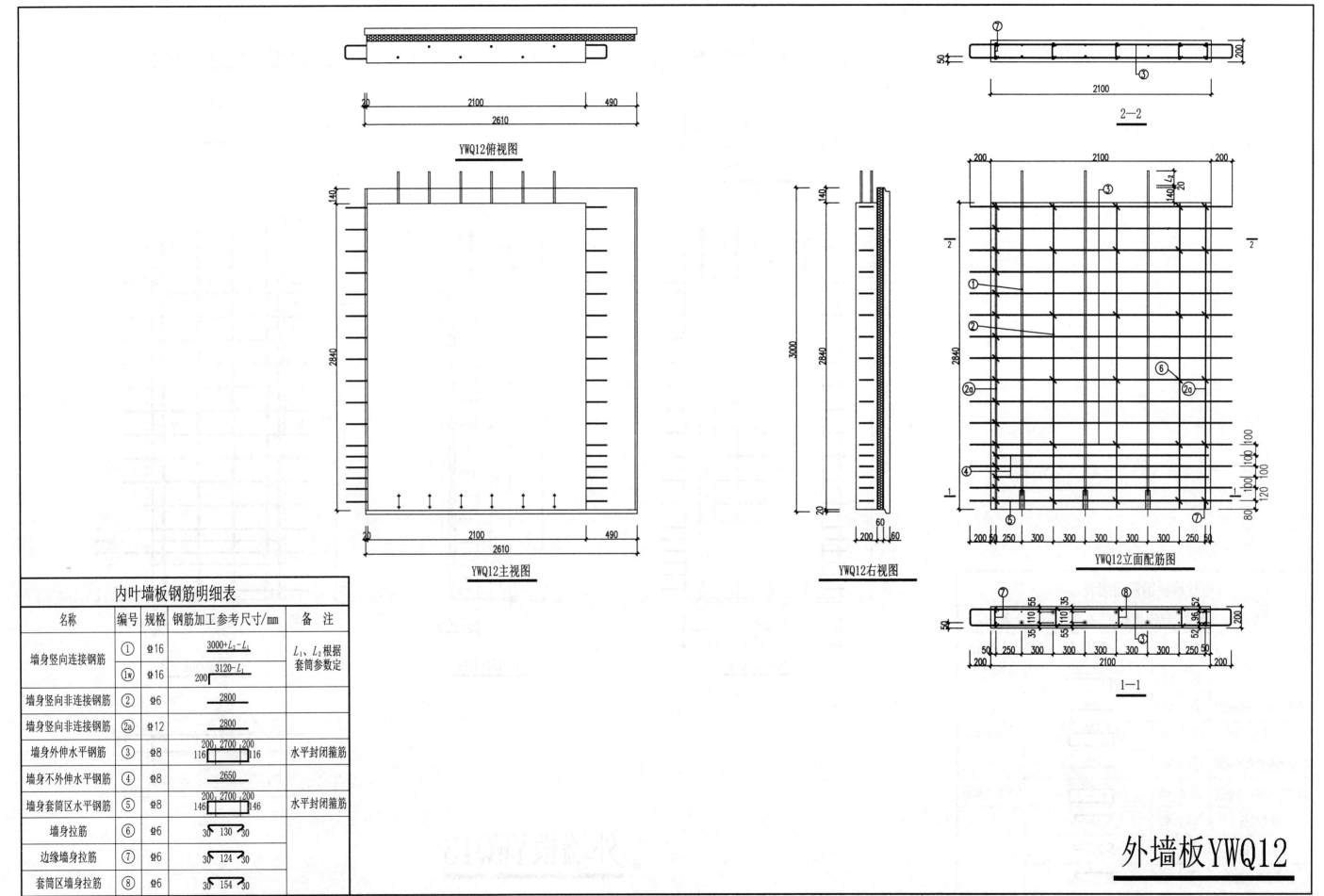

YWQ12俯视图

2—2

YWQ12主视图

YWQ12右视图

YWQ12立面配筋图

1—1

内叶墙板钢筋明细表

名称	编号	规格	钢筋加工参考尺寸/mm	备注
墙身竖向连接钢筋	①	⊈16	$\dfrac{3000+L_2-L_1}{}$	L_1、L_2根据套筒参数定
墙身竖向连接钢筋	①w	⊈16	$3120-L_1$ 200	
墙身竖向非连接钢筋	②	⊈6	2800	
墙身竖向非连接钢筋	②a	⊈12	2800	
墙身外伸水平钢筋	③	⊈8	200 2700 200 116 116	水平封闭箍筋
墙身不外伸水平钢筋	④	⊈8	2650	
墙身套筒区水平钢筋	⑤	⊈8	200 2700 200 146 146	水平封闭箍筋
墙身拉筋	⑥	⊈6	30 130 30	
边缘墙身拉筋	⑦	⊈6	30 124 30	
套筒区墙身拉筋	⑧	⊈6	30 154 30	

外墙板YWQ12

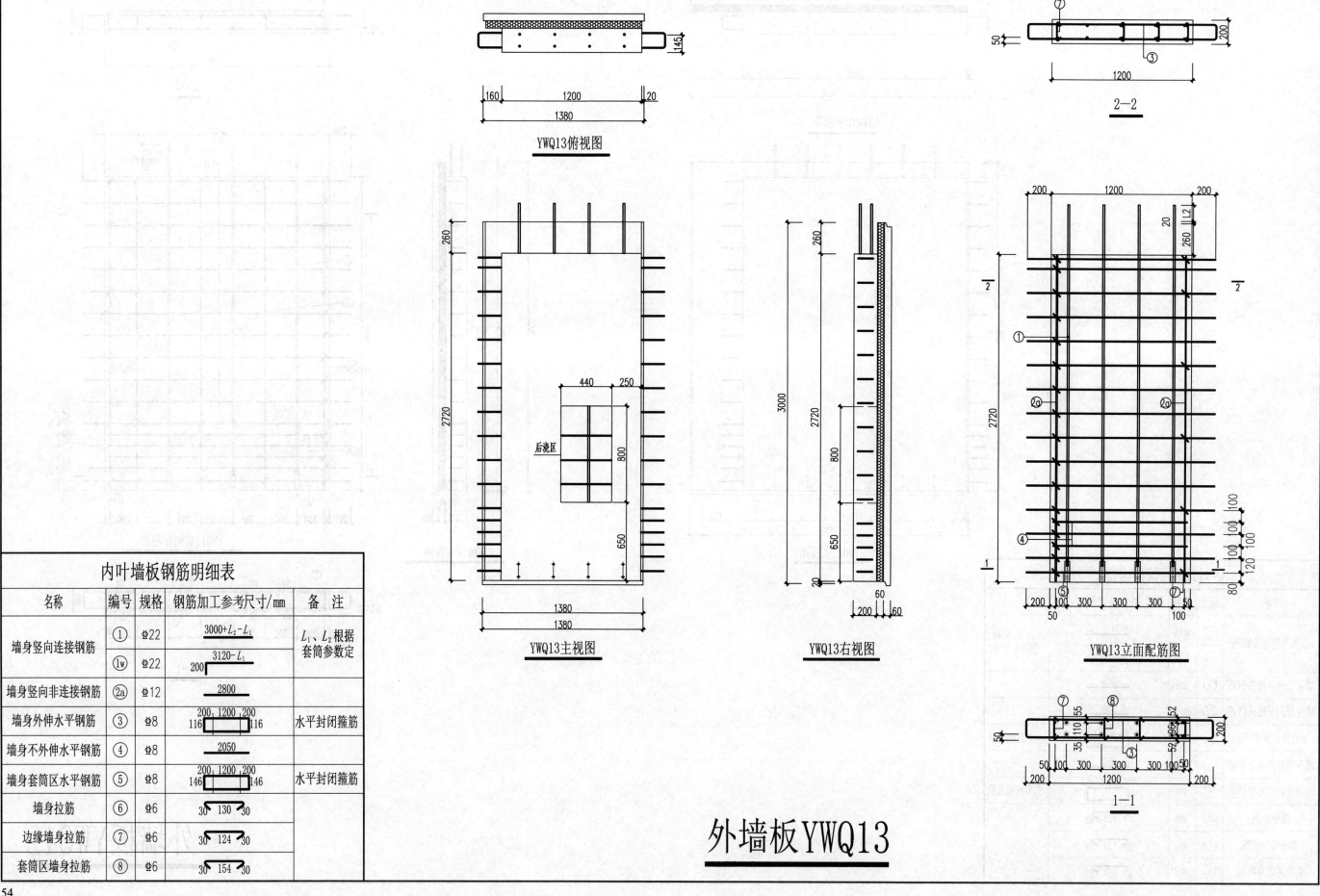

YWQ13俯视图

2—2

内叶墙板钢筋明细表

名称	编号	规格	钢筋加工参考尺寸/mm	备注
墙身竖向连接钢筋	①	±22	$\frac{3000+L_2-L_1}{}$	L_1、L_2根据套筒参数定
	①w	±22	$\frac{3120-L_1}{200}$	
墙身竖向非连接钢筋	②a	±12	2800	
墙身外伸水平钢筋	③	±8	116 ⌐1200⌐ 116 / 200 200	水平封闭箍筋
墙身不外伸水平钢筋	④	±8	2050	
墙身套筒区水平钢筋	⑤	±8	146 ⌐1200⌐ 146 / 200 200	水平封闭箍筋
墙身拉筋	⑥	±6	30 ⌐130⌐ 30	
边缘墙身拉筋	⑦	±6	30 ⌐124⌐ 30	
套筒区墙身拉筋	⑧	±6	30 ⌐154⌐ 30	

YWQ13主视图

YWQ13右视图

YWQ13立面配筋图

1—1

后浇区

外墙板YWQ13

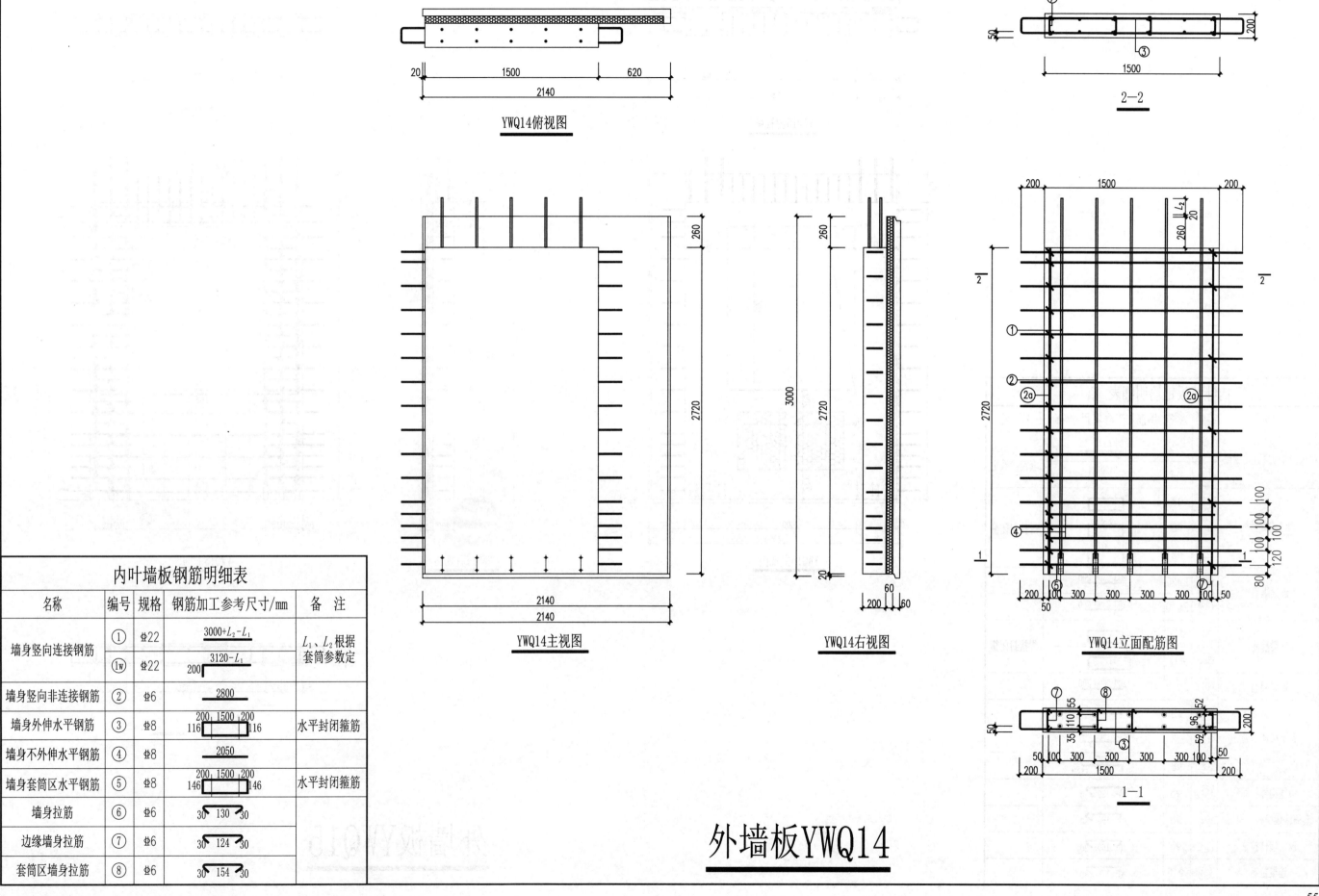

YWQ14俯视图

2—2

YWQ14主视图

YWQ14右视图

YWQ14立面配筋图

1—1

内叶墙板钢筋明细表

名称	编号	规格	钢筋加工参考尺寸/mm	备 注
墙身竖向连接钢筋	①	⊈22	3000+L₂-L₁	L₁、L₂根据套筒参数定
	①w	⊈22	3120-L₁ / 200	
墙身竖向非连接钢筋	②	⊈6	2800	
墙身外伸水平钢筋	③	⊈8	200 1500 200 / 116 116	水平封闭箍筋
墙身不外伸水平钢筋	④	⊈8	2050	
墙身套筒区水平钢筋	⑤	⊈8	200 1500 200 / 146 146	水平封闭箍筋
墙身拉筋	⑥	⊈6	30 130 30	
边缘墙身拉筋	⑦	⊈6	30 124 30	
套筒区墙身拉筋	⑧	⊈6	30 154 30	

外墙板YWQ14

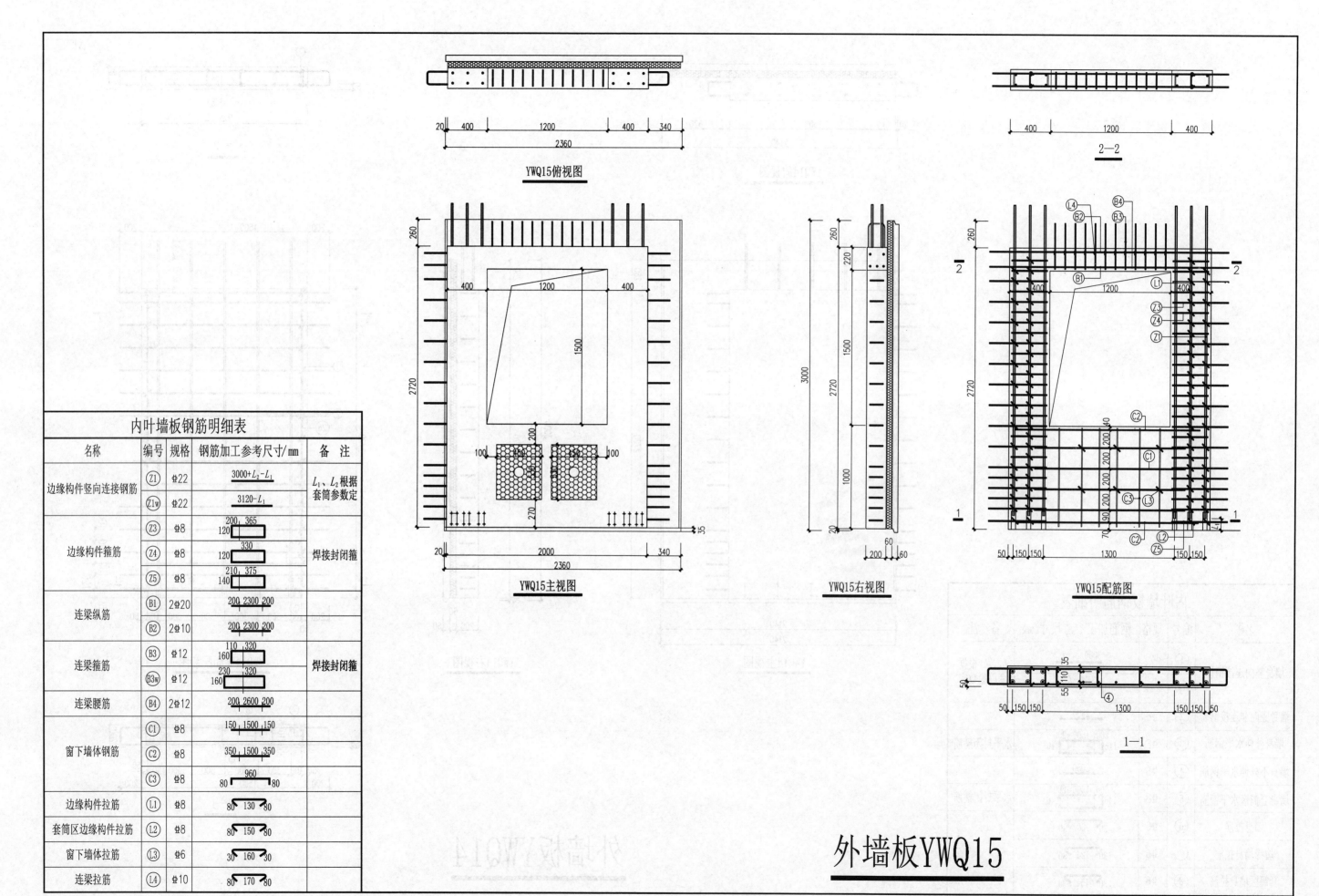

内叶墙板钢筋明细表				
名称	编号	规格	钢筋加工参考尺寸/mm	备注
边缘构件竖向连接钢筋	Z1	⊈22	$\dfrac{3000+L_2-L_1}{}$	L_1、L_2根据套筒参数定
	Z1w	⊈22	$3120-L_1$	
边缘构件箍筋	Z3	⊈8	200 365 120	焊接封闭箍
	Z4	⊈8	330 120	
	Z5	⊈8	210 375 140	
连梁纵筋	B1	2⊈20	200 2300 200	
	B2	2⊈10	200 2300 200	
连梁箍筋	B3	⊈12	110 320 160	焊接封闭箍
	B3w	⊈12	230 320 160	
连梁腰筋	B4	2⊈12	200 2600 200	
窗下墙体钢筋	C1	⊈8	150 1500 150	
	C2	⊈8	350 1500 350	
	C3	⊈8	960 80 80	
边缘构件拉筋	L1	⊈8	80 130 80	
套筒区边缘构件拉筋	L2	⊈8	80 150 80	
窗下墙体拉筋	L3	⊈6	30 160 30	
连梁拉筋	L4	⊈10	80 170 80	

YWQ15俯视图

2—2

YWQ15主视图

YWQ15右视图

YWQ15配筋图

1—1

外墙板YWQ15

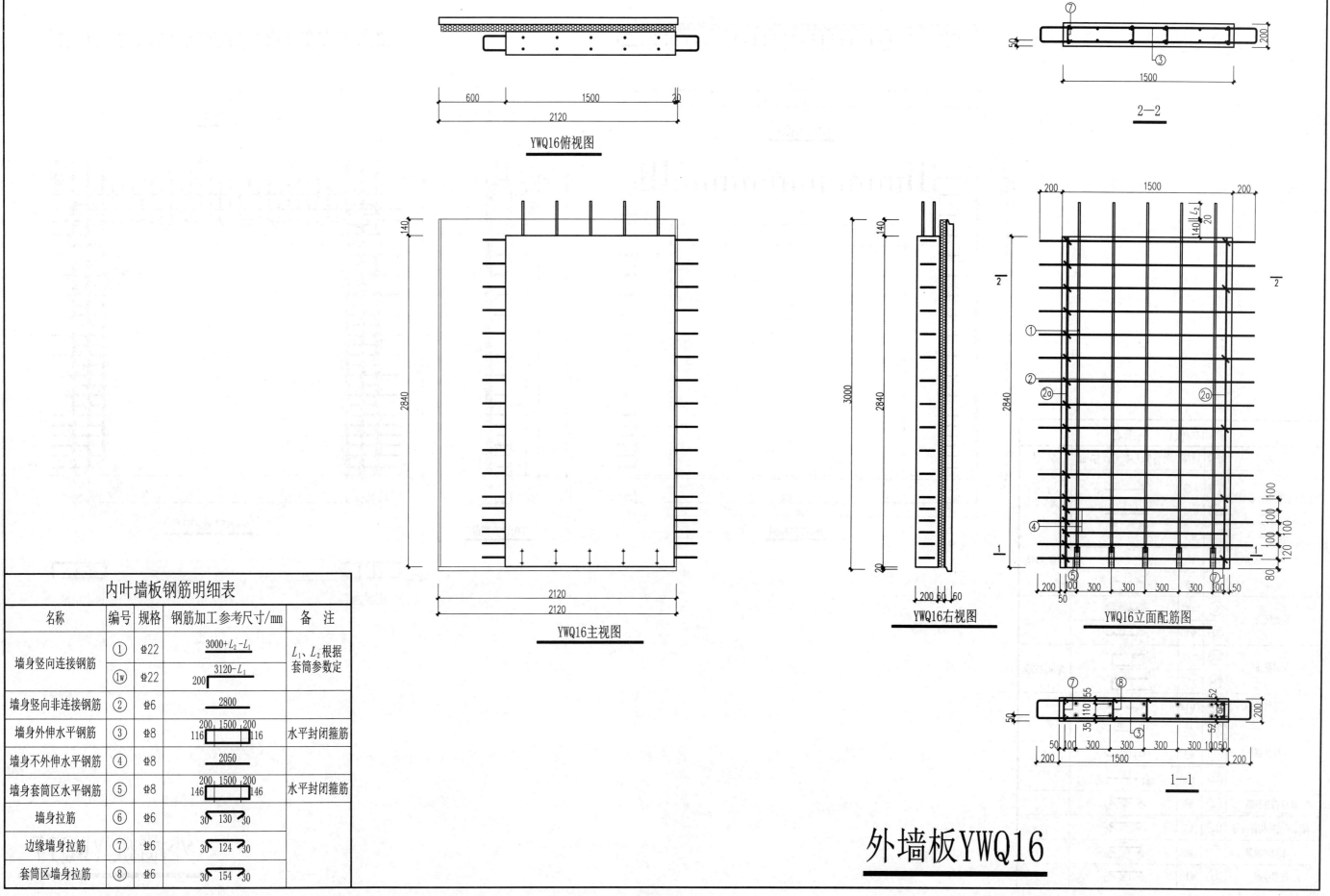

内叶墙板钢筋明细表				
名称	编号	规格	钢筋加工参考尺寸/mm	备注
墙身竖向连接钢筋	①	⏀22	$3000+L_2-L_1$	L_1、L_2根据套筒参数定
	①w	⏀22	$3120-L_1$ \ 200	
墙身竖向非连接钢筋	②	⏀6	2800	
墙身外伸水平钢筋	③	⏀8	116 | 200 | 1500 | 200 | 116	水平封闭箍筋
墙身不外伸水平钢筋	④	⏀8	2050	
墙身套筒区水平钢筋	⑤	⏀8	146 | 200 | 1500 | 200 | 146	水平封闭箍筋
墙身拉筋	⑥	⏀6	30 | 130 | 30	
边缘墙身拉筋	⑦	⏀6	30 | 124 | 30	
套筒区墙身拉筋	⑧	⏀6	30 | 154 | 30	

YWQ16俯视图

2—2

YWQ16主视图

YWQ16右视图

YWQ16立面配筋图

1—1

外墙板YWQ16

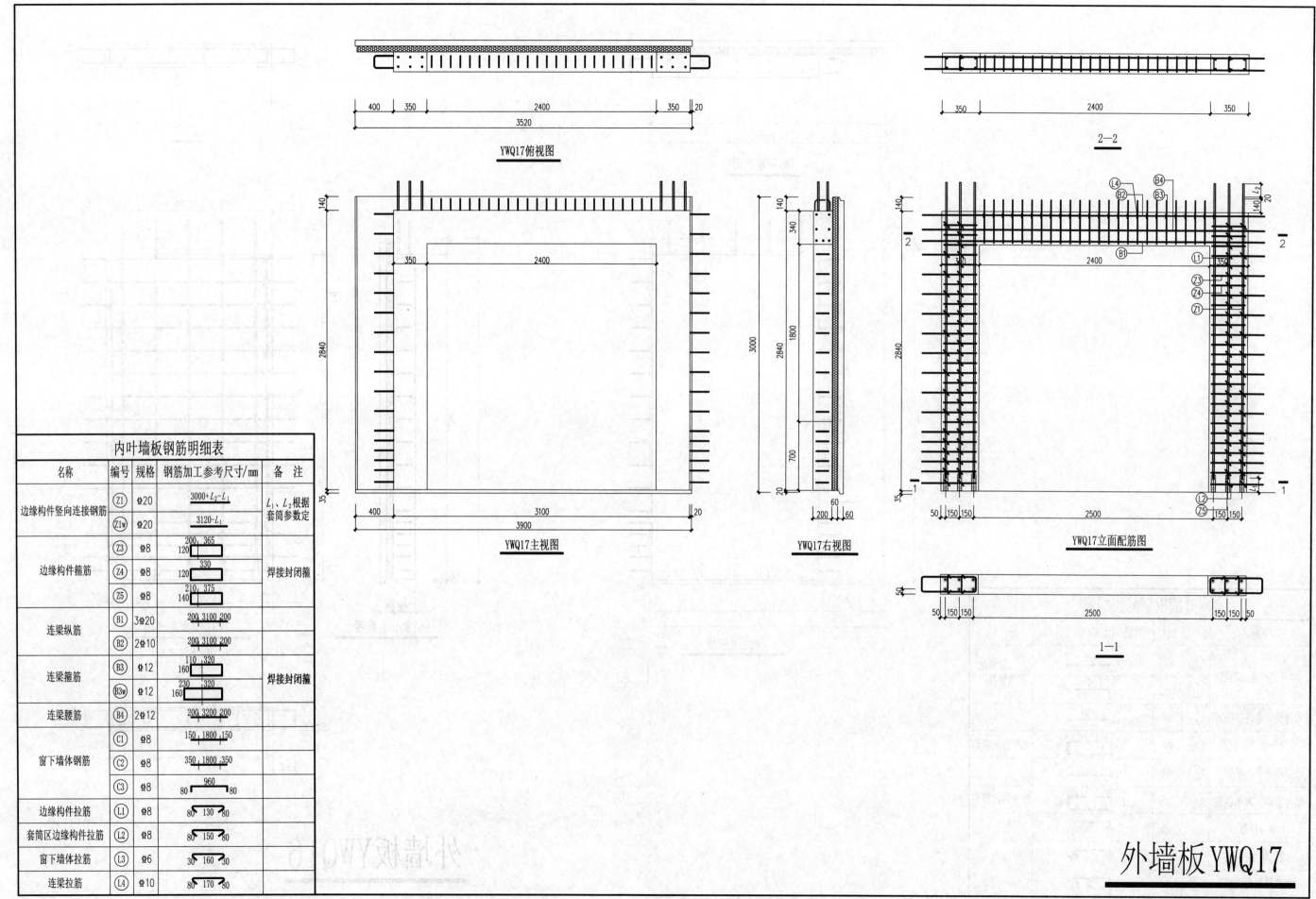

YWQ17俯视图

2—2

内叶墙板钢筋明细表

名称	编号	规格	钢筋加工参考尺寸/mm	备注
边缘构件竖向连接钢筋	Z1	⊕20	3000+L₂-L₁	L₁、L₂根据套筒参数定
	Z1w	⊕20	3120-L₁	
边缘构件箍筋	Z3	⊕8	200、365 120	焊接封闭箍
	Z4	⊕8	330 120	
	Z5	⊕8	210、375 140	
连梁纵筋	B1	3⊕20	200 3100 200	
	B2	2⊕10	200 3100 200	
连梁箍筋	B3	⊕12	110、320 160	焊接封闭箍
	B3w	⊕12	230、320 160	
连梁腰筋	B4	2⊕12	200 3200 200	
窗下墙体钢筋	C1	⊕8	150、1800、150	
	C2	⊕8	350、1800、350	
	C3	⊕8	960 80 80	
边缘构件拉筋	L1	⊕8	80 130 80	
套筒区边缘构件拉筋	L2	⊕8	80 150 80	
窗下墙体拉筋	L3	⊕6	30 160 30	
连梁拉筋	L4	⊕10	80 170 80	

YWQ17主视图

YWQ17右视图

YWQ17立面配筋图

1—1

外墙板YWQ17

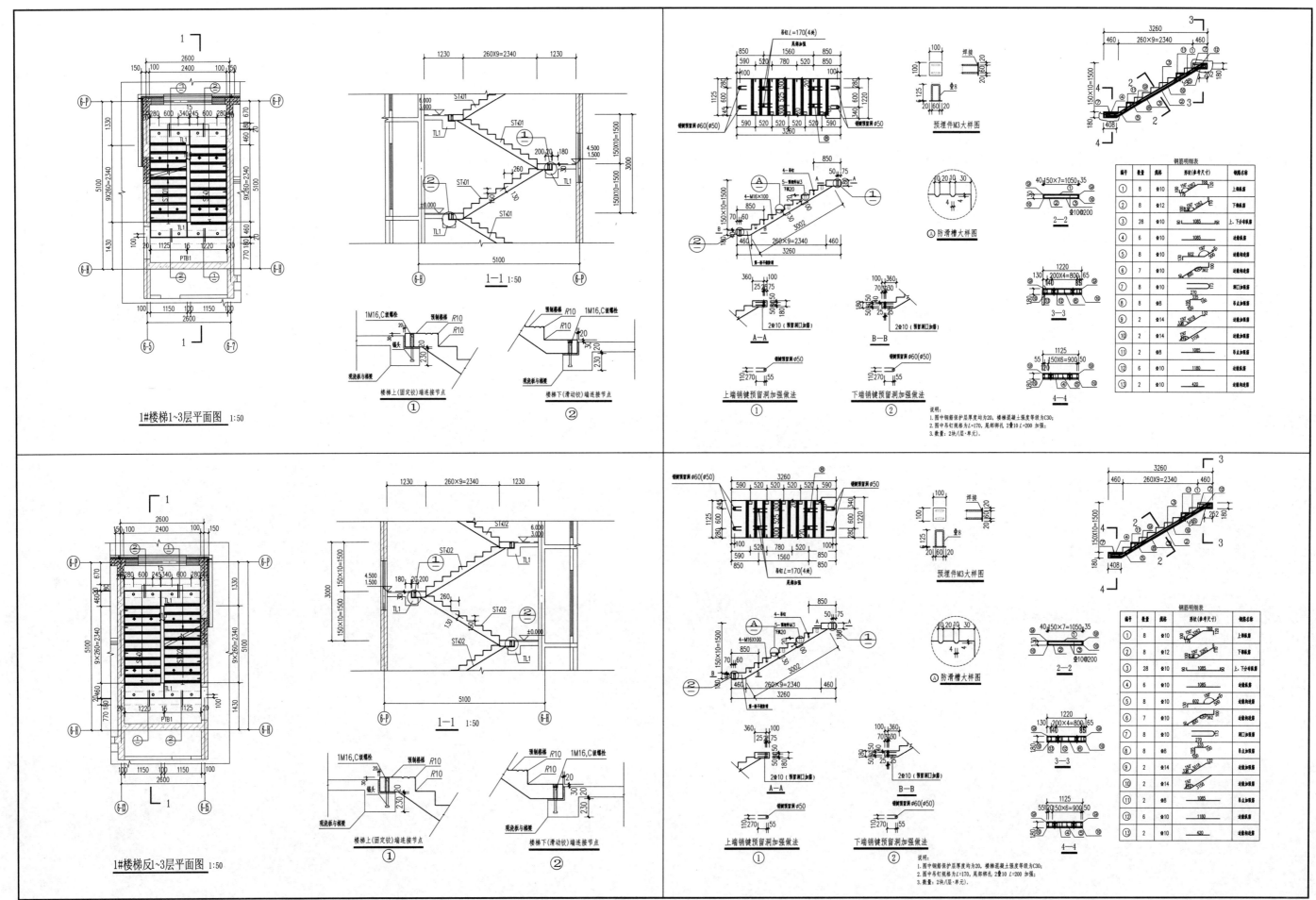

1#楼梯1~3层平面图 1:50

1—1 1:50

楼梯上(固定铰)墙连接节点 ①

楼梯下(滑动铰)墙连接节点 ②

预埋件M3大样图

防滑槽大样图

上墙销键预留洞加强做法 ①

下墙销键预留洞加强做法 ②

2—2

3—3

4—4

钢筋明细表

编号	数量	规格	形状(参考尺寸)	钢筋名称
①	8	φ10		上部纵筋
②	8	φ12		下部纵筋
③	28	φ10	1085	上、下分布筋
④	6	φ10	1085	过渡段连接
⑤	8	φ10		过渡段连接
⑥	7	φ10		过渡段连接
⑦	8	φ10		洞口加强筋
⑧	8	φ8		节点埋件筋
⑨	2	φ14		过渡段连接
⑩	2	φ14		过渡段连接
⑪	2	φ8	1085	节点埋件筋
⑫	6	φ10	1180	过渡段连接
⑬	2	φ10	420	过渡段连接

说明:
1. 图中钢筋保护层厚度均为20,楼梯混凝土强度等级为C30;
2. 图中吊钉规格为L=170,尾筋绑扎 2φ10 L=200 加强;
3. 数量:2块/层·单元。

1#楼梯反1~3层平面图 1:50

1—1 1:50

楼梯上(固定铰)墙连接节点 ①

楼梯下(滑动铰)墙连接节点 ②

预埋件M3大样图

防滑槽大样图

上墙销键预留洞加强做法 ①

下墙销键预留洞加强做法 ②

2—2

3—3

4—4

钢筋明细表

编号	数量	规格	形状(参考尺寸)	钢筋名称
①	8	φ10		上部纵筋
②	8	φ12		下部纵筋
③	28	φ10	1085	上、下分布筋
④	6	φ10	1085	过渡段连接
⑤	8	φ10		过渡段连接
⑥	7	φ10		过渡段连接
⑦	8	φ10		洞口加强筋
⑧	8	φ8		节点埋件筋
⑨	2	φ14		过渡段连接
⑩	2	φ14		过渡段连接
⑪	2	φ8	1085	节点埋件筋
⑫	6	φ10	1180	过渡段连接
⑬	2	φ10	420	过渡段连接

说明:
1. 图中钢筋保护层厚度均为20,楼梯混凝土强度等级为C30;
2. 图中吊钉规格为L=170,尾筋绑扎 2φ10 L=200 加强;
3. 数量:2块/层·单元。